中公文庫

数の生い立ち・図形のふしぎ

矢野健太郎

中央公論新社

目　次

数の生い立ち

図形のふしぎ

数の生い立ち
図形のふしぎ

数の生い立ち

この本をよんで下さるみなさんへ

私は，この本のなかで，みなさんに，数のお話しをしようと思います。

一口に数といっても，いろいろな数があります。まずみなさんが小学校で習う１，２，３，４，……という正の整数，$\frac{1}{2}$，$\frac{1}{3}$，$\frac{1}{4}$，……などの分数，0.1, 0.2, 0.3, ……などの小数，それに中学へ入って習う負の数，有理数，無理数など，いずれもみんな数です。

これらの数は，水や空気のように，自然にできたものではありません。みんなわれわれ人間の祖先が，人間の生活におこる必要から，苦心に苦心をかさねて作り出してきたものなのです。

私は，この本のなかで，昔の人たちが，どんな理由からこれらの数を考え出していったか，そしてどんなふうにして数の考えを拡げていったかをお話ししてみようと思うのです。

もしみなさんが，昔の人がどんな理由からこれらの数を考え出していったか，そしてどんなふうに数の考えを拡げていったかがよくおわかりになれば，みなさんが，いままでよりもっともっとこれらの数に親しみをもち，それを使う算数や数学が好きになってもらえると思うからです。

どんな事柄でもそうですが，自分ではもうよくわかっているつもりでも，実は案外よくわかっていないということがあるものです。

そこで私はこの本では，数のそもそもの初めから，つまり人間がやっと１，２，３，４，……と数えることができるようになった時代から，数を加えたり引いたりできるようになった時代を通って，負の数，分数，小数，無理数，複素数までを考えるようになった，その歴史をお話ししてみようと思います。

どんな学問でもそうですが，そのほんとうの面白さというものは，その学問がよくわかってから味わえるものです。ですから私は，みなさんに，この数のことがほんとうによくわかってもらえるようにと，一生懸命この本を書きました。みなさんも，この本をよくよんで，数のほんとうの面白さを味わわれるよう祈っています。

この本は昭和17年に初版を出したのですが，さいわいみなさんの好評を得て，昭和21年に改訂版を，昭和28年に３訂版を出し，今回また版を新しくすることになりました。

改訂版に際しては石川玲子さんに，３訂版に際しては西塚茂雄さんに多くの助言をいただきましたが，今回こうして新版を出すに当っては，岩崎書店の秦恵美子さんにいろいろお世話になりました。ここに記して厚く感謝の意を表します。

昭和32年12月

矢野健太郎

第1章　数のはじめ

数というものは，今日のわれわれの生活にとって，なくてはならぬものの一つです。われわれが，ふだん口にする言葉のなかには，ほとんどすべてといってよいくらい，数の考えがはいっております。

「きょうは4月28日です。」

「ぼくの学校の生徒の数は，全部で985人です。」

「ぼくの家から学校までの距離は，1キロメートルと300，つまり1300メートルあります。」

などは，ほんの一例です。

ましてや，数学を使うあらゆる科学のなかには，もっともっと進んだ数の考えがはいっているのは，当然なことです。まことに，数というものは，今日のわれわれの文化的な生活にとって，なくてはならぬものの一つです。

それなら，もしわれわれが，今日になってもまだ，この数のことをよく知らなかったとしたら，一体この世の中はどうなっていたでしょう。もちろんわれわれの世の中が，今日のように進んだ状態になっていたなどとは，思いもよりません。おそらくは，ずっとずっと昔の人びとと同じような状態にとどまっていたことであろうと思われます。

たとえ昔の人であっても，1，2，3くらいまでならまあまあ，たいていは勘定《かんじょう》をすることができます。しかしながら，人間以外の動物には，数の考えをもっているものは，まあ，ないといってよいくらいです。

このように数の考えというものは，われわれ人間にだけあたえられたものである，と考えてもよいのですが，しかしながらその最初は，以上にのべましたように，１，２，３がせいぜいというくらいの，じつになさけないものであったのです。

しかし，さいわいなことに，われわれの祖先は，われわれ人類にだけあたえられたこの数の考えのめばえを，ひじょうな努力をはらって育てていきました。そして，この数の考えの進歩は，あらゆる科学の進歩のもととなり，こうしてわれわれは大昔の無知な状態からぬけだして，今日の文明をきずくことができたのでした。

このように大切な数の考えを，われわれの祖先たちは，どのようにしてつかんできたか，つまり，数のはじめは，一体どのようにして起こったかを，まず第１にしらべてみましょう。

さて，われわれの祖先たちが，はじめて数を考えるようになったのは，おそらく，何千万年もの昔のことでしょうから，いま，ここにその人たちの考えたもの，書いたものの残っているはずはありません。そこで，そのかわりに，いま，世界の各地で暮らしている独自の文化をもった人たちが，どんなふうにして数を考えているかをしらべてみましょう。

数の考えをしらべてみて，まず，びっくりすることは，

1，2までは勘定することができるのですが，3になると，「たくさん」といって，すましている人のいかにも多いことです。

しかし，もう少し進んだ人びとですと，5か6ぐらいまでならば勘定できるのですが，彼らの言葉の中には，1と2を表わす言葉しかありませんので，われわれのかぞえ方とちがっています。つまり，3のことを2と1，4のことを2と2，5のことを2と2と1，6のことを2と2と2，というようによんでいるのです。この調子なら，いくつまでも勘定できそうですが，彼らは7ぐらいまでくると，またあんくらって，「たくさん」といって，すましてしまいます。

1	1
2	2
3	2と1
4	2と2
5	2と2と1
6	2と2と2

このような人たちにとっても，ときどきは，20とか，30とかの大きな数を，どうしても取り扱わねばならぬ必要が起こることがあります。たとえば，村長《そんちょう》のもとに村人が30人いるとしましょう。いま，村長がこの村人を招集《しょうしゅう》して，点呼《てんこ》をとり，たしかに全部集まっているかどうかをたしかめるとき，村長はどうするでしょう。それには，つぎのようなうまい方法を知っていることがあります。

まず，あらかじめ，村人に1人1人小石を一つつかませて，つぎにこれを集め，村長は，いつも，これを大切にしまっておきます。小石の数は，30あるわけですね。さて，村人を招集したときに，村人が全部集まったかどうかを知るには，この石を村人の１人１人に一つずつ渡してみます。もし小石が全部に渡せれば，村人は全部集まっているし，一つでも手もとに残れば，まだ，村人は全部集まっていないことが知れます。この方法でしらべれば，村人の数が何人になっても平気です。うまい方法でしょう。

英語で計算のことをカルキュラスといいますが，この字は，同時に「小石」という意味ももっているのは，昔の人が，計算をするのに，かつては小石を使っていた証拠《しょうこ》であるといわれています。

また，つぎのような方法も，よく使われます。

村長が，近所の集落《しゅうらく》の連中を集めて，盛大なお祭をしようと思ったとします。しかし，その日取りは，準備《じゅんび》や遠くの連中にも知らせる都合《つごう》上，どうしても，およそ20日ぐらいは後になるとします。これを他の連中に知らせて，ちょうどその日にみんなが集まるようにするために，村長は，一体，どんな方法をとるでしょう。

まず，村長は，長い縄《なわ》をたくさんもってきます。そして，これに，およそこのくらい準備にかかると思う数ぐらいの結び目を，つまり，およそ20ぐらいの結び目をつくります。村長には，もちろん，この数がいくつであるかはわかりません。そして，つぎに，これと同じ数だけの結び目をもった縄をたくさんつくって，みなに分配するのです。結び目がいくつあるかは勘定できなくても，結び目が全部同じ数だけあるということはわかります。実際，このようなたくさんの縄を全部ならべて，結び目を一つ一つ合わせてみたとき，過不足がなければ，結び目の数は，全部同じわけです。

さて，このような縄を１本受け取って帰った人は，夜が明けるたびにこの結び目を一つ切り取り，こうして，結び目のちょうどなくなった日に，お祭の場所に集まればよいわけです。これもうまい方法でしょう。

このように，二つの物の集まりがあるとき，その一つ一つを合わせていって，もし，それらが過不足なく合うならば，それからこれらの数が等《ひと》しいことを知る方法を，いまの高等な数学では，「１対１の対応による方法」と呼んでいます。この１対１の対応による方法は，われわれが，数の考えをつかむのに，どうしてもなくてはならぬ大切な考えなのです。

さて，前にお話ししたように，小石や縄を使って数を表わすのは，たしかにうまい方法ですが，人びとは，小石や縄のないときは，こんどは，自分のからだを使うようになります。

たとえば，ニューギニヤ（オーストラリアの北にある世界第２の大きな島）の北東地方の人たちの間では，つぎのような，かぞえるべき物と，からだのいろいろな部分とを一つ一つ合わせていく方法（１対１の対応による方法）が行われています。

1……右手の小指

2……右手の薬《くすり》指

3……右手の中指

4……右手の人さし指

5……右手の親指

6……右の手くび

7……右のひじ

8……右の肩《かた》

9……右の耳

10……右の眼

11……左の眼

12……鼻《はな》

13……口

14……左の耳

15……左の肩

16……左のひじ

17……左の手くび

18……左手の親指

19……左手の人さし指

20……左手の中指

21……左手の薬指

22……左手の小指

この方法ですと，彼らには，22までの数がわかりそうですが，たいていの人は，顔までくると，まごついてしまいます。右手の小指から，左手の小指まで到達《とうたつ》できる人は，仲間うちでは大秀才というわけです。

しかし，以上にあげた表は，まだ数とはいえないのです。これは，ただ，ここにいくつの物があるかをおぼえておく方法にすぎません。もし，彼らが，

「ここにバナナが鼻まである。」

といえば，それは，われわれの言葉でいえば，ここにバナナが12あるということですが，彼らには，この12という数は，なかなかわからないのです。もし，このバナナの数が減っていはしないかと思ったときには，また，右手の小指からはじめて，順々にバナナと合わせてみて，やはり鼻でお

われば,「ああ大じょうぶ全部ある。」と,安心するわけです。
このような状態からだんだんと進歩して，ようやく数というものをおぼろげながらおぼえるようになると，彼らは,指だけを使って，数をかぞえることを知るようになるのです。つまり，手の指を使って勘定していき，もし，片手の指がおわったならば，すなわち，５まできたならば，それで１区切りだと思うようになります。そしてあとは，この５をくみ合わせて，数を表わしていこうと考えるようになります。
このように，５なら５までを１区切りとして，あとは,それをくみ合わせて数を表わしていこうとするのは，数の考え方にとっては，大変大きな進歩であるといえます。
いま，その一例として，グリーンランド（カナダの北東,大西洋中にある世界最大の島）の人びとが使っているという,数のかぞえ方を下に書いてみましょう。まず，手の指を使って,

1……一つ	6……片手と一つ
2……二つ	7……片手と二つ
3……三つ	8……片手と三つ
4……四つ	9……片手と四つ
5……片手がおわった	10……両手がおわった

ここまできても，まだ勘定がおわらなかったならば，こんどは足の指にうつって,

11……両手と片足の一つ
12……両手と片足の二つ
13……両手と片足の三つ
14……両手と片足の四つ
15……両手と片足
16……両手と片足と一つ
17……両手と片足と二つ
18……両手と片足と三つ
19……両手と片足と四つ
20……１人の人間がおわった

こんなふうにして，20まではかぞえていきます。しかし，もし，かぞえるものが20以上になりますと，人びとは困ってしまい，「もう１人，人間をください。」というそうです。

このように，人間の両手・両足の指を使って数をかぞえていくとき，片手の指がおわったとき，つまり，５までかぞえたとき，それで１区切りと思う者と，両手の指がおわったとき，つまり，10までかぞえたとき，それで１区切りと思う者と，両手と両足の指がおわったとき，つまり合わせて20までかぞえたとき，それで１区切りと思う者との３通りがあります。

どこで，１区切りと考えるかは，なかなか大切なことです。この１区切りさえはっきりしていれば，あとは，これらをくみ合わせて，勘定していけばよいからです。第１の，５で１区切りとする方法を５進法，第２の，10で１区切りとする方法を10進法，第３の，20で１区切りとする方法を20進法と呼んでいます。そうすると，人びとは，５進法や，20進法をまぜて使うものが多いが，われわれは，10進法を使っているということになりますね。

このように，数というものがだんだんとわかってくると，こんどは，これを書きとめておく必要が，しばしば起こります。それにはどうしても，数字が必要です。そこで，つぎに数字のはじめというものは，どんなものであったかをお話しいたしましょう。

第2章　数字のはじめ

前にお話ししましたように，人間が，だんだんと数のことがわかるようになりますと，そのつぎには，これを書きとめておく必要が起こってまいります。

それには，前にお話ししましたように，小石や，結び目をもった縄《なわ》を保存しておくのも，たしかに一つの方法でしょう。

しかし，ある種の人びとは，木の幹にきざみ目をつけて，数を記録します。たとえば，つぎの通りです。

この方法ですと，3や4のような簡単な数なら，なんでもありませんが，もう少し大きな数になってくると，それは大変です。そこで人間は，大きな数にたいしては，何かもっと簡単な記号はないものかと，工夫《くふう》をするようになります。たとえば

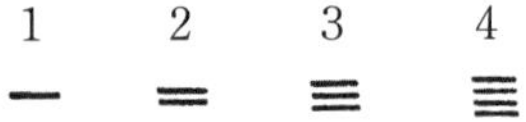

のつぎに，5を表わすためには，ななめに引いた棒

5

を使うこととし，５から先の数にたいしては，５の記号に前の記号を書きたして，

6　　7　　8　　9

とし，10を表わすためには，＼を２本交《こう》叉《さ》させた

10

を使うこととし，10から先の数にたいしては，10の記号に前の記号を書きたして，

11　　12　　13　　14

というぐあいにします。

　英語にタリーという言葉がありますが，この言葉がきざみ目という意味と同時に，数字という意味ももっているのは，われわれの祖先が，はじめは，このきざみ目を数字として使っていた証《しょう》拠《こ》であるといわれております。

　それならば，われわれの祖先たちは，このように数を表わすのに，一体どんな記号を用い，現在，用いられているひじょうに便利な数字１，２，３，４，５，……は，一体，だれがいつごろどこで，どんなふうにして考えだしたものなのでしょうか。

それには，数千年も昔の人たちが書き残してくれたものを発掘し，そこに書かれたものが，何を意味するかということから，研究をしなければなりません。

しかし，この仕事には，ひじょうな努力と苦心とを必要とします。ではつぎに，これらの苦心談をお話ししてみましょう。

1　スメリア人とバビロニア人の数字

アジア州西部のペルシャ湾に注ぐ，チグリスおよびユーフラテスという二つの大きな河があります。この二つの河にはさまれた地方は，昔，メソポタミヤ（河の間の土地という意味）と呼ばれ，いまでは，イラクと呼ばれています。

この地方には，約5000年もの昔から，ペルシャの方からスメリア人という種族がうつり住み，立派な文化をつくっていました。それから約1000年の後には，バビロニア人という種族もうつり住むようになり，スメリア人の勢力をうばってしまいましたが，種々の文明——他の民族と貿易を行うことや，粘土《ねんど》でつくった煉瓦《れんが》に文字を書きつけること等——は，スメリア人からバビロニア人に伝えられました。この中には，われわれがこれからしらべようとする数字も，はいっていました。

このように，スメリア人やバビロニア人が残したものは，いまでも，イラン（ペルシャ），イラク（メソポタミヤ）の地方には残っているのですが，長い間，だれもこれを研究してみようとするものがありませんでした。ところが，これは，西暦1846年頃，ローリンソンというイギリスの軍人によって，研究され，判読《はんどく》されたのでした。

イランのエルブールズ山脈の南方にベッヒスタンという小さな町があります。昔はスメリア人とバビロニア人が立派な文化をつくっていた場所ですが，いまでは，隊商が一休みするだけのほんの小さな町にすぎません。ところが，この附近の平原に一つの丘があって，そこに，一面に何か神秘《しんぴ》的な，まるで小鳥が砂の上を歩いた足跡《あしあと》のような文字がほりつけられた，とても大きな岩石がたっているのです。土地の人たちは，大昔の神様がほりつけたものだとばかり，信じていました。こげつくような太陽に照らされて，隊商がらくだや馬に荷物をのせて，その下をなんども通りすぎたことでしょう。

しかし，この大きな岩石を仰ぎみる人も，たくさんあったのでしょうに，だれひとり，そこにほりつけられた文字に興味をもつ人はなかったのです。そして，何千年もの昔から，この大岩石は，そこにたったままでした。

ところが，ここにヘンリー・ローリンソンと呼ぶイギリス人がおりました。彼は，西暦1827年，17才のときに東インド会社へ勤めるため，インドのボンベー（現在のムンバイ）に渡りました。彼は語学にたいしてすばらしい才能をもっており，またたく間にペルシャ語など，土地の人びととペラペラしゃべれるくらい，上手になりました。そして，ペルシャの神話や，伝説にも，深い興味をもつようになりましたが，ベッヒスタンの大岩石の伝説が彼の耳にはいりますと，彼は，そこに神様たちがほりつけたといわれる文字は，古代の人たちが書き残した古代文字であることを見《み》破《やぶ》り，この文字の意味を研究してみようと，決心しました。さいわいに，西暦1835年，ローリンソンが25才のとき，彼は，この地方の全軍の指揮官に任命されましたので，司令部をベッヒスタンの大岩石に近いケルマンシャーに定め，いよいよこの奇妙な文字の研究という大仕事にかかりました。

まず，彼が最初にはじめたのは，この文字をうつしとることです。縄やはしごを使って大岩石によじのぼり，なんども危険な目にあいながら，彼は必死になって，この仕事をつづけました。そして，彼は，3年間もこの仕事をつづけたのでしたが，不幸，転任を命ぜられ，一時，この研究を中断せねばなりませんでした。

その後，彼はまた，イラクの首府バグダッドのイギリス総《そう》領《りょう》事《じ》に任命されましたので，また，研究を続ける機会を得ることができました。こんどは，彼は十分に準備もし，土地の人たちの協力も得て，長年努力をつづけた結果，ついに西暦1846年に，彼の苦心の作「ベッヒスタンの碑《ひ》文《ぶん》に関する翻訳《ほんやく》」が，ロンドンの王立アジア協会から出版されたのでした。

ほとんど不可能と思われていたこの大仕事に，当時の学者たちはびっくりし，なかには，疑いの目を向ける人たちもありましたが，しかしときがたつにつれて，ローリンソンの仕事は，しだいにみとめられ，現在われわれは，ローリンソンの翻訳のおかげで，この奇妙な文字の意味を知ることができるのです。

さて，それでは，このローリンソンが解読《かいどく》したという，「まるで砂の上を小鳥が歩いた足跡のような文字」とは，一体，どんなものでしょう。ここでは，その中から，数字に関するものだけをひろってお話ししてみようと思います。

バビロニアの数字では，1を表わすのに，▼という楔《くさび》の形のしるしを用います。ですから，この文字を楔形《せっけい》文字と呼んでおります。

つぎに，2から9までの数を表わすのには，

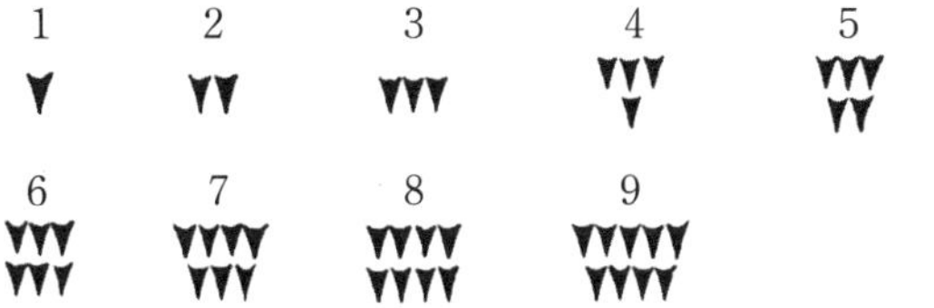

というぐあいに，▼をその数だけならべて書きますが，10までくると，◀のように，記号を横にします。つまり，10で1区切りと考えるのですから，これは10進法ですね。10で1区切りという習慣は，われわれの両手の指が，ちょうど10本あるということに深い関係のあることはもちろんです。

さて，10から19までは，つぎのように書いて表わします。

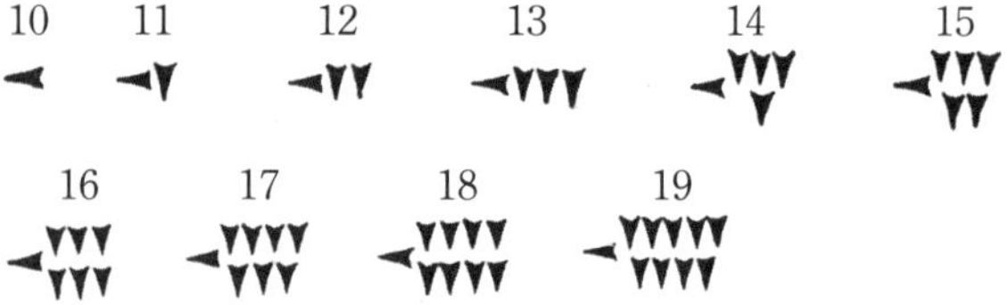

そして，20まできますと，もちろん，10を二つならべて，，これから先も，同じようにして進みます。

すなわち，

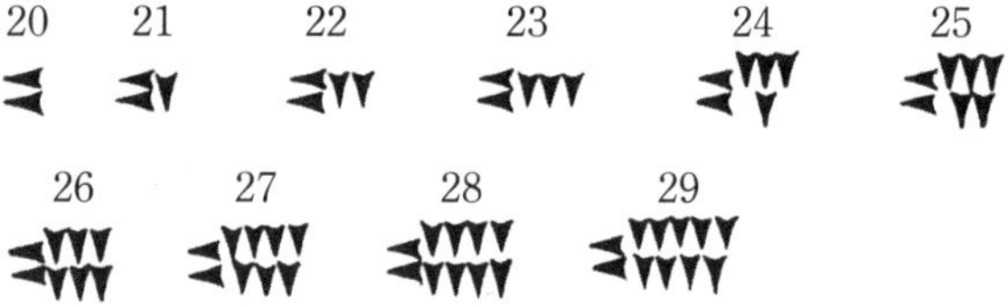

というぐあいです。このようにして，

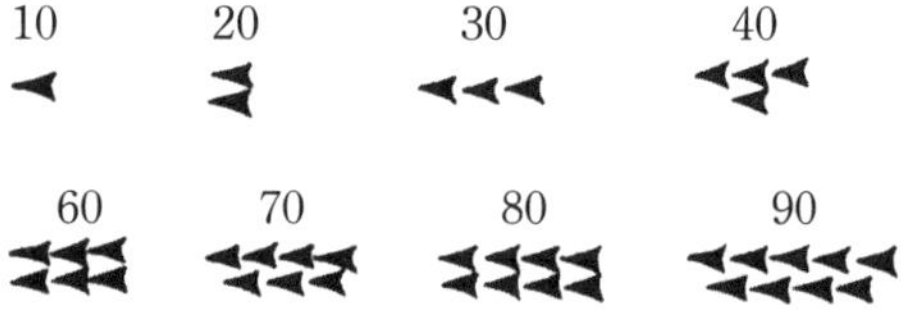

と進み，つぎに100になりますと，こんどは，という記号を使います。そして，たとえば，234という数を楔形文字で表わすのには，

234

とします。ここでぜひ注意すべき一つの特徴は，200を表わすのに，100の記号を二つ書くかわりに，100の記号の左側に2を表わす記号をおいて，200を表わしていることです。従って，1000は100の10倍と考えて，という記号で表わします。

どうです。スメリア人とバビロニア人の数字がおわかりになりましたか。では，下に少し問題を書いておきますからやってごらんなさい。

問　　題

（１）つぎの，スメリア人とバビロニア人の数字をよんでごらんなさい。

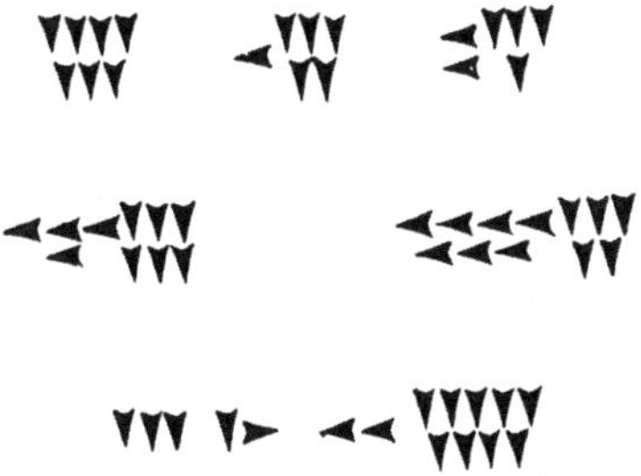

（2）つぎの数を，スメリア人とバビロニア人の数字で書いてごらんなさい。

6	13	34
65	98	272

以上お話しした方法は，10集まるたびに1まとめとしてかぞえていく方法ですから，これは，前にお話しした10進法です。

しかし，バビロニア人は，このほかに，60集まるたびに1まとめにしてかぞえていくところの，60進法という，じつに奇妙なかぞえ方もしていたらしいふしがあるのです。

なぜかといいますと，彼らの書き残したもののなかに，つぎのような表があります。それをわれわれの記号で書いてみますと，

$1\times1=1$	$5\times5=25$
$2\times2=4$	$6\times6=36$
$3\times3=9$	$7\times7=49$
$4\times4=16$	

と，ここまではふつうの通りで，なんの不思議《ふしぎ》もないのですが，その先が，

$8\times8=1.4$	$12\times12=2.24$
$9\times9=1.21$	$13\times13=2.49$
$10\times10=1.40$	$14\times14=3.16$
$11\times11=2.1$	…………

などと，妙なぐあいに書いてあるのです。ほんとうは，

$8\times 8=64$　　$12\times 12=144$

$9\times 9=81$　　$13\times 13=169$

$10\times 10=100$　　$14\times 14=196$

$11\times 11=121$　　…………

であるのを，前ページのように妙なぐあいに書いてあるのです。どうです，みなさん，以上の1.4だとか，1.21だとかの意味がおわかりですか。

これは，前ページと上の二つの表をくらべてみると気のつくことですが，前の表の1は60を，2は60の2倍，すなわち120を，3は60の3倍，すなわち180を表わしているのにちがいありません。そう考えれば，

$8\times 8=60+4$　　$12\times 12=60\times 2+24$

$9\times 9=60+21$　　$13\times 13=60\times 2+49$

$10\times 10=60+40$　　$14\times 14=60\times 3+16$

$11\times 11=60\times 2+1$　　………………

となって，その意味はよくわかります。そうしますと，バビロニアの人たちは，10進法のほかに，60になると1まとめと考えるところの60進法をも考えていたということになります。10になると1まとめと考える10進法は，われわれの両手の指の数が10あることから起こったことはもう申しあげましたが，60になると1まとめと考える60進法は，一体，何から起こったのでしょう。これはつぎのように想像されています。

すなわち，バビロニア人は，1年を360日と考えていま

した。いま，円周を360に等分して，その一つを１度とすれば，これは，地球が，１日に太陽のまわりをまわる分量に相当します。その上，彼らは，幾何学のことをかなりくわしく知っており，円周を半径の長さの弦《げん》でつぎつぎと切っていくと，ちょうど６回目にもとにもどることも知っていました。360を６でわると60になりますから，バビロニア人は，この60をひじょうに大事な数と考え，これから60で１まとめとすることを始めたのだろうというのです。１点の周りの１回転を360度というのもこれからきていると思われます。

2　エジプト人の数字

スフィンクスやピラミッドで，みなさんすでによくご存じの，エジプトのナイル河のほとりにも，数千年の昔，じつにみごとな文化の華《はな》がさいていました。

西暦1798年，英雄ナポレオンが，大軍をひきいて，エジプト遠征の途に上っていたときのことでした。セントジュリアン城の廃墟《はいきょ》を掘っていた１人のフランス工兵は，じつに奇妙な文字が一面にほりつけてある一つの石を発見したのです。このフランス工兵は，これは，何か，古代の文字をほりつけたものにちがいないと思いました。そして，この石は，そのまま，フランス軍の戦利品の中に加《くわ》えられました。ところが，その後，またフランス軍は，イギリス軍にうち破られましたので，この石は分捕品《ぶんどりひん》として，ロンドンの大英博物館の奥深くに，だいじに保存されるようになりました。この石は，発見されたのが，エジプトのロゼッタ港の附近でしたので，いまでは，ロゼッタの石と呼ばれています。

こうして，古代エジプトの文化を書きとめた一片の岩石は発見されましたが，一体，何を意味することが書かれているのかは，少しもわかりませんでした。

ロゼッタの石の文字

ところが，ここに，やはり，イギリスの医者で物理学者のトーマス・ヤングという博士が，これを解読しようと思いたったのです。彼は，西暦1814年から研究をはじめ，身も心もうちこんで努力しましたが，解読というのはなかなかの難問題で，その後４年たっても，よむことのできた字はわずか90字しかなかったといわれています。

この頃，一方フランスでも，天才的な考古学者フランソワ・シャンポリオンが，この象形《しょうけい》文字の謎をとこうと努力していました。彼は，いつも，研究の材料の不足に悩んでいましたが，ついにヤング博士がイギリスでこの世をさった西暦1829年に，遠征隊をひきいて，エジプトにおし渡ったのでした。そして，いろいろ苦心の末，材料も集め，それを縦横《じゅうおう》に用いて，ついに古代エジプトの神秘な文字をよむための字引をつくりあげたのです。おかげで，現在，われわれは，たいして骨折ることもなく，このエジプトの不思議な文字をよむことができるのです。

さて，これらの人びとの努力によって，よむことのできるようになったエジプトの文字とは，一体，どんなものでしょう。その中の数字についてお話しをしてみましょう。

まず，1を表わすには，𓏺という棒を使います。1から9までは，この棒をその数だけならべて表わします。すなわち，

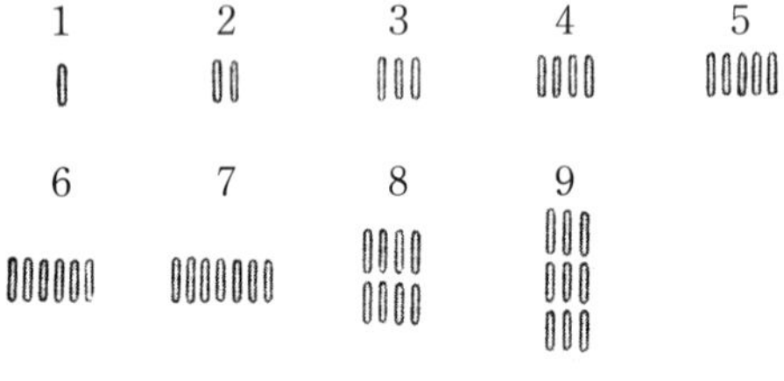

このようにして，10にたっしますと，こんどは，𓎆という記号を導入します。従って，11から19までは，

10 11 12 13 14 15

16 17 18 19

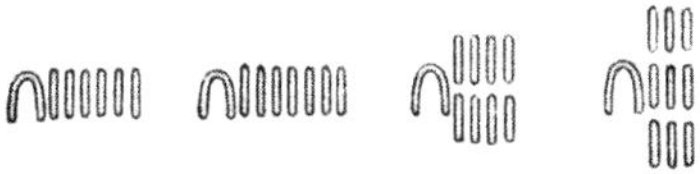

となります。こうして，20になりますと，とします。こうして，20から90までの10単位の数は，

20 30 40 50

60 70 80 90

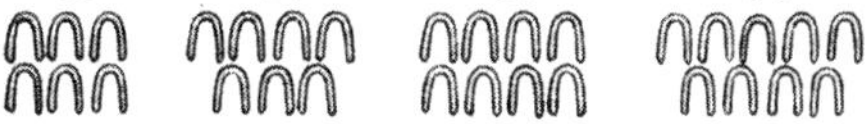

となります。100になると，こんどは，という記号を用います。つぎに，これらを使って少し数を書いてみましょう。

123 128 234

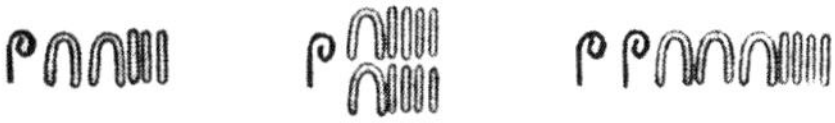

こんなぐあいですが，もっと大きな数を表わすのに用いられた記号を書いてみますと，

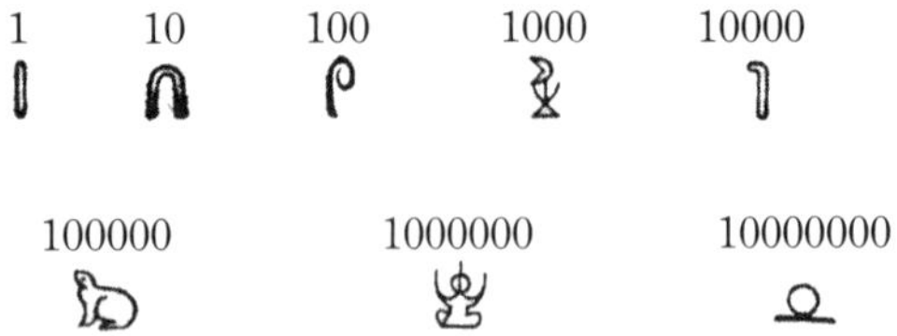

となります。これらは，もちろん，何かの画を表わしているにちがいありません。そのために，象形文字と呼ばれているのですが，一体，何を表わすのかは，よく知られておりません。ただ，は直立した棒を，は指をまげたところを，はブールボットというけものを，はあまり数が大きいので，人がおどろいているところを，それぞれ表わしているといわれています。

では，これらエジプトの数字についての問題を書いておきますから，ぜひやってみてください。

問　　題

（1）つぎのエジプトの数字をよんでごらんなさい。

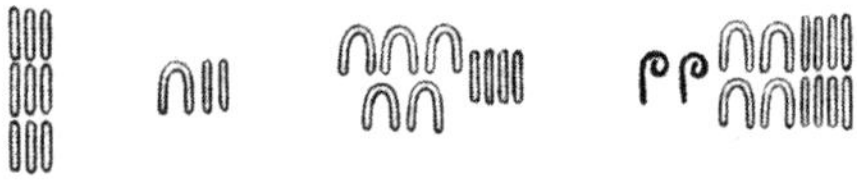

（2）つぎの数をエジプトの数字で書いてごらんなさい。

7　　19　　78　　399

3　ギリシャとローマの数字

つぎに，ギリシャのアテネの碑文の中にときどきみいだされるもので2500〜2600年も昔に用いられていたといわれる，ギリシャのアッチカ地方の数字のことをお話しいたしましょう。

まず，1から4までは，棒をならべて表わします。

1	2	3	4
I	II	III	IIII

5になりますと，5というギリシャ語の単語の頭文字をとって，Πという記号を使います。これを使って，5から9までは，

5	6	7	8	9
Π	ΠI	ΠII	ΠIII	ΠIIII

というぐあいです。さて，10になりますと，やはり，10というギリシャ語の頭文字をとって，Δという記号を用います。そこで，10から19までは，

10	11	12	13	14	15
Δ	ΔI	ΔII	ΔIII	ΔIIII	ΔΠ

16	17	18	19
ΔΠI	ΔΠII	ΔΠIII	ΔΠIIII

と書いていきます。そして，20はΔを二つ，30はΔを三つ，……ならべて書きます。こうして，

10	20	30	40
Δ	ΔΔ	ΔΔΔ	ΔΔΔΔ

と進み，50になると，10が五つという意味で𐅄という記号を使います。従って，

50	60	70	80	90
𐅄	𐅄Δ	𐅄ΔΔ	𐅄ΔΔΔ	𐅄ΔΔΔΔ

というぐあいです。こうして，ついに100にたっしますと，また，100という意味のギリシャ語の頭文字を使って，Hで表わします。そして，100から400までは，この記号をその数だけならべて書くのです。すなわち，

100	200	300	400
H	HH	HHH	HHHH

こうして500になりますと，100すなわちHが五つという意味で，𐅅という記号を使います。そして，

500	600	700	800	900
𐅅	𐅅H	𐅅HH	𐅅HHH	𐅅HHHH

という調子で進んでいくのです。

ではここで，いままでの記号を使って少し数を書いてみましょうか。

8	16	35	64
ΓIII	ΔΓI	ΔΔΔΓ	𐅄ΔIIII

127	379	786
HΔΔΓII	HHH𐅄ΔΔΓIIII	𐅅HH𐅄ΔΔΔΓI

さらに進んで1000になりますと，Xという記号を使って，

1000	2000	3000	4000
X	XX	XXX	XXXX

と進み，5000になりますと，1000が五つという意味で𐅆という記号を使って，

5000	6000	7000	8000	9000
𐅆	𐅆X	𐅆XX	𐅆XXX	𐅆XXXX

と進み，つぎに10000になりますと，こんどはMという記号を使うという調子です。

さて，みなさんも，もうきっとお気づきのことと思いますが，上にお話ししたギリシャの数字は，

I が五つ集まるとΓ
I が 十 集まるとΔ
Δ が五つ集まると𐅄
Δ が 十 集まるとH
H が五つ集まると𐅅
H が 十 集まるとX
X が五つ集まると𐅆
……………………
……………………

という調子で進んでいくのですから，これは，5進法と10進法をまぜて使っているということがいえますね。

では，このギリシャの数字に関する問題をいくつか書いておきましょう。

問　題

（1）つぎのギリシャの数字をよみなさい。

IIII　　ΓIII　　ΔII　　ΔΓII　　ΔΔΓI

𐅄ΔIII　　𐅄ΔΔΓIIII　　HΔΔΔΓ　　HH𐅄ΔΓII

（2）つぎの数をギリシャの数字で書きなさい。

9　　14　　19　　38

67　　83　　168　　777

こののち，ギリシャ人たちは，さらに，ギリシャ語のアルファベットに ′（ダッシュ）をつけて，数を表わす方法も用いています。

1	2	3	4	5	6	7	8	9
α'	β'	γ'	δ'	ε'	ς'	ζ'	η'	θ'
10	20	30	40	50	60	70	80	90
ι'	κ'	λ'	μ'	ν'	ξ'	o'	π'	ϱ'

100	200	300	400	500	600	700	800	900
ρ′	σ′	τ′	υ′	ϕ′	χ′	ψ′	ω′	ϡ′

これから先は，ダッシュをさかさにつけて，

1000	2000	3000	4000	5000……
͵α	͵β	͵γ	͵δ	͵ε ……

としています。

つぎに，いまでも，時計の文字板などによく用いられている，ローマ人の工夫した数字にお話しをうつしましょう。

時計の文字板で，みなさんは，

1	2	3	4	5	6	7	8	9	10
I	II	III	IIII	V	VI	VII	VIII	VIIII	X
			（IV）					（IX）	

11	12
XI	XII

までは，ご存じでしょうね。

これも，ギリシャの数字と同じように，1をIで表わして，1，2，3，4，までは，このIをその数だけならべてI，II，III，IIII，とし，5になると新しくVという記号を使い，さらに，6，7，8，9，までは，VI，VII，VIII，

VIIII，とし，10になると，また新しくXという記号を使うのですから，やはり，5進法と10進法とをまぜて使っていることになります。

ところがギリシャの数字とちょっとちがうところは，4を表わすのに，IIIIとせずに，IVとすることもあるという点です。その意味はおわかりですね。IVというように，IをVの左に書けば，VからIを引いてIIIIという意味なのです。まったく同じように，9を表わすのに，VIIIIとしないで，IXとすることもあります。その意味は，IXというように，IをXの左に書けば，XからIを引いてVIIIIという意味なのです。

XIIまでは，みなさんもよくご存じでしょうが，その先をご存じでしょうか。なに，わけはないのです。その先は，

		13	14	15
		XIII	XIV	XV
16	17	18	19	20
XVl	XVII	XVIII	XlX	XX
21	22	23	24	25
XXI	XXII	XXIII	XXIV	XXV
26	27	28	29	30
XXVI	XXVII	XXVIII	XXIX	XXX

という調子でつづけていけばよいのです。

しかし，50までいきますと，50を表わすのに，Lという

記号を使います。そして，

50	60	70	80	90
L	LX	LXX	LXXX	LXXXX

と書いていきます。この調子で，

100になると，　C

500になると，　D

1000になると，　M

という記号を使います。

では，少し問題を書いておきましょう。

問　題

（1）つぎのローマの数字をよみなさい。

XXXVI　　XLVIII　　CCCLXXXVIII

DCXLIV　　DCCCI　　MMMDCCLVIII

（2）つぎの数をローマ数字で書きなさい。

7　　18　　39　　66

138　　629　　1009　　3897

4　インドの数字

　では，現在，われわれが使っているひじょうに便利な，1，2，3，4，5，6，7，8，9，0という数字は，一体，だれが考えだしたのでしょう。このみなもとはインドです。インドではじまったこの数字や算数が，いまからおよそ1200年前にアラビヤに伝わり，それまでに，まだ，数字らしい数字を全然もっていなかったアラビヤ人たちは，早速，この便利な数字を用い，商人も，数学者も，みな，この数字で計算し，「インド算数」の本は，ぞくぞくとアラビヤ語に訳《やく》されるようになりました。ところが，この訳された本が，また，アラビヤ商人の手によって，ヨーロッパへもってこられたのです。

　そのころ，ヨーロッパでは，ローマから伝わったローマ数字を用いていました。この数字は，数を書きとめておくのには便利ですが，計算にはいかにも不便なので，ヨーロッパ人は，早速，アラビヤから伝わった数字を用いるようになりました。そして，ほんとうは，インドから伝わったので，「インド数字」ともいうべきものですのに，これを，「アラビヤ数字」と呼んだのでした。

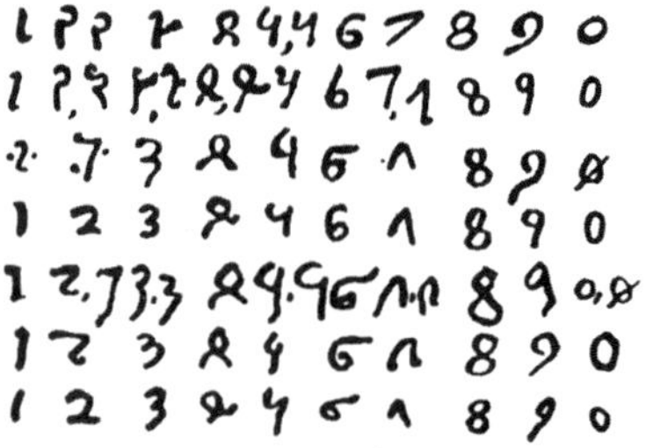

このアラビヤ数字は，はじめから，現在，われわれが用いている，1，2，3，4，5，6，7，8，9，0ではなく，じつにいろいろな変化をうけて，今日のような形になったのです。そのうつりかわりのようすを表にしてみますと，前のページの図のようになります。

第3章　位　取　り

私はいままでに，スメリア人，バビロニア人，エジプト人，ローマ人，およびインド人の数字についてお話しをいたしました。さてこのうち，最後のインド人の数字だけが，前の数字と，じつに重要なちがいをもっていることにお気づきになられましたか。それは，

バビロニアの数字では，

𒁹が10集まると𒌋，𒌋が10集まると𒈨

エジプトの数字では，

𓏤が10集まると𓎆，𓎆が10集まると𓍢

ローマの数字では，

Iが10集まるとX，Xが10集まるとC

というように，位が一つ上るごとに，新しい記号を使いますが，インドの数字では，

1が10集まると10，10が10集まると100

というぐあいに，0という記号をつかうことによって，どんな大きな数でも，1，2，3，4，5，6，7，8，9，0だけを使って表わしうるという点です。この，たった10個の数字で，どんな大きな数でも表わすことができるというのは，じつに大切なことですから，よく考えてみましょう。

われわれは，

1，2，3，4，5，6，7，8，9

と書いて，９のつぎには，

10

と書きます。これは，一体，何を意味するのでしょう。左側の１は，もちろん，１でなく10を表わします。では，なぜ，同じ１の字が，１のほかに10をも表わしうるのでしょう。それは，

いちばん右の数字は，１の位を表わすもの

右から２番目の数字は，10の位を表わすもの

という約束があるからです。従って，

10

と書けば，１の位のところは空位《くうい》で，10の位のところに１があるということをしめすのですから，これは，10を表わすわけです。同じように，

11，12，13，14，15，16，17，18，19

と書けば，10の位のところは１で，１の位のところは，それぞれ１，２，３，４，５，６，７，８，９であるという意味ですから，これで立派に11，12，13，14，15，16，17，18，19を表わすことができるわけです。

さらに，

20，30，40，50，60，70，80，90

と書けば，これらは，10の位がそれぞれ２，３，４，５，６，７，８，９であって，１の位は空位であることをしめしているのですから，これで立派に20，30，40，50，60，70，80，90を表わすことができるわけです。

91，92，93，94，95，96，97，98，99

などについても同様ですが，この先は，

100

と書きます。このときは，

いちばん右の数字は，１の位を表わすもの

右から２番目の数字は，10の位を表わすもの

右から３番目の数字は，100の位を表わすもの

という約束がありますから，これは100ですね。

この場合のように，１が，たしかに，右から３番目であることをしめすためには，どうしても，０を二つ，１の右側につけておくことが必要です。０は，数が何もないことをしめすのだからといって，書かなくてもよいというわけにはいきません。１と書いただけでは，はたして，１を表わすのか，10か，100か，1000か，10000か，どれを表わしているのかわかりません。そこで，適当に０をつけて，

10，100，1000，10000，100000，…………

などとするのです。また，

250，205

のような場合でも，左の方の数では，０は，１の位がぬけていることを表わし，右の方の数では，０は，10の位がぬけていることを表わしています。従って，０を取りされば，

25，25

となって，その区別がつきません。

つまり，０は「ない。」ことをしめしているのですが，ただ，「ない。」ではなく，「どの位がない。」かということをしめしているのです。従って，その０の書いてある位置

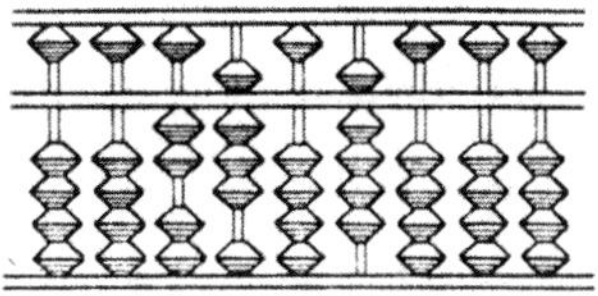

が重要な意味をもつことになります。

そろばんでも同じことが起こります。

右の図は，そろばんに2809をおいたところです。8と9をおいた間の所の珠が，一つも動かしてないのは，この桁《けた》が空位であることをしめしているのです。これを，実際，紙の上に数字で書くときは，この空位へ，記号0をおくのです。

このように，「位取り」といううまい考えを使えば，1，2，3，4，5，6，7，8，9，0という，たった10個の数字を使って，どんな大きな数でも表わしうるわけです。

そして，この中で，0が，もっとも偉大な役目をはたしているわけです。この0こそ，インドの数字にみられる一つの大きな特長なのです。

われわれは，現在，このインド数字の1，2，3，4，5，6，7，8，9，0を使って，位取りの原理に従って，数を表わしていますが，この0のありがたさや，位取りの原理の便利さにすっかりなれきっています。しかし，うっかりみのがしてしまいそうな，この“0の発見”こそ，じつに，歴史上の一大発見であるといっても，いいすぎではないのです。

第4章　自然数のたし算とかけ算

1　たし算

前3章でお話ししましたように，いろいろのうつりかわりののちに得られたところの，

1，2，3，4，5，6，7，8，9，10，11，12，13，14，…………

という1列の数を，「**自然数**《しぜんすう》」と呼びます。

これらの数は，最初は，ただ，物をかぞえるだけに使われていたのでしょう。しかし，人間の生活が，だんだんと複雑になりますと，これらの数を使って，計算をする必要にせまられてまいります。計算のうちでもっとも簡単なのは，たし算・かけ算・ひき算・わり算の四つでしょう。そのうちもっとも簡単なたし算から，まず考えてみることにいたしましょう。たとえばここに三つのもの，

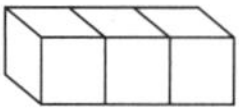

をとってきて，この三つの右へ，さらに同じものを五つならべてみます。

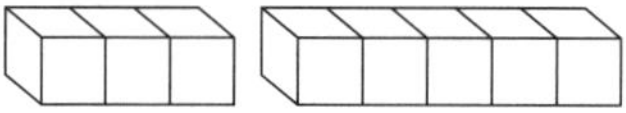

そして，はじめから1，2，3，4，…とかぞえていきますと，ちょうど8で勘定《かんじょう》がおわります。このとき，3と5とを加えると，答は，8になるというわけですね。こ

のことを式を使って，

$$3+5=8$$

と書き表わします。つまりこれは，「3に5を加えると8に等《ひと》しい。」ということを表わす式で，

「3たす5は8」

「3加える5は8」

「3プラス5は8」

などとよみます。これを，

$$3+5$$

と書けば，「3に5を加える。」という計算そのものを表わしています。しかしその答は8ですから，これは3と5とを加えた8をも表わしています。その答が8であることを，はっきりしめそうと思うときには，3＋5の右に＝と書いて，その右に8と書くわけです。

たし算の意味がよくわかったら，つぎに，自然数のはじめにある1をとって，自然数に順々に1を加えてみましょう。その答は，

1	$1+1=2$	$2+1=3$
$3+1=4$	$4+1=5$	$5+1=6$
$6+1=7$	$7+1=8$	$8+1=9$
$9+1=10$	$10+1=11$	$11+1=12$ …………

というぐあいに，順々につぎの自然数が出きます。従って，自然数は，順々に1を加えていった順序にならんでいるわけです。こんなことは，わかりきったことのようですが，自然数の順序ということは，なかなか大切なことなのです。

私は，いま，「3と5を加えると，答は8になる。」というお話しをしました。

それでは，こんどは順を逆にして，5と3を加えると，いくらになるでしょう。もちろん，答は8ですが，なぜ，順序を逆にしても，同じ答が出るのでしょう。いま，前の図を逆におきかえて

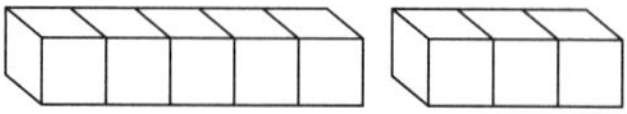

とすれば，これは5に3を加えた形です。そこで，はじめから1，2，3，4，……とかぞえれば，答は，やはり8です。

このように，どんな数でも，二つの数を加えた答は，その順序を逆にしても，かわりません。このことを，3と5との場合について，われわれが，いま用いている記号で書きますと，

$$3+5=5+3$$

となります。しかし，このような一つの例だけでは，どんな数とどんな数を加えたものも，順序を逆にして加えたものといつも同じであるということは，表わされません。そこで，このことがどんな数についてもなりたつということをしめすために，二つの数を甲と乙で表わすことにしますと，このことは，

$$甲+乙=乙+甲$$

のような式で書き表わされます。また，甲のかわりにa《エイ》，乙のかわりにb《ビー》というアルファベットを使えば，この事柄は，

$$a+b=b+a$$

のように書き表わされます。いうまでもなく，この a および b は，勝手な自然数を代表しているとするのです。こうしておけば，どんな二つの数を加え合わせる場合にも，その答は，加える順序に関係しないということが，よく表わされています。

このことは，やさしいようで，じつは，自然数のたし算に関する一つの大切な性質なのです。数学では，このことを，**「加法の交換《こうかん》法則」**と呼んでいます。

なお，二つの数を加えた答を，それらの数の**和**《わ》と呼ぶことがあります。

従って，加法の交換法則は，二つの数の和が，その順序に関係しないことを表わしているわけです。

こんどは，３と５とを加えた答８に，さらに，２を加えてみましょう。それには，

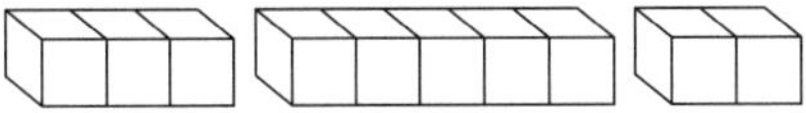

という図をつくって，はじめからかぞえればよいわけです。すると，答は10となります。

しかし，３と５を加えた答に，さらに２を加えるのですから，ほんとうは，まんなかの五つを，左の三つにくっつけて，

とした方が，よいかもしれません。

つぎに，まんなかの五つを，右の二つにくっつけてみま

すと，

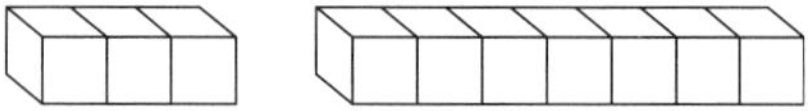

となりますが，はじめからかぞえてみれば，答はやはり10です。

つまり，これらのことは，「3と5を加えたものに，2を加えても，3に，5と2を加えたものを加えても，答は同じく10になる。」ことを意味しています。

これを式に書きますと，

$$(3+5)+2=3+(5+2)$$

となります。ここに，はじめて**括弧**《かっこ》**（　）**というものを使いました。これは，「まず，この括弧のなかの計算を先に行なって，後に，これをひとまとめと考えて，括弧の外との計算を行え。」という意味です。

すなわち，上の式の左側は，「3に5を加えて8，この8に2を加えて10。」というものを表わしています。右側は，「5プラス2を先に計算して7，3にこの7を加えて10。」というものを表わしています。

この式の左側と右側が，**＝（イコール）**という記号で結びつけられているのは，こうして計算された左右両側の答が，同じものであることをしめしているのです。

このことは，3と5と2とにかぎらず，どんな三つの自然数にたいしてもあてはまります。たとえば，

$$(1+2)+3=1+(2+3)$$

$$(2+4)+2=2+(4+2)$$

$$(3+2)+4=3+(2+4)$$
$$(7+1)+3=7+(1+3)$$
$$(2+4)+6=2+(4+6)$$
$$(9+7)+2=9+(7+2)$$
$$(5+6)+8=5+(6+8)$$

などは，いずれも，みんな正しい式です。

しかし，この規則が，あらゆる自然数にたいしてあてはまるのだということをしめすには，上のような式をいくら書いても十分ではありません。

そこで，前に使った考え方によって，甲，乙，丙という三つの文字で，勝手な自然数を代表させることにしますと前の性質は，

$$(\text{甲}+\text{乙})+\text{丙}=\text{甲}+(\text{乙}+\text{丙})$$

という式で書き表わされます。また，a《エイ》，b《ビー》，c《シー》というアルファベットをつかえば，

$$(a+b)+c=a+(b+c)$$

で表わされます。もちろん，ここに，a，b，c，という文字は，勝手な自然数を代表しているものとします。こうすれば，前の性質がまったく一般的な方法で，式に書き表わされているわけです。

これらのことは，まったくよく知られたことで，みなさんは，すっかりわかりきったことだとおっしゃるかもしれませんが，あまりに，よく知られていますので，うっかりすると，みのがしてしまう性質です。しかし，これは，たし算の大切な性質で，数学では，これを**「たし算の結合《けつごう》法**

則」と呼んでいます。

ここに，たし算の大切な性質を二つみつけたことになります。それを表にして，つぎに書いておきましょう。

たし算の交換法則　$\boldsymbol{a+b=b+a}$

たし算の結合法則　$\boldsymbol{(a+b)+c=a+(b+c)}$

さて，たし算も，このように小さな数を取り扱っているうちはよいのですが，何千，何万となると，なかなか大変な仕事です。そこで，昔の人たちは，なんとかしてらくに計算のできる工夫《くふう》はないかと，いろいろ仕掛を考えました。これがそろばんの起こりです。

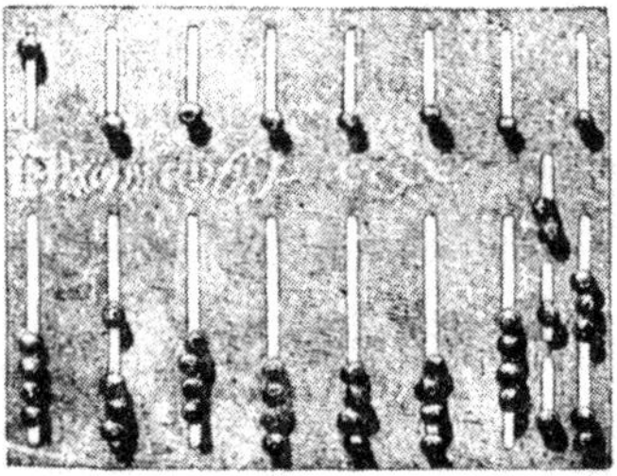

左に掲《かか》げた図は，現在，ロンドンの大英博物館に保存されている，ローマ人が使っていたといわれるそろばんです。これは金属板の面へ溝を掘り，その上を，珠がころがるようにしたものです。右の端の方の二つの溝は，分数を表わすものですが，左の方の七つの溝で，自然数の計算を行います。従って，このそろばんによっては，たった7桁《けた》の数しか取り扱えないわけです。日本のそろばんのように，一方の端で計算してみて，答をそのままにしておいて，他方の端で検算《けんざん》をすることもできませんし，指の先で，パチ

パチとやるわけにもいきません。大分，不便な点が多いようです。

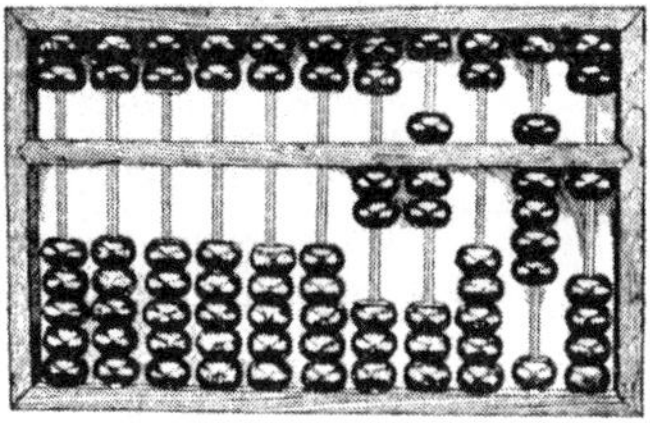

そろばんは，中国にもありました。右の図が中国のそろばんです。日本のそろばんは，これを受け入れて改良したもので，日本では，上の5の珠が二つあるのを一つにし，その後，下の1を表わす珠をも，五つを四つにして，計算を迅速《じんそく》にするようにくふうしました。これで，少しもさしつかえないわけでしょう。

しかし，そろばんも，はじめからこんなうまいのが考えられていたわけではないのです。はじめは下のように，ただ，板の上に平行線をひいたものにすぎませんでした。そして，数を表わすのには，これらの線の上，または線の間へ，碁《ご》石《いし》のような珠をおいて，これを表わそうというのです。いちばん下の線は1の位を表わすのです。従って，一つおけば1，二つおけば2，三つおけば3，四つおけば4を表わします。5になりますと，あまり多くおくのはめんどうですので，いちばん下と2番目との線の間に一つおくのです。たとえば，次ページの図のようなぐあいにおけ

1000から4000まで ＿＿＿＿＿

500

100から 400まで ＿＿＿＿＿

50

10から 40まで ＿＿＿＿＿

5

1から 4まで ＿＿＿＿＿

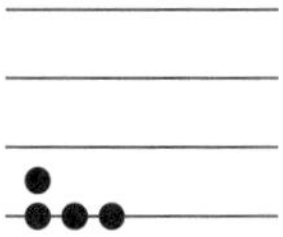

ば，いちばん下の線の上に三つありますからこれは3を，その上の2番目の線との間にある珠は，5を表わしますので，けっきょく8を表わしていることになるわけですね。この調子で，下から2番目の線は，10から40まで，その上の3番目の線との間は，50を表わすというぐあいにするのです。たとえば，3698という数をおくと，左図のようになります。

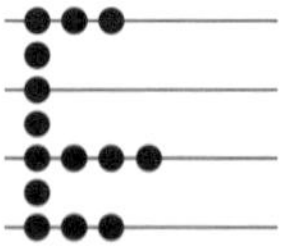

昔は，こんな不便なものを使っていたのです。これにくらべれば，いまのそろばんが，いかに進歩し，工夫されたものであるかが，おわかりでしょう。

たし算のお話しをおえるにあたって，たとえば，

$$3+5=8$$

のような式に用いる＋と，＝という便利な記号は，一体，だれが，いつごろ，考えだしたものであるかをしらべてみましょう。

まず，加えるおよびひくということを表わす記号が，はじめて数学の本に現われたのは，西暦1489年に刊行《かんこう》されたドイツのウイッドマンという人の算数の本の中でした。しかし，ここでは，＋や－は，まだ計算の記号としてではなく，ただ，過不足《かふそく》という意味に使われていたのです。しかし，後になって，西暦1540年に出版された，医者であり，数学者である，イギリスのレコードという人の書いた本のなかには，ちゃんと，＋はたし算を，－はひき算を表わす

のに用いられています。

また，同じく，レコードが，西暦1557年に出版した「智恵《ちえ》の砥石《といし》」という書物のなかには，＝という記号が等しいという意味に用いられています。レコードは，「長さの等しい二つの平行線ぐらい，おたがいに等しいものはないからさ。」といって，この便利な記号を考えだしたものだそうです。ところが，この本のなかでは，＋も，－も，＝も，みな横に長く，

—+—　———　═══

のような形をしておりました。

2　かけ算

こんどは，かけ算のお話しにうつりましょう。たとえば，

$$3+3+3+3+3+3+3$$

「上の式を計算せよ。」といわれたら，これをはじめから順に加えたりせず，3が7だけならんでいることに気づいたら，3かける7，すなわち21が答といわれるでしょう。そうです。つまりかけ算は，同じ数をなんどか加え合わす演算《えんざん》を意味するわけですね。

このように，3を7回加え合わすことを，3かける7といって，これを，

$$3\times 7=21$$

と書き表わし，×はかけることを，＝はその答が，右に書かれた21に等しいことをしめします。

かけ算というのは，同じ数をなんども加え合わす計算で

	1	2	3	4	5	6	7	8	9
1	1	2	3	4	5	6	7	8	9
2	2	4	6	8	10	12	14	16	18
3	3	6	9	12	15	18	21	24	27
4	4	8	12	16	20	24	28	32	36
5	5	10	15	20	25	30	35	40	45
6	6	12	18	24	30	36	42	48	54
7	7	14	21	28	35	42	49	56	63
8	8	16	24	32	40	48	56	64	72
9	9	18	27	36	45	54	63	72	81

あることがわかっても，実際の計算で，いちいちこれを加え合わせていたのでは，かけ算のありがたさが全然わかりません。そこで簡単な数のかけ算は，その答を暗記していて，これを縦横に応用するのが便利です。このため，かけ算の九九の表が考えだされました。

上の表のように，１から９までの数をたがいにかけ合わせた答さえ暗記しておけば，どんな大きな数どうしでも，案外らくに計算できます。なぜでしょう。それは，10進法という数のとなえ方を採用しているからです。

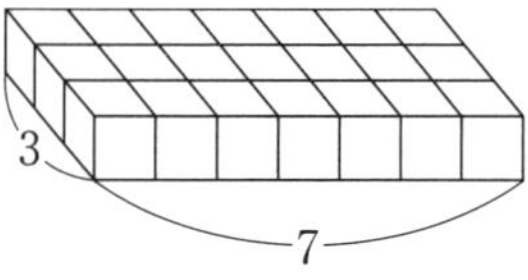

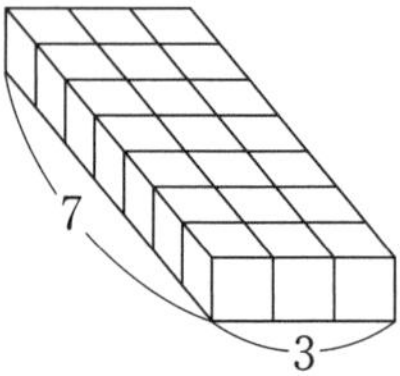

さて，３に７をかけると21になるなら，７に３をかけたら，いくらでしょう。やはり21でしょう。一般に，かける数とかけられる数をとりかえても，答は同じになります。

これは，つぎのように考えるとよくわかります。まず，３に

7をかけるということは，3を7回加え合わすことですから，前ページ図上のように，箱を三つずつ縦に七つならべます。すると，箱は3かける7で，21個あるわけです。ところが，これを前ページ図下のように眺めますと，七つの箱が，3通り縦にならんでいます。これは，7を3回加え合わせたものとも考えられるわけです。すなわち，3かける7と，7かける3とは，たがいに等しく，いずれも21となるわけです。

このことは，どんな二つの数 甲（またはa），乙（またはb）にたいしても，あてはまります。これを式で表わしますと，

甲×乙＝乙×甲　　　　または，

$$a\times b=b\times a$$

と表わされます。この事柄を**「かけ算の交換法則」**と呼びますが，これは，なかなか大切な法則です。

なお，二つの数をかけた答のことを，それらの数の**積**《せき》と呼ぶことがあります。従って，かけ算の交換法則は，二つの数の積がその順序に関係しないことを表わしているわけです。

こんどは，3かける7という上の答21に，さらに4をかけてみましょう。答は84です。つぎに計算の順序をかえて，3に，7かける4，すなわち，28をかけてみましょう。答はやはり84です。このことを式に書いてみますと，

$$(3\times 7)\times 4=3\times (7\times 4)$$

となります。もちろん，括弧の中の式を先に計算するので

したね。これで，同じ答がでてくるのはなぜでしょう。これも，つぎのように考えると，その理由がよくわかります。

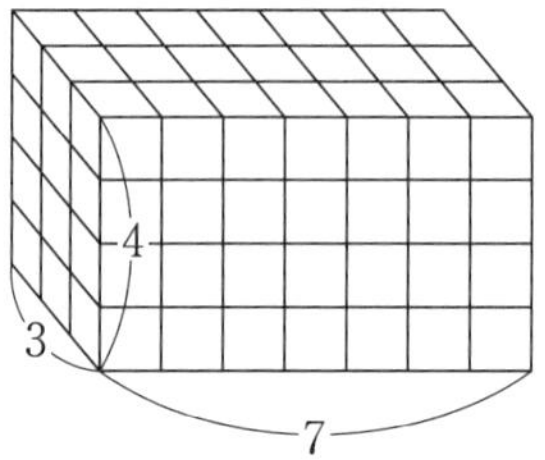

まず，3かける7，すなわち21個の箱にさらに4をかける，つまり，21個の箱をさらに4組かさねたものを考えます。すると，縦に3個，横に7個，高さに4個の箱がならんでいるわけです。

ところが，この図の見方を少しくかえてみますと，三つずつ縦にならんだ箱が，4かける7，すなわち，28組あることにもなります。従って，箱の数は，3かける28にも等しいことになります。

このことは，どんな三つの数 甲，乙，丙（またはa，b，c）にたいしてもなりたちます。従って，このことは，

(甲×乙)×丙＝甲×(乙×丙)　　または，

$$(a\times b)\times c=a\times(b\times c)$$

と書き表わされます。

これは，**「かけ算の結合法則」**と呼ばれています。

いままでにお話しした交換法則と結合法則とは，たし算にもありましたが，かけ算の場合にはもう一つ，**「配分《はいぶん》法則」**というのがあります。

たとえば，3と5を加えたものを4倍するという計算を考えてみましょう。まず，3と5を加えるというのを前のように図に画《か》いて，

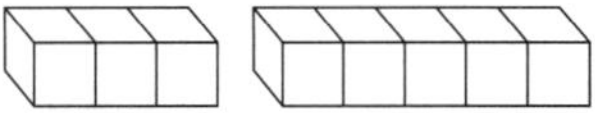

としますと，もちろん，全部で八つあります。つぎに，これを4倍せよというのですから，同じものを四つならべてみますと，右の図のようになります。箱の数は8かける4で，32です。ところが右の図からわかりますように，これは，3かける4と，

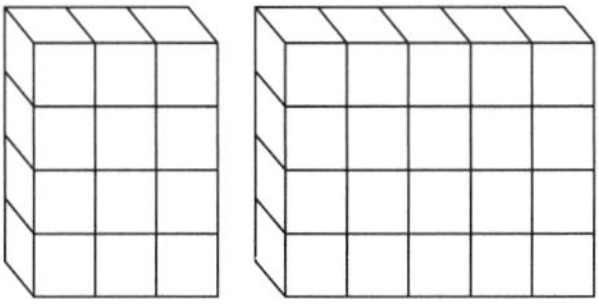

5かける4を加えたものとも考えられます。これを式で書きますと，

$$(3+5)\times 4=3\times 4+5\times 4$$

となります。この式の右側のように，たし算とかけ算がまざった式が出てきたときには，かけ算の方を先にして，そのあとでたし算をする，という約束はご存じでしょうね。上の式は，前の説明からおして考えられますように，つぎのような式で書き表わすことができます。

$$(甲+乙)\times 丙=甲\times 丙+乙\times 丙$$ または，

$$(a+b)\times c=a\times c+b\times c$$

これが，「かけ算に関する配分法則」と呼ばれている法則です。こんなことはわかりきったことだ，とおっしゃるかもしれませんが，なんと，みなさんは，かけ算をするとき，おそらく無意識にこの配分法則を使っていられるのです。

$$\begin{array}{r} 12 \\ \times\ 3 \\ \hline 36 \end{array}$$

たとえば，左のような簡単なかけ算をする場

合にも，この配分法則を使っているのです。どこへ使っているか，おわかりですか。まず，ここにある12の意味を考えましょう。12の右の２という数字は，たしかに２を表わしているのですが，その左の１は？　これは，10を表わしているのでしたね。従って，12は12＝10＋２です。これに３をかけよというのですから，10と２とを加えたものを３倍せよということになり，ここで，配分法則を使うのです。つまり，左の式でもわかりますように，これは，10の３倍の30と，２の３倍の６とを加えたものに等しいのです。そこで，答は，36となるわけです。

$$
\begin{aligned}
&(10+2)\times 3\\
&=10\times 3+2\times 3\\
&=30+6\\
&=36
\end{aligned}
$$

これだけのことを，われわれは，簡単に左のように書くのです。すなわち，まず，２かける３をつくって，答の６を１の位に書きます。つぎに１かける３をつくりますと，３を得ます。ところが，これは，実際は10かける３ですから，30です。そこで，出てきた３を６の左，つまり，10の位のところに書けば，30を表わすことになって，うまくいくのです。

$$
\begin{array}{r}
12\\
\times\ 3\\
\hline
36
\end{array}
$$

では，この×という記号は，だれが，いつ使いだしたのでしょう。これは，イギリスの数学者ウィリアム・オートレッドが，西暦1631年に出版した算数の教科書「数学への鍵《かぎ》」という書物で使ったのが，最初だといわれております。

われわれは，いままでに，たとえばつぎのように，同じ

3を4回加え合わすことは，これを3かける4といって，

$$3+3+3+3=3\times 4$$

と書くとお話ししてきました。それでは，3を4回かけ合わすという場合は，どうでしょう。すなわち，3かける3，かける3，かける3と3を4回かけ合わすという場合です。これはめんどうですし，まちがいをおこしやすいものですから，便利な記号を考えておく必要があります。

いまの数学では，これを表わすのに，

$$3\times 3\times 3\times 3=3^4$$

のように，3^4（3の4乗《じょう》とよみます）という記号を使います。

従って，a^bは，aという数をb回かけ合わすことで，

$$a^b=\underbrace{a\times a\times\cdots\cdots\times a}_{b\text{個}}$$

aのb乗です。また，a^cと書けば，

$$a^c=\underbrace{a\times a\times\cdots\cdots\times a}_{c\text{個}}$$

ということで，aのc乗です。いま，このa^bとa^cとをさらにかけ合わせてみましょう。すると，

$$a^b\times a^c=\underbrace{(a\times a\times\cdots\times a)}_{b\text{個}}\times\underbrace{(a\times a\times\cdots\times a)}_{c\text{個}}$$

$$=\underbrace{a\times a\times\cdots\times a\times a\times\cdots\times a}_{b+c\text{個}}$$

$$=a^{b+c}$$

従って　$a^b\times a^c=a^{b+c}$

a を b 回かけ合わせたものに，さらに，a を c 回かけ合わせたものをかけるのですから，けっきょく，a を，b プラス c 回だけかけ合わせることになり，上のような公式が得られるのです。

これらの式をみてもわかることですが，かけ算を表わす×という記号は，便利は便利でも，あまりたくさん出てくると，かえってわずらわしくなります。そこで，a かける b を書き表わすのに，a と b をならべて書き，その間に点をうって表わしたり，また，この点を省略して，つぎのように書いたりします。

$$a \times b = a \cdot b \quad \text{または，} \quad a \times b = ab$$

この書き方で，いままでにお話しした，かけ算の交換法則，結合法則，配分法則を書いてみますと，つぎのようになります。

交換法則　$\boldsymbol{ab = ba}$

結合法則　$\boldsymbol{(ab)c = a(bc)}$

配分法則　$\boldsymbol{(a+b)c = ac+bc}$

この書き方は，すこし乱暴のようですが，なれてくると，なかなか便利な書き方です。

第5章　自然数のひき算とわり算

1　ひ　き　算

こんどは，ひき算のお話しにうつりましょう。まず，まったくやさしいお話しからはじめますが，どうか，よくその理由を考えながらよんでください。

まず，

5－3

というひき算を考えてください。

このひき算の答はもちろん2ですが，みなさんは，このひき算の意味をどのようにお考えですか。

いまここに，五つの箱があるとして，それから三つの箱をとりされば，あとには二つの箱が残るのだから，

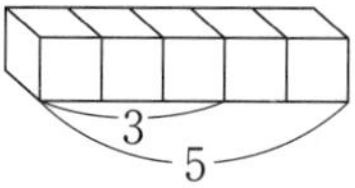

5－3＝2

だ，と考える人もあるでしょう。

しかしつぎのように考える人はないでしょうか。すなわち，いまここに，三つの箱がある。この箱に，いくつの箱を加えると全部で五つになるかを考えれば，それは二つである。従って，

5－3＝2

となるのだ，というふうに考える人はないでしょうか。

こう考えた人は，じつは，

$$5-3=\square$$

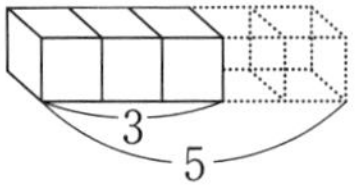

の□のなかは，３に□を加えると５になるような数だと考えたことになっています。つまり，

$$5-3=\square$$

の答を出すのに，

$$5=3+\square$$

の□のなかを考えたことになっています。

このことを，５とか３とかいう特別な数でなく，a，bという一般の記号を使って書き表わしてみますと，

$$a-b=\square$$

の答を出すのは，

$$a=b+\square$$

の□のなかは何であるかを出すことになる，といえます。

また，つぎのように考える人もあるかもしれません。すなわち，

いまここに，三つの箱がある。いくつの箱に，この三つの箱を加えると，全部で五つの箱になるかを考えれば，それは二つである。従って，

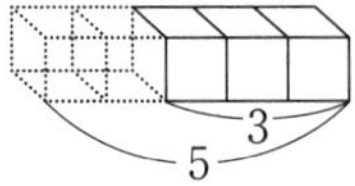

$$5-3=2$$

となるのだ，というふうに考える人はないでしょうか。

こう考えた人は，じつは，

$$5-3=\square$$

の□のなかは，□に3を加えると5になるような数だと考えたことになっています。つまり，

$$5-3=\square$$

の答を出すのに，

$$5=\square+3$$

の□のなかを考えたことになっています。

このことを，5とか3とかいう特別な数でなく，a，bという一般の記号を使って書き表わしてみますと，

$$a-b=\square$$

の答を出すのは，

$$a=\square+b$$

の□のなかは何であるかを出すことになる，といえます。このように，ひき算，

$$a-b=\square$$

の答の解釈《かいしゃく》には，

$$a=b+\square$$

と，

$$a=\square+b$$

という2通りの解釈があるのですが，そのどちらをとっても，答が同じになることは，たし算の交換法則，

$$b+\square=\square+b$$

からあきらかでしょう。

さて，もういちど，ひき算，

$$a-b=\square$$

の答は,

$$a=\square+b$$

の□のなかであるということ，すなわち，□に b を加えるともとの a にもどるということを，すなわち,

$$\square+b=a$$

であるということを式に書きますと,

$$(a-b)+b=a$$

となります。そこでわたくしたちは，この式を，**ひき算の意味**をきめる式として採用することにします。

そして，ひき算の答,

$$a-b$$

のことを，二つの数 a と b との**差**と呼ぶことにします。

さて，ひき算の意味をこうきめますと,

$$5-3$$

を求めるのは,

$$5=\square+3$$

の□のなかを求めることになりますが，□のなかは，2 以外に答があるでしょうか。もちろん，2 以外に答はありません。すなわち，ひき算の答はただ一つです。

つまり，もし，二つの数 A と B が等《ひと》しかったならば，すなわち,

$$A=B$$

であったならば，これから同じ数 c をひいた,

$$A-c \qquad と \qquad B-c$$

は同じになるはずです。従って,

$$A-c=a \qquad B-c=b$$

すなわち,

$$A=a+c \qquad B=b+c$$

とおけば,

$$a=b$$

となるはずです。

以上を要約しますと，ひき算の答がただ一つであるということは,

$$a+c=b+c \qquad \text{なら} \qquad a=b$$

である，という文章でいい表わされることになります。このことを，われわれは**ひき算の一意性**といいます。

ここで，いままで，たし算，かけ算，ひき算の三つにたいしてのべてきた規則を表にしてみますと，つぎのようになります。

Ⅰ	**たし算の交換法則**	$\boldsymbol{a+b=b+a}$
Ⅱ	**たし算の結合法則**	$\boldsymbol{(a+b)+c=a+(b+c)}$
Ⅲ	**かけ算の交換法則**	$\boldsymbol{ab=ba}$
Ⅳ	**かけ算の結合法則**	$\boldsymbol{(ab)c=a(bc)}$
Ⅴ	**配　分　法　則**	$\boldsymbol{(a+b)c=ac+bc}$
Ⅵ	**ひ き 算 の 意 味**	$\boldsymbol{(a-b)+b=a}$
Ⅶ	**ひ き 算 の 一 意 性**	$\boldsymbol{a+c=b+c}$　なら　$\boldsymbol{a=b}$

これだけです。これだけの規則があれば，われわれは，これから，ひき算に関するいろいろな規則を形式的に証明

する――理由を説明する――ことができるのです。われわれが無《む》意《い》識《しき》のうちに使っている規則が，他のいくつかの基礎になる規則から，形式的に証明できるというのは，なかなか大切なことです。こういうことを考えるのが，ほんとうの数学なのです。

以下のことは，みなさんには，ちょっとむずかしいかもしれませんが，ほんとうの数学らしい数学を考えたことになるのですから，おちついて，私といっしょに考えていただきたいと思います。

(i)　$\boldsymbol{a-(b+c)=a-b-c}$

まず，上の式をみてください。これは，a から，$(b+c)$ をひいたものが，a から b をひき，さらに c をひいたものと等しいことを表わしています。これを証明してみましょう。まず，$a-b-c$ は $(a-b)-c$ という意味ですが，$(a-b)-c$ は，ひき算の意味からいって，c を加えると，$(a-b)$，すなわち $a-b$ になる数を表わしているのです。ところが，同じわけで，$a-b$ は，また，b を加えると，a になる数を表わしているのです。従って，$a-b-c$ は，まず c を加え，つぎに b を加えると，a になる数を表わしているわけです。ところが前の表のIIの性質によりますと，c を加えて，つぎに b を加えるというのは，$(c+b)$ を加えるのと，同じになります。また，前にあげたIの法則，すなわち，「たし算の交換法則」によりますと，$c+b$ も，$b+c$ も，同じものです。

従って，けっきょく，$a-b-c$ は，$b+c$ を加えると，a になる数を表わすことになります。ですから，また，ひき算の意味によって，これは，$a-(b+c)$ とも書けるわけです。これで，(i)は証明できました。

つぎは，(ii)にうつります。

(ii) $\boldsymbol{a-(b-c)=a-b+c}$

この式を証明するのに，前表VIのひき算の意味を使って，この式の左側 $a-(b-c)$ を，

$$a-(b-c)-c+c$$

と書きかえます。この式の前の方は，a から $(b-c)$ をひいて，さらに，c をひくことを意味しています。ところが，これは，(i)で証明したことによりますと，a から，

$$(b-c+c)$$

すなわち，b をひくことを意味しています。従って，

$$\begin{aligned} a-(b-c)-c+c &= a-(b-c+c)+c \\ &= a-b+c \end{aligned}$$

となり，(ii)の関係式を証明することができました。

(iii) $\boldsymbol{a+b-b=a}$

さて，(iii)は，前表VIのひき算の意味，

$$(a-b)+b=a$$

によく似ていますが，b を加えてひくのと，b をひいて加えるのとのちがいがあります。(iii)を証明してみましょう。

$$a+b-b$$

は，ひき算の意味から，b を加えると，$a+b$ になるものを表わしているのですから，実際に b を加えますと，$a+b$ になるはずです。すなわち，

$$(a+b-b)+b=a+b$$

となります。ところが，この式は，

$a+b-b$　に b を加えたものと，

a　　　に b を加えたものとは等しい

ことをしめしています。従って，Ⅶのひき算の一意性によって，

$$a+b-b=a$$

を得ます。これで，(iii)が証明されました。

ここで，ひき算の意味を表わす，

$$(a-b)+b=a$$

と，ここで証明した，

$$(a+b)-b=a$$

とから，ある数から，同じ数をひいて加えても，同じ数を加えてひいても，どちらも，もとの数にもどることがわかります。

この意味で，たし算とひき算とは，ちょうどたがいに逆の計算になっていることがわかります。

(iv)　$\boldsymbol{a+(b-c)=a+b-c}$

(iv)は，いま，証明したばかりの(iii)を用います。すなわち，ある数に同じ数を加えて，またひけば，もとへもどるのですから，$a+(b-c)$ に c を加え，これから c をひいても，

やはり，$a+(b-c)$ です。従って，われわれは，

$$a+(b-c)+c-c=a+(b-c)$$

を得ます。ところが，この式の左の方で，a に $(b-c)$ を加え，さらに c を加えることは，IIの「たし算の結合法則」によって，いちどに $(b-c)+c$，すなわち，b を加えることですから，

$$a+(b-c)+c-c=a+\{(b-c)+c\}-c$$
$$=a+b-c$$

従って，

$$a+(b-c)=a+b-c$$

となって，(iv)が証明されました。

(v) $(\boldsymbol{a}-\boldsymbol{b})\boldsymbol{c}=\boldsymbol{ac}-\boldsymbol{bc}$

最後に，(v)を証明してみましょう。右辺の

$$ac-bc$$

を考えます。この a をVIのひき算の意味によって，

$$(a-b)+b$$

と考えますと，

$$ac-bc=\{(a-b)+b\}c-bc$$

となります。ところが，配分法則Vによって，

$$\{(a-b)+b\}c=(a-b)c+bc$$

ですから，けっきょく，

$$ac-bc=(a-b)c+bc-bc$$

となります。ここで，前に証明した(iii)，すなわち，bc を加えて，これから bc をひいてもかわらないという性質によ

って，最後に，

$$ac-bc=(a-b)c$$

を得ます。

いままで証明した五つの性質は，大切なものですから，つぎに，表にしておきましょう。

(i)　$a-(b+c)=a-b-c$

(ii)　$a-(b-c)=a-b+c$

(iii)　$a+b-b=a$

(iv)　$a+(b-c)=a+b-c$

(v)　$(a-b)c=ac-bc$

しかし，みなさんは，このたし算，ひき算，かけ算を組み合わせた公式を暗記する必要はありません。ただ，つぎの二つのことをおぼえていれば，左側から右側をどんどん思いだして書くことができます。

たし算とひき算とは，たがいに逆の演算《えんざん》である。従って，同じ数を加えてひいても，ひいて加えても，もとのままである。

ということと，

括弧《かっこ》を取りさる場合には，＋と＋がかさなったら＋，＋と－，または，－と＋がかさなったら－，－と－がかさなったら＋とする。

ということの二つです。

われわれは，いままで，

$$a-b$$

のような，ひき算という演算を考えて，これに関する規則をしらべてきたのですが，この規則は，いずれも，ひき算が意味をもつときだけ，あてはめ得る規則でした。では，a から b をひくというひき算が，意味をもち得る場合というのは，一体，どんな場合でしょう。この場合は，b を加えて a になる数が存在する場合，すなわち，a がある数に b 加えたものと等しくなっているときです。

一般に，自然数の列１，２，３，４，５，……から，二つの数，a，b をぬきだした場合，a が，ある数に b を加えたもの，または，b にある数を加えたものになっているとき，**$\boldsymbol{a}$ は $\boldsymbol{b}$ より大きい**，従って，**$\boldsymbol{b}$ は $\boldsymbol{a}$ より小さい**，といって，下のような記号で表わします。

$$\boldsymbol{a>b} \quad \text{または} \quad \boldsymbol{b<a}$$

従って，このいい方に従えば，a から b をひくという計算が意味をもち得るのは，a が b より大きいときにかぎるということができます。

この数の大小ということを，ついでに少し考えておきましょう。いま，自然数を，

$$1,\ 2,\ 3,\ 4,\ 5,\ \cdots b,\ \cdots\cdots a,\ \cdots\cdots$$

というぐあいにならべたとすれば，a が b より大きいということは，a が b より先にあることになります。

自然数をならべるというのは，大きさの順序にならべるということです。つぎに，

$$c<b,\ b<a \quad \text{なら} \quad c<a$$

大小に関する上の規則は，あきらかでしょう。これでみますと，自然数の列で，b は c の先にあり，a はまた b の先にあるのですから，a は c の先にあるわけで，けっきょく，a は c より大きいということが結論されます。

これは，またつぎのように議《ぎ》論《ろん》できます。まず，$b>c$ ですから，b は c にある数$\square$を加えたものであり，$a>b$ ですから，a は b にある数$\triangle$を加えたものです。すると，けっきょく，a は c に$\square$たす$\triangle$を加えたもので，a は c より大きいという論法です。すなわち，

$$c+\square=b,\ b+\triangle=a \quad \therefore\ c+(\square+\triangle)=a$$

従って，

$$c<a$$

という論法です。ここで使った∴は**「ゆえに」**という記号です。

この論法をつかえば，つぎの式も容易に証明されます。

$$b<a \quad \text{なら} \quad b+c<a+c$$

この証明は，

$$b<a \quad \text{から} \quad b+\square=a$$

$$\therefore \quad b+c+\square=a+c$$

$$\therefore \quad b+c<a+c$$

同じような論法で，この逆も証明できます。

$$b+c<a+c \quad \text{なら} \quad b<a$$

この証明は，

$$b+c<a+c \quad \text{から} \quad b+c+\square=a+c$$

$$\therefore \quad b+\square=a$$

$\therefore \quad b<a$

これは，大小関係というものは，同じ数を加えても，ひいてもかわらないことをしめす定理なのですが，大小関係は，また，同じ自然数をかけてもかわらないのです。これを式に書きますと，

$b<a$　なら　$bc<ac$

証明は，

$b<a$　から　$b+\square=a$

従って，　$bc+\square c=ac$

$bc+\triangle=ac$

$\therefore \quad bc<ac$

証明に使った論法は，前のものと全然同じです。

これで，a から b をひくという計算が意味をもっているのは，a が b より大きいときであることは，よくおわかりになったと思います。そして，二つの数の大小関係に関することも，大体しらべました。

2 わり算

では，つぎに，わり算の話しにうつりましょう。

まず，

$12\div3$

というわり算を考えてください。

このわり算の答はもちろん４ですが，みなさんは，このわり算の意味をどのようにお考えですか。

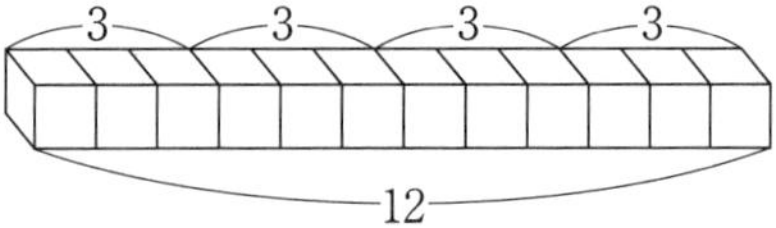

12÷3というのは，12のなかに3がいくつあるかということなのだから，

$$12-3-3-3-3$$

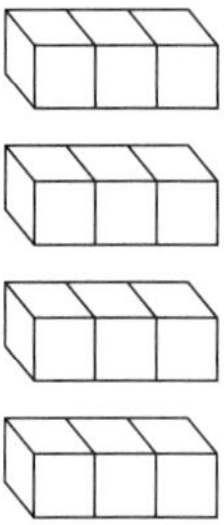

としてみると，12から3を4回とることができる。だから，

$$12 \div 3 = 4$$

だと考えた人もあるでしょう。

こう考えた人は，じつは，

$$12 \div 3 = \square$$

の□のなかは，3を□倍すると12になるような数だと考えたことになっています。つまり，

$$12 \div 3 = \square$$

の答□を出すのに，

$$12 = 3 \times \square$$

の□のなかを考えたことになっています。

このことを，12とか3とかいう特別な数でなく，a，bという一般の記号を使って書き表わしますと，

$$a \div b = \square$$

の答□を出すのは，

$$a = \square \times b$$

の□のなかが何であるかを出すことになる，といえます。

このように，わり算，

$$a \div b = \square$$

の答の解釈には，

$$a = b \times \square$$

と，

$$a = \square \times b$$

という2通りの解釈があるのですが，そのどちらをとっても，答が同じになることは，かけ算の交換法則，

$$b \times \square = \square \times b$$

からあきらかでしょう。

さて，もういちど，わり算，

$$a \div b = \square$$

の答□は，

$$a = \square \times b$$

の□のなかであるということ，すなわち，

b をかけると，もとの a にもどるということを，すなわち，

$$\square \times b = a$$

であるということを式に書きますと，

$$(a \div b) \times b = a$$

となります。そこで，わたくしたちは，この式を，**わり算の意味**をきめる式として採用することにしましょう。

そして，$a \div b$ に答があれば，a は b でわりきれるといって，

$$a \div b$$

を，その**商**《しょう》と呼びます。

さて，こう考えますと，

$$12 \div 3$$

を求めるのは，

$$12 = \square \times 3$$

の□のなかを求めることになりますが，□のなかは，4以外に答があるでしょうか。もちろん，4以外に答はありません。すなわち，わり算の答はただ一つです。

つまり，もし二つの数AとBとが等しかったならば，すなわち，

$$A = B$$

であったならば，これらを同じ数cでわった，

$$A \div c \quad と \quad B \div c$$

は同じになるはずです。従って，

$$A \div c = a \qquad B \div c = b$$

すなわち，

$$A = a \times c \qquad B = b \times c$$

とおけば，

$$a = b$$

となるはずです。

以上を要約しますと，わり算の答がただ一つであるということは，

$$a \times c = b \times c \qquad なら \qquad a = b$$

である，という文章でいい表わされることになります。このことをわれわれは，**わり算の一意性**といいます。

さて，これで，われわれは，いままでに，たし算，かけ算，ひき算，わり算，いわゆる加《か》減《げん》乗《じょう》除《じょ》のすべての規則を学びました。これらの演算のみたしている基本的な法則を，もういちど表にして掲《かか》げてみますと，

Ⅰ	**たし算の交換法則**	$\boldsymbol{a+b=b+a}$
Ⅱ	**たし算の結合法則**	$\boldsymbol{(a+b)+c=a+(b+c)}$
Ⅲ	**かけ算の交換法則**	$\boldsymbol{a\times b=b\times a}$
Ⅳ	**かけ算の結合法則**	$\boldsymbol{(a\times b)\times c=a\times(b\times c)}$
Ⅴ	**配　分　法　則**	$\boldsymbol{(a\times b)\times c=a\times c+b\times c}$
Ⅵ	**ひき算の意味**	$\boldsymbol{(a-b)+b=a}$
Ⅶ	**ひき算の一意性**	$\boldsymbol{a+c=b+c}$　**なら**　$\boldsymbol{a=b}$
Ⅷ	**わり算の意味**	$\boldsymbol{(a\div b)\times b=a}$
Ⅸ	**わり算の一意性**	$\boldsymbol{a\times c=b\times c}$　**なら**　$\boldsymbol{a=b}$

となります。これだけあれば，あとの性質は，全部，形式的に証明できるはずです。

では，わり算に関する性質を，三つ四つ，前の九つの規則を使って，つぎに証明してみましょう。

(i)　$\boldsymbol{a\div(b\times c)=(a\div b)\div c}$

もちろん，これは，a が $(b\times c)$ でわりきれるときです。まず，この式の右側は，わり算の意味に従えば，c をかけると，$(a\div b)$ になるものを表わしているわけです。同じように，$a\div b$ も，b をかけると，a になる数を表わしてい

ます。従って，$(a\div b)\div c$ は，はじめに c をかけ，つぎに b をかけると，a になる数を表わしているのです。さて c をかけて b をかけるのは，かけ算の結合法則によって，$(c\times b)$ をかけるのと同じことです。ところが，かけ算の交換法則によりますと，$c\times b$ も $b\times c$ も，同じものです。

すると，最後の結論は，$(a\div b)\div c$ は，$b\times c$ をかけると a になる数を表わしていることになります。従って，わり算の意味によって，$(a\div b)\div c$ は，$a\div(b\times c)$ に等しいわけです。これで，(i)という式は証明されました。つぎに，

$$\text{(ii)}\quad \boldsymbol{a\div(b\div c)=(a\div b)\times c}$$

これは，Ⅷの規則を使って，(ii)の左側を，

$$a\div(b\div c)\div c\times c$$

と書きなおします。ところが，いま，証明したばかりのことによりますと，$a\div(b\div c)\div c$ は，$a\div\{(b\div c)\times c\}$ です。ところが，$(b\div c)\times c$ は，やはりⅧによって，b に等しいのです。従って，(ii)の左側は，

$$(a\div b)\times c$$

となって，(ii)の式は証明されました。

$$\text{(iii)}\quad \boldsymbol{(a\times b)\div b=a}$$

上の式をみてください。これは，b をかけて b でわれば，もともとではないかといわれるかもしれません。が，まあ，早合点しないで，よくみてください。

わり算の意味は，

$$(a \div b) \times b = a$$

であって，(iii)とは，かけるとわるの順序が反対です。従って，(iii)は別に証明せねば，たしかとはいわれません。

さて，(iii)の左側は，わり算の意味Ⅷによって，bをかけると，$(a \times b)$になるものを表わしているのですから，bをかけますと，

$$\{(a \times b) \div b\} \times b = a \times b$$

となります。右側へもｂをかけますと，

$$a \times b$$

が得られます。すなわち，もとの式の左側と右側にbをかけると，答は同じようになりましたから，わり算の一意性によって，もとの式の左側と右側が相等しいということになり，この式は証明されました。

ここで，わり算の意味を表わす，

$$(a \div b) \times b = a$$

と，いま証明した，

$$(a \times b) \div b = a$$

とから，ある数を，同じ数でわってかけても，同じ数をかけてわっても，どちらも，もとの数に等しいことがわかります。

この意味で，かけ算とわり算とは，ちょうどたがいに逆の計算になっていることがわかります。

(iv)　$\boldsymbol{a \times (b \div c) = (a \times b) \div c}$

いま，証明した(iii)の性質で，同じ数をかけてわっても，

わってかけても，同じ答を得るのですから，(iv)を証明するために，(iv)の左側に c をかけて，つぎに，これを c でわってみますと，

$$a\times(b\div c)\times c\div c$$

となります。ところが，かけ算の結合法則によって，$a\times(b\div c)\times c$ は，$a\times\{(b\div c)\times c\}$，すなわち $a\times b$ ですから，左側は，

$$(a\times b)\div c$$

となって，右側に等しいことが証明されます。

$$\text{(v)}\quad \boldsymbol{(a+b)\div c=(a\div c)+(b\div c)}$$
$$\boldsymbol{(a-b)\div c=(a\div c)-(b\div c)}$$

最後に，上の(v)を証明してみましょう。もう，みなさんは，このような式の証明方法を，きっとおぼえてしまわれたでしょう。まず，上の式からはじめて，この式の左側に c をかけますと，わり算の意味Ⅷによって，

$$\{(a+b)\div c\}\times c=a+b$$

こんどは，右側に c をかけますと，配分法則で，

$$\{(a\div c)+(b\div c)\}\times c$$
$$=\{(a\div c)\times c\}+\{(b\div c)\times c\}$$

となりますが，ここで，また，わり算の意味Ⅷを使いますと，

$$\{(a\div c)\times c\}+\{(b\div c)\times c\}$$
$$=a+b$$

を得ます。従って，(v)は，左側へ c をかけても，右側へ c

をかけても，同じ答を得るのですから，わり算の一意性IXによって，左側と右側とが等しいことになります。これで，(v)の上の式は証明されました。

(v)の下の式も，同じように証明できますから，みなさん，一つ，こころみてください。

これで，われわれは，わり算に関するつぎの五つの法則を証明したことになります。

(i) $a \div (b \times c) = (a \div b) \div c$

(ii) $a \div (b \div c) = (a \div b) \times c$

(iii) $(a \times b) \div b = a$

(iv) $a \times (b \div c) = (a \times b) \div c$

(v) $(a + b) \div c = (a \div c) + (b \div c)$

$(a - b) \div c = (a \div c) - (b \div c)$

みなさんは，もう，きっと気がついていられることと思いますが，この五つの性質は，ひき算のところで証明した五つの性質と，ひじょうによく似ているのです。しかも，おもしろいことに，(v)だけを別にして，ひき算とわり算の性質をならべてみますと，つぎのようになります。

ひき算	わり算
(i) $a-(b+c)=(a-b)-c$	(i) $a\div(b\times c)=(a\div b)\div c$
(ii) $a-(b-c)=(a-b)+c$	(ii) $a\div(b\div c)=(a\div b)\times c$
(iii) $a+b-b=a$	(iii) $(a\times b)\div b=a$
(iv) $a+(b-c)=(a+b)-c$	(iv) $a\times(b\div c)=(a\times b)\div c$

つまり，＋のかわりに×，－のかわりに÷をもってくると，ひき算の規則から，わり算の規則が得られるのです。

こんどは，わり算に特有な性質を，三つ四つ，証明してみることにいたしましょう。

$$\text{(vi)}\quad \boldsymbol{(a\div b)\times(c\div d)=(a\times c)\div(b\times d)}$$

この式は，a が b でわりきれ，c が d でわりきれれば，a，b，c，d が，どんな数を表わしても，成立する関係式なのです。

さて，この式の右側は，わり算の意味によって，$b\times d$ をかけると，$a\times c$ になるものを表わしているのです。すなわち，

$$\{(a\times c)\div(b\times d)\}\times(b\times d)=a\times c$$

従って，左側へも，$b\times d$ をかけてみますと，

$$\{(a\div b)\times(c\div d)\}\times(b\times d)$$

ここで，かけ算の交換法則Ⅲと，かけ算の結合法則Ⅳを使いますと，

$$\{(a\div b)\times(c\div d)\}\times(b\times d)$$
$$=\{(a\div b)\times b\}\times\{(c\div d)\times d\}$$

となりますが，この式は，わり算の意味によって，$a\times c$ となります。すなわち，(vi)の式の両側へ同じ数をかけたものが，また，同じになるのですから，わり算の一意性Ⅸによって，(vi)の両側の相等しいことが証明されました。

(vii)　$(\boldsymbol{a}\div\boldsymbol{b})\div(\boldsymbol{c}\div\boldsymbol{d})=\boldsymbol{ad}\div\boldsymbol{bc}$

この式では，$a\times d$ を ad，$b\times c$ を bc と書いてありますね。

この式の左側は，わり算の意味によって，$c\div d$ をかけますと，

$$\{(a\div b)\div(c\div d)\}\times(c\div d)=a\div b$$

となります。つぎに，右側にも，$c\div d$ をかけてみますと，(vi)の証明によって，

$$(ad\div bc)\times(c\div d)=(ad\times c)\div(bc\times d)$$

となります。ところが，かけ算の交換法則によって，これはまた，

$$(a\times cd)\div(b\times cd)$$

となりますから，ふたたび(vi)を使いますと，

$$\begin{aligned}&(a\times cd)\div(b\times cd)\\&=(a\div b)\times(cd\div cd)\\&=a\div b\end{aligned}$$

となります。けっきょく(vii)は，左側と右側に，それぞれ $c\div d$ をかけて，答が同じなのですから，もともと，両側は同じであったこととなって，証明されます。

こんどは，つぎの(viii)にうつりましょう。

$$\text{(viii)}\quad (\boldsymbol{a}\div\boldsymbol{b})+(\boldsymbol{c}\div\boldsymbol{d})=(\boldsymbol{ad}+\boldsymbol{bc})\div\boldsymbol{bd}$$

$$(\boldsymbol{a}\div\boldsymbol{b})-(\boldsymbol{c}\div\boldsymbol{d})=(\boldsymbol{ad}-\boldsymbol{bc})\div\boldsymbol{bd}$$

ここでも，前の約束で，×という記号が略してありますから，ご注意ください。

さて，前ページの二つの式ですが，ほとんど同じことですから，上の方だけ証明してみましょう。

まず，この式の右側はわり算の意味によって，bd をかけますと，

$$\{(ad+bc)\div bd\}\times bd=ad+bc$$

つぎに，左側にも，同じ bd をかけてみますと

$$\{(a\div b)+(c\div d)\}\times bd$$

ところが，この式は，配分法則Ⅴによって，

$$(a\div b)\times bd+(c\div d)\times bd$$

ここで，かけ算の交換法則Ⅲと，結合法則Ⅳとを用いますと，この式は，

$$\{(a\div b)\times b\}\times d+\{(c\div d)\times d\}\times b$$

です。さらに，わり算の意味Ⅷを思いだしますと，この式は，

$$ad+cb$$

です。従って，

$$\{(a\div b)\times(c\div d)\}\times bd=ad+bc$$

すなわち，(viii)の上の方の式の両側に，bd をかけたものが等しいことがわかったのですから，わり算の一意性によって，この式は，証明されたわけです。

これで，わり算に関する規則は，たいていすみましたが，

注意しなくてはならないことは，ひき算のときと同様，これらの証明は，まったく形式的なものである，ということです。従って，以上に現われるわり算が意味をもつときだけに，これらの証明はなりたつのです。

第6章　自然数の性質

1　三　角　数

われわれは，いままでに，人間が，どんなぐあいにして，数を知り，どんな記号で数を表わし，そして，これらの数の間の計算というものは，どんな規則に従って行われるものであるかということをみてきました。これから，いままでにみてきた自然数の種々のおもしろい性質をしらべてみようと思います。

第1に，こんな問題を考えてください。1から10までの数を全部加え合わすと，いくらかというのです。式で書きますと，

$$1+2+3+4+5+6+7+8+9+10$$

はいくらかというのです。答は55ですね。みなさんは，これを順々にたしていかれましたか。ところが，これを，たし算の交換法則と結合法則を使って計算する，うまい方法があるのです。むずかしそうですが，実際はなんでもないのです。つまり，たし算は，その順序に関係しないということから，前の問題を，逆の順序に加えたものとならべて書いてみますと，

$$1+2+3+4+5+6+7+8+9+10$$
$$10+9+8+7+6+5+4+3+2+1$$

となります。上のどちらを計算しても，けっきょく答は同

じはずですから，これをまた加え合わせれば，答の２倍が出るわけです。ところが，この全部を加え合わせる計算は，何でもないのです。二つの式の上下にならんだ数を加えると，いつも11ですから，

$$11+11+11+11+11+11+11+11+11+11$$

この11は全部で10個ですから，

$$11\times10=110$$

となります。ところが，これは，答の２倍なのですから，ほんとうの答は，

$$110\div2=55$$

で，最初の答と合います。この計算をはじめから書いてみますと，つぎのようになります。

$$\{(1+10)\times10\}\div2=55$$

どうです。うまい方法でしょう。しかし，この計算は，１から10まででなく，１からはじめて，勝手な数までを，全部加え合わすときにもあてはまるでしょうか。これをしらべてみましょう。

そのために，１から勝手な数n《エヌ》までを全部加え合わせよ，という問題を考えてみましょう。ここのnというのは，勝手な自然数を表わすもので，10でも，15でも，20でも，何でもかまわないのです。すると，問題は，

$$1+2+3+4+\cdots\cdots+(n-1)+n$$

を計算することになります。ここに，点を中途に書きましたのは，nが，はっきりいくつとあたえられていませんので，途中を全部書くことができず，ただ，この調子で，た

くさんの数がならんでいることをしめすのにすぎません。

そこで，もとのものと，加える順序を逆にしたものとをならべて書きますと，

$$1+\ 2+\qquad 3+\cdots\cdots\cdots\cdots+(n-2)+(n-1)+n$$
$$n+(n-1)+(n-2)+\cdots\cdots+\ 3\qquad +2\qquad +1$$

となります。これも，やはり，前のように，全部加えれば，ちょうど，答の２倍が出るはずです。さて，これらを全部加え合わせるために，上下にならんでいる数どうしを加え合わせますと，いつも，同じものが出てきて，

$$(1+n)+(1+n)+(1+n)+\cdots\cdots$$
$$+(1+n)+(1+n)+(1+n)$$

となります。この途中が，点々になっているのは，n 個ならんでいることをしめしているのはおわかりでしょう。従って，前の式は，

$$(1+n)\times n$$

です。しかし，これは，答の２倍なのですから，

$$\boldsymbol{\{(1+n)\times n\}\div 2}$$

これが，１から勝手な数 n までを，全部加え合わせた答をあたえる公式なのです。この公式は，１から n までのすべての数の和は，最初の１と最後の n を加えて，その結果を n 倍し，つぎに，これを２でわったものになるということを表わしています。公式のありがたいことは，結果が，そこにはいっている文字の値《あたい》如何《いかん》にかかわらず，つねになりたつところにあるのです。

たとえば，１から10までの場合に，これをあてはめて書

いてごらんなさい。また，もっと大きい数をnにあてはめてみて，計算してごらんなさい。数が大きくなると，だんだん，公式のありがた味が出てくるでしょう。

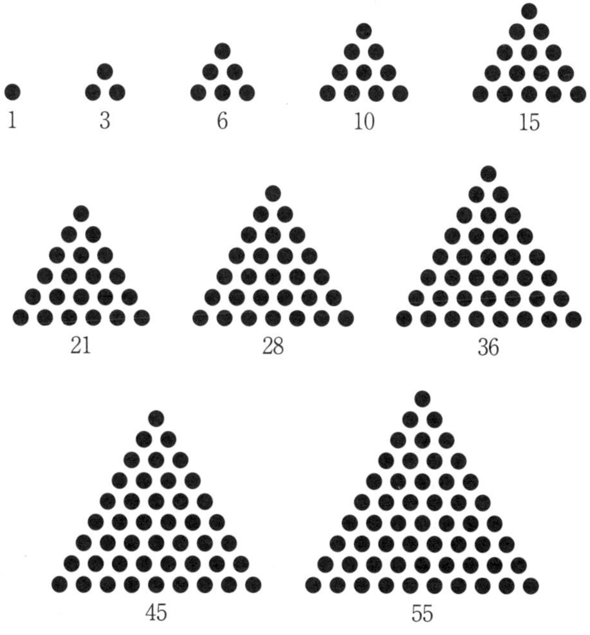

いま，1を●一つで表わすことにしますと，このような数の和は，上のような図で，これを表わすことができます。

このように，どれも，うまく，正三角形の形にならべることができますので，これらの数をわれわれは，**三角数**と

呼びます。すなわち,

1, 3, 6, 10, 15, 21, 28, 36, 45, 55, ……

は,いずれも三角数です。

三角数に関する公式は,図によっても証明することができます。たとえば,1から6までを加え合わせた三角数について,証明してみましょう。まず,1から6までを加えた三角数を,黒珠《くろたま》で,三角形の形にならべます。つぎに,これと全然同じものを逆にして,左図のようにおくのです。すると,ここに,

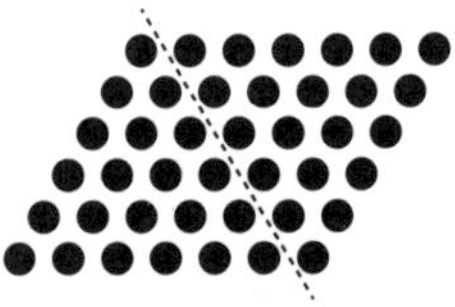

平行四辺形の形に黒珠をならべたものが得られます。さて,この平行四辺形の横には,黒珠が1＋6個,縦には6個ならんでいますから,全部で,黒珠の数は,

$$(1+6)\times 6$$

だけあるわけです。しかし,これは,考えている三角数の2倍なのですから,求める答は,

$$\{(1+6)\times 6\}\div 2$$

すなわち,21となって,前の答と一致します。

2 四角数

三角数は,●を三角形の形にならべて表わし得る数でした。こんどの四角数は,●を正四角形の形にならべて表わし得る数のことです。

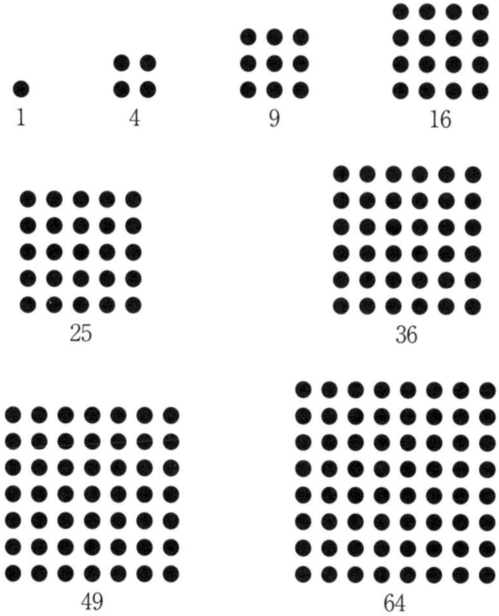

たとえば，上図にしめしたようなもので，これらの黒珠をかぞえてみればわかる通り，四角数を小さい方からあげてみれば，

1，4，9，16，25，36，49，64，……

となっています。しかし，正方形の縦と横とは等しいことに注意すれば，これらの数は，つぎの計算で得られることが，すぐわかります。

$1\times1=1 \quad 2\times2=4 \quad 3\times3=9 \quad 4\times4=16 \quad 5\times5=25$

$6\times6=36$　$7\times7=49$　$8\times8=64$　………………

すなわち，同じ自然数を二つかけ合わせて，つまり，自然数を２乗《じょう》して得られるのです。これに従った書き方をすれば，四角数は，

$$1^2=1\quad 2^2=4\quad 3^2=9\quad 4^2=16\quad 5^2=25$$

$$6^2=36\quad 7^2=49\quad 8^2=64\quad \cdots\cdots\cdots$$

というふうに書かれます。

ところが，ここにおもしろい性質があるのです。それは，四角数のおのおのから，その直前にある四角数をひいてみるのです。すなわち，

$$1^2\quad =1\qquad 2^2-1^2=3\qquad 3^2-2^2=5$$

$$4^2-3^2=7\qquad 5^2-4^2=9\qquad 6^2-5^2=11$$

$$7^2-6^2=13\qquad 8^2-7^2=15\qquad \cdots\cdots\cdots$$

出てくる答は，１，３，５，７，９，11，13，15，……でしょう。このような数を奇数と呼ぶことは，ご存じでしょう。自然数のうち，２の何倍かになっている２，４，６，８，10，12，14，16，……を**偶数**，そうでない１，３，５，７，９，11，13，15，……を**奇数**と呼ぶのでした。

すると，前の式は，ある四角数から，その直前の四角数をひけば，順々に奇数が得られることを表わしている，ということがわかりました。

これはなぜでしょう。それは，次ページの図をみていただけば，一目ではっきりします。

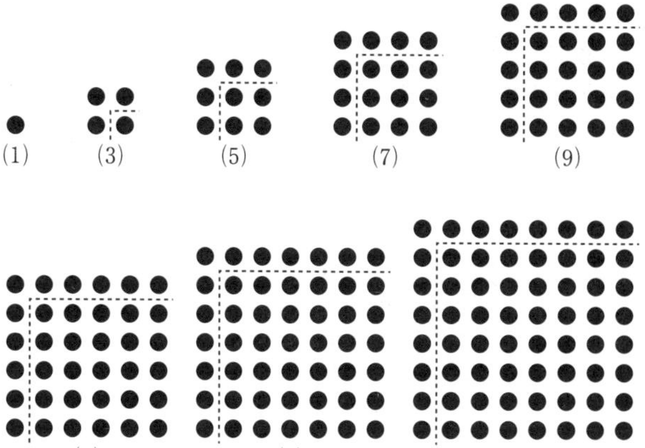

(1)　(3)　(5)　(7)　(9)

(11)　(13)　(15)

ここに点線を書いたのは，この四角数から取りさるべき四角数をしめすためです。どうです，鍵形《かぎがた》になって残る珠の数は，ちょうど1，3，5，7，9，11，13，15，……となるでしょう。

さて，この鍵形に区切るということから，気のつくことですが，もし，ある四角数を下図のように区切っていったとしましょう。

右下の最初の鍵形の中には，黒珠が一つ，つぎは三つ，つぎは五つ，等々……ということになります。従って，1はもっとも簡単な四角数で，かつ，奇数ですが，これに，1のつぎの奇数3を加えると，第2番目の

四角数4が得られ，これに，3のつぎの奇数5を加えると，第3番目の四角数9が得られる。……というぐあいに，順々に進んでいきます。これを式に表わしますと，つぎのようです。

$$1^2 = 1$$
$$2^2 = 1 + 3$$
$$3^2 = 1 + 3 + 5$$
$$4^2 = 1 + 3 + 5 + 7$$
$$5^2 = 1 + 3 + 5 + 7 + 9$$
$$6^2 = 1 + 3 + 5 + 7 + 9 + 11$$
$$7^2 = 1 + 3 + 5 + 7 + 9 + 11 + 13$$
$$8^2 = 1 + 3 + 5 + 7 + 9 + 11 + 13 + 15$$

……………………………………………

加えるべき奇数の個数が，たとえば7個ですと，全部を加えて得られる四角数は，7^2 ですから，一般的に，つぎのようにいうことができます。

1からはじめて n 番目の奇数までを，全部，加え合わせたものは，四角数 n^2 である。

n は，もちろん，勝手な自然数を代表するものです。

以上の事柄の正しいことを，もう一つのちがった方法で証明してみましょう。まず，n 番目の奇数とは，何であるかをしらべるために，下のような表をつくってみます。

奇数	1	3	5	7	9	11	13	15	……	$2n-1$	…
番目	1	2	3	4	5	6	7	8	……	n	…

この表は，上には奇数をならべて書き，その下に，これらの奇数が，何番目の奇数かを書きこんだものです。すると，はじめは，１，１，と上下ならんでいますが，つぎから，奇数は，二つずつ大きくなっていくのにたいして，番号は，一つずつ大きくなります。従って，ここに書かれた奇数は，ちょうど，下に書かれた番号を２倍して，それから１をひいたものになっています。このことが，どんな奇数にたいしてもあてはまることはあきらかですから，n番目の奇数も，番号nを２倍して１をひいたもの，

$$2n-1$$

です。従って，１からはじめて，n番目の奇数までを全部加え合わせたものというのを，式に書けば，

$$1+3+5+7+\cdots\cdots+(2n-5)+(2n-3)+(2n-1)$$

となります。

そこで，これが，四角数n^2になることを証明すれば，よいわけです。ところが，この場合にも，三角数のときの方法を応用して，これらの奇数を逆の順序に加え合わせたものと，もとのものとをならべて書きます。

$$\begin{array}{l}1\quad+3\quad+5+\cdots\cdots\cdots+(2n-5)+(2n-3)+(2n-1)\\(2n-1)+(2n-3)+(2n-5)+\cdots\cdots\cdots+5\quad+3\quad+1\end{array}$$

そして，これらを全部加え合わせれば，求めるものの２倍になるわけです。このときも，やはり，上と下にならんでいるものどうしを加えますと，$2n$で，

$$2n+2n+2n+\cdots\cdots+2n+2n+2n$$

となります。この$2n$の数は，全部でn個ですから，

$$2n \times n \quad \text{すなわち} \quad 2n^2$$

となります。ところが，これは，求める答の2倍なのですから，これを2でわって，n^2という四角数が得られます。

3　三角数と四角数との関係

さて，ここに一つ，おもしろいことがあります。三角数を順にならべてみますと，

1，3，6，10，15，21，28，36，45，55，……

となります。つぎに，これらのうち，つながった二つずつを加えてみますと，

1　3　6　10　15　21　28　36　45　55……

1　4　9　16　25　36　49　64　81　100

つまり，下に出てくる数は，四角数ですから，相連続した三角数の和は，四角数になる。また，もっと正確にいえば，

第$n-1$番目の三角数と，第n番目の三角数との和は，第n番目の四角数になる。

というわけです。この理由を考えてみましょう。

前に，第n番目の三角数は，

$$\{(1+n)\times n\}\div 2$$

であたえられました。従って，第$n-1$番目の三角数を求めるためには，この公式のnのかわりに，$n-1$を入れて計算すればよいわけです。すなわち，

$$\{(1+n-1)\times(n-1)\}\div 2$$
$$=\{n\times(n-1)\}\div 2$$

となります。従って，第$n-1$番目の三角数と，第n番目

の三角数との和は，

$$\{n\times(n-1)\}\div 2+\{(1+n)\times n\}\div 2$$
$$=(n^2-n)\div 2+(n+n^2)\div 2$$
$$=\{(n^2-n)+(n+n^2)\}\div 2$$
$$=n^2$$

となって，たしかにn^2という四角数であることが証明されました。

このことは，右のような図をかいても証明できます。たとえば，6^2，すなわち36個の黒珠を書いて，図のようにななめに点線を入れてみます。点線の上の部分は，第５番目の三角数15，下の部分は，第６番目の三角数21です。それで，第５番目の三角数と，第６番目の三角数とを加えたものは第６番目の四角数になるのです。

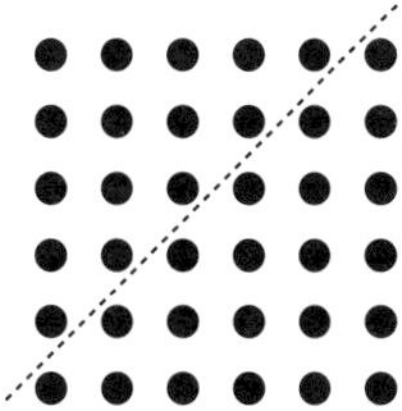

このようにおもしろい三角数とか，四角数とかの理論を，はじめて考えだしたのはだれでしょう。それは，**ピタゴラス**という立派な学者です。ピタゴラスは，西暦紀元前570年ごろ，イオニアのサモスという島に生まれました。学問がすきで，イオニアのミレトスという町に住む有名な学者ターレスについて，数学と天文学を学んだといわれます。

ピタゴラスの勉強熱心と，その才能に感心したターレスは，そのころの数学と天文学の一大中心地であるエジプトへ留学することを，ピタゴラスにすすめました。しかし，そのころ，エジプトで数学と天文学の研究に従事していたのは，その国の坊さんたちでした。坊さんたちは，自分らだけで仲間をつくり，たがいに学問の研究にはげむかわりに，新しく他国の人たちを入れることを極端にきらっていましたが，ピタゴラスは，できるだけの努力を払い，困難な試験もどんどんうけて，とうとう坊さんたちの仲間に入れてもらうことができました。そして，長い間猛烈な勉強をして，とうとうエジプトの数学と天文学とを全部自分のものにしてしまいました。

こうして，一人前の立派な学者になったピタゴラスは，イタリアのクロトンという町にうつり住み，有名なピタゴラスの教団をつくりました。ここで，彼は自身の研究と，弟子たちの教育に，身も心もうちこんではげみましたので，彼の名声はますますあがり，その学校の勢力は，すばらしいものとなりました。この学校では，生徒は下図のような星形正五角形の徽《き》章《しょう》をつけ，ひじょうにきびしい生活が行われたといわれます。その学問としては，算数，幾何学，天文学，音楽の四つがおもな科目でした。音楽は，妙な取り合わせだと考えるかもしれませんが，これは，他の三つの学問とひじょうに密接な関係があるものでした。たとえば，算数と音楽の関係としては，つぎのようなおもしろいことを，ピタゴラスは発見したといわれています。

ピタゴラスが，そのころ楽器として

盛んに用いられていた竪琴《たてごと》の弦《げん》の長さを，いろいろ加減して発見したといわれているのですが，弦の長さをちょうど半分にしますと，音は1オクターブ，つまり，8度高くなります。つぎに，弦の長さを前の3分の2にしますと，音は5度高くなります。こんどは，弦の長さをはじめの4分の3にしてみますと，音は4度高くなることを発見したのです。このようにして，ピタゴラスは，一つの音階をつくりだしました。これは，現在でも，「ピタゴラス音階」と呼ばれております。このように，音の高低と数との関係をみいだしたピタゴラスが，数こそ音楽を説明することのできる不思議な力をもつものだと考えるようになったのは，無理もないことです。

幾何学と天文学との関係としては，ピタゴラスは，われわれの住んでいる地球をはじめ，お月様も，太陽も，または，これらのすべてを包んでしまう宇宙も，全部，まんまるい球であると考えていたのです。しかしこれは，観測や実験によるものではなく，ただ，球は立体の中でもっとも完全な図形であるから，神のつくった地球や月は，おそらく，この形をしているだろうという考えでありました。彼はまた，円は平面の上にかかれた図形のうちで，もっともうるわしいものであるから，これらの天体の動く軌道《きどう》も，円であると考えていました。

ピタゴラスの考えていた，天文学と音楽との関係も，おもしろいものです。すなわち，天体が，円い軌道をえがいて回転するとき，その円が大きければ大きいほど，大きい速度で回転し，その速度に応じて，それぞれ異なった音程《おんてい》の音を出すものであると考えたのでした。従って，宇宙では，それぞれの天体が，回転し，みな異なった音を出し，一大交響楽をなしているのだと，考えていたのです。

算数と，幾何学と天文学との関係としては，つぎのように考えておりました。

われわれが，晴れた夜空に仰ぎみる無数の星は，天球上を勝手気ままに動いているのではなく，みな，一定の規則に従い，かつ，その中のいくつかは，つねに一団となって動いています。この星の集まりを星座ということは，みなさん，ご承知でしょう。これらの星座を眺めながら，ピタゴラスの頭に浮かんだのは，つぎの考えです。

数は，星座のように，点の集まりで，美しい形をつくり得るほど，重大である。従って，これから，

数を深く研究すれば，これによって幾何学も，天文学も，音楽も，うまく説明できる。数の性質の研究こそ，すべての学問の基《もとい》である。

ということを考えたのです。そして，彼は，とくに点を美しい形にならべて表わすことのできる数を研究して，三角数と四角数の理論が生まれたのでした。これらの数を，ピタゴラスがどんなに愛し，熱心に研究をつづけたかが，想像できるではありませんか。

4　倍数と約数

ここに，二つの自然数 a，b があったとしましょう。いま，

$$a=b\times c$$

という式がなりたつような自然数 c があって，a が b のちょうど c 倍であるとき，a は b の倍数であり，b は a の約数であるということは，みなさん，よくご存じでしょう。すると，全然，同じ定義によって，a は c の倍数であり，c は a の約数にもなっているわけです。この倍数と約数のお話しを少ししてみましょう。

第1に，つぎの二つのことを定理としてあげておきましょう。

定理1．b が a の約数なら b は a の倍数の約数でもある。

証明は，b は a の約数だというのですから，

$$a=b\times c$$

となるような自然数 c があるはずです。

つぎに，この式の両側に勝手な数 d をかけますと，

$$a\times d=b\times c\times d$$

となりますが，この式は，b が，a かける d，すなわち，a の勝手な倍数の約数になっていることをしめしています。よって，この定理は証明されました。つぎに，

定理2．b の倍数が，いくつかあるならば，これらを加えたものも，ひいたものも，また，b の倍数である。

いま，b の倍数が二つ，a と a'（エイ，ダッシュ）があったとして，証明してみましょう。

a は b の倍数ですから，

$$a=b\times c$$

という自然数 c があります。また，a' も b の倍数ですから，

$$a'=b\times c'$$

という自然数 c' があります。

ここで，これら二つの式を加えますと，

$$\begin{aligned} a+a'&=b\times c+b\times c' \\ &=b\times(c+c') \end{aligned}$$

従って，$a+a'$ はbの倍数です。

同じようにして，$a-a'$ も b の倍数であることが，証明されます。

さて，これら二つの定理をもとにして，あたえられた数が，何の倍数になっているかをみわける方法を，順々にあげてみましょう。これらは，その理由といっしょにおぼえておくと，とても便利です。

(i)　2の倍数

最後の1位の数字が，0または偶数である数は，2の倍数である。

理由は簡単です。たとえば，つぎの式をみてください。

$$\begin{aligned} 1876&=1870+6 \\ &=187\times10+6 \\ &=187\times(2\text{の倍数})+6 \end{aligned}$$

従って，最後の1位の数字，この場合6が，もし2の倍数なら，2の倍数を二つ加えた全体も，2の倍数です。

(ii)　5の倍数

最後の1位の数字が，0または5である数は，5の倍数である。

この場合も，証明は容易です。つぎの二つの例をごらんになれば，おわかりでしょう。

1860＝186×10

　　＝186×(5の倍数)

1865＝1860＋5

　　＝186×10＋5

　　＝186×(5の倍数)＋5

(iii)　4の倍数

最後の2位の数が，00であるか，または，4でわりきれるならば，この数は，4の倍数である。

この証明の方針は，前の二つの場合と，全然同じです。たとえば，1624で考えてみますと，

1624＝1600＋24

　　＝16×100＋24

　　＝16×(4の倍数)＋24

ですから，最後の24が4の倍数なので，全体の1624も，やはり4の倍数です。

(iv)　25の倍数

最後の2位の数が，00であるか，または，25の倍数であるならば，この数は，25の倍数である。

この理由も，(iii)と同様です。たとえば，

2875＝2800＋75

＝28×100＋75

＝28×(25の倍数)＋75

75は25の倍数ですから，2875も，25の倍数となるわけです。

(v)　**3の倍数**

数字の和が，ちょうど3の倍数となるような数は，それ自身，3の倍数である。

これは，なかなかおもしろい規則でしょう。理由は，つぎのようにすると，わかります。たとえば，

4827＝4000＋800＋20＋7

＝4×(999＋1)＋8×(99＋1)＋2×(9＋1)＋7

＝4×999＋4＋8×99＋8＋2×9＋2＋7

＝4×(3の倍数)＋8×(3の倍数)＋2×(3の倍数)

＋(4＋8＋2＋7)

従って，もし，数字4，8，2，7を全部加えたものもまた，3の倍数であるというのなら，上の式からわかりますように，この数は，3の倍数をいくつか加え合わせたものとなり，従って，それ自身，3の倍数となるからです。

(vi)　**9の倍数**

数字の和が，ちょうど，9の倍数となるような数は，それ自身，9の倍数である。

これも，前の(v)と，同じ理由によるのです。つぎの例を

ごらんになればおわかりでしょう。

$$
\begin{aligned}
5238 &= 5000+200+30+8\\
&= 5\times(999+1)+2\times(99+1)+3\times(9+1)+8\\
&= 5\times999+5+2\times99+2+3\times9+3+8\\
&= 5\times(9\text{の倍数})+2\times(9\text{の倍数})+3\times(9\text{の倍数})\\
&\quad +(5+2+3+8)
\end{aligned}
$$

従って，この（5+2+3+8）が9の倍数なら，この数自身も，9の倍数になるというわけです。

(vii) 6の倍数

ある数が，2の倍数にも，3の倍数にもなっているならば，この数は，6の倍数である。

従って，もし，ある数の最後の1位が，0または偶数であり，しかも，その数をつくっている数字の和が，ちょうど3の倍数になっているならば，この数は，6の倍数である，ということになります。

これを簡単にいえば，ある数が，2でも，3でもわりきれれば，2×3，すなわち，6でもわりきれることになります。ここで大切なことは，2と3が公約数（1以外の，両方を同時にわりきる数）をもっていないということです。

すなわち，ある数が，公約数をもっていない二つの数でわりきれるならば，それらをかけ合わせたものでも，わりきれるのです。もし，それらが，公約数をもっている場合には，必ずしも，それらをかけ合わせたものでわりきれるとはかぎりません。たとえば，72は，6でも，8でも，わりきれますが，6×8の48では，わりきれません。これは，6と8には，2という公約数があるからです。

(viii)　18の倍数

ある数が，2の倍数であると同時に9の倍数なら，この数は，18の倍数である。

従って，1位の数字が偶数で，数字の和が9の倍数なら，全体は18の倍数です。これは，(vii)に説明した規則によって，2と9には，公約数がありませんので，もし，ある数が，2と9の倍数なら，2×9の18の倍数でもあるのです。

(ix)　11の倍数

ある数の数字を，一つおきに加えたものどうしのちがいが，ちょうど0になるか，または11の倍数になるなら，この数自身も，11の倍数である。

2　1　8　2　4

たとえば上の場合，2，8，4を加えて14，つぎに，1，2を加えて，3，従って，14と3のちがいは11です。いまの場合，これは，たしかに11の倍数ですから，この21824は，11の倍数だというのです。なぜでしょう。つぎの式をごらんください。

$$\begin{aligned}21824&=2\times 10000+1\times 1000+8\times 100+2\times 10+4\\&=2\times(9999+1)+1\times(1001-1)+8\times(99+1)\\&\quad+2\times(11-1)+4\end{aligned}$$

$$=2\times 9999+1\times 1001+8\times 99+2\times 11+(2+8+4)-(1+2)$$

$$=2\times(11\text{の倍数})+1\times(11\text{の倍数})+8\times(11\text{の倍数})+2\times(11\text{の倍数})+(2+8+4)-(1+2)$$

従って，もし$2+8+4$から，$1+2$をひいたものがちょうど11の倍数になっていれば，はじめにあたえられた数は，けっきょく，11の倍数をいくつか加え合わせたものとなり，それ自身もまた，11の倍数となるわけです。

5　素数の話

では，こんどは，素数のお話しをいたしましょう。

たとえば，6という数をとってみましょう。この数の約数は，正確にいえば，1，2，3，6，の四つです。しかし，1と6は，あまりにも当り前で，おもしろくありません。約数らしい約数といえば，2と3だけです。

つぎに，11という数をとってみましょう。この数の約数は，1とそれ自身の11しかありません。このように，1とそれ自身以外には約数をもっていない数のことを，**素数**といいます。これに反して，前の6のように，1とその数以外にも約数をもっている数のことを，**合成数**と呼びます。この素数を小さい順に書いてみますと，1はのけて

2，3，5，7，11，13，17，19，23，29，31，37，……

となりますが，みなさん，これらが，一体，どんな規則でならんでいるか，おわかりになりますか。これは，なかな

かむずかしい問題ですね。また，何らかの規則によって，ならんでいると思われるこの素数は，どこまでもならべて書けるものでしょうか。すなわち，いくらでも，大きい素数があるでしょうか。これらの問題は，昔からえらい学者たちを，さんざん悩ませた問題です。

さて，はじめの方の素数をみつけるには，つぎのようにすればよいわけでしょう。まず，1からはじめて，順々に自然数を書きならべておきます。

~~1~~	2	3	~~4~~	5	~~6~~	7	~~8~~	~~9~~	~~10~~
11	~~12~~	13	~~14~~	~~15~~	~~16~~	17	~~18~~	19	~~20~~
~~21~~	~~22~~	23	~~24~~	~~25~~	~~26~~	~~27~~	~~28~~	29	~~30~~
31	~~32~~	~~33~~	~~34~~	~~35~~	~~36~~	37	~~38~~	~~39~~	~~40~~
41	~~42~~	43	~~44~~	~~45~~	~~46~~	47	~~48~~	~~49~~	~~50~~
~~51~~	~~52~~	53	~~54~~	~~55~~	~~56~~	~~57~~	~~58~~	59	~~60~~
61	~~62~~	~~63~~	~~64~~	~~65~~	~~66~~	67	~~68~~	~~69~~	~~70~~
71	~~72~~	73	~~74~~	~~75~~	~~76~~	~~77~~	~~78~~	79	~~80~~
~~81~~	~~82~~	83	~~84~~	~~85~~	~~86~~	~~87~~	~~88~~	89	~~90~~

最初の1は，ふつう素数とはいいませんから，これは消します。つぎに2は素数です。しかし，2の倍数になるものは，全部，素数ではありませんから，以下2の倍数を全部消してしまいます。そのつぎの3は素数です。しかし，3の倍数は，素数ではありませんので，これも，以下，全部消します。そのつぎの4はすでに消されています。その

つぎの5は，素数です。前と同様，以下，5の倍数を消します。そのつぎの6は，もう消されています。そのつぎの7は素数です。等々……というぐあいにして進んでいくのです。すると，ここに消されずに残った2，3，5，7，11，13，17，19，23，29，31，37，41，43，47，53，59，61，67，71，73，79，83，89，……等が，素数というわけです。このつくり方からみてもわかりますように，素数は，数が大きくなればなるほど，だんだん，まばらになっていきます。

すると，つぎのような問題が考えられます。すなわち，素数は，無限にあるものでしょうか。ある大きな素数P《ピー》までいくと，それ以上大きな素数は，もう存在しないというような限界《げんかい》があるのでしょうか。この問題を考えてみましょう。

まず，答から先に申しますと，このような限界は存在しない。すなわち，ある素数Pがあれば，これより大きい素数が必ず存在するのです。これを証明してみましょう。

それには，まず，2の倍数をならべてみます。

2，4，6，8，10，12，14，16，18，……

いま，これらに1を加えてみますと，

3，5，7，9，11，13，15，17，19，……

となります。これらは，全部奇数ですから，もちろん，2ではわりきれません。

こんどは，3の倍数をならべてみます。

3，6，9，12，15，18，21，24，……

いま，これらに1を加えてみますと，

4，7，10，13，16，19，22，25，……

となります。これらは，決して，3ではわりきれません。

このように，ある数の倍数に1を加えたものは，決して，その数ではわりきれません。

このことが，よくわかりましたら，つぎのような式を考えてみます。

$2\times3+1=7$

$2\times3\times5+1=31$

$2\times3\times5\times7+1=211$

$2\times3\times5\times7\times11+1=2311$

$2\times3\times5\times7\times11\times13+1=30031$

すなわち，素数を，小さいものから順にかけ合わせ，それに1を加えた数を考えるわけです。

そうすると，前にお話しした性質によって，こうしてできた数，たとえば，2からはじめてPという素数までをかけ合わせ，これに1を加えた数は，2からPまでのどんな素数でも，わりきれません。従って，2からPまでの素数をかけ合わせたどんな数でも，わりきれないわけです。ところが，Pより小さな合成数は，必ず，2からPまでの素数をいくつかかけ合わせたものとして，書き表わされるはずですから，けっきょく，こうしてできた数は，Pより小さな，どんな数によっても，わりきれないわけです。

従って，もし，このようにしてつくった数が，素数であったなら，これは，たしかにPより大きいわけですから，

ここに，Ｐより大きい素数がみつかったことになります。実際，

$$2\times3+1=7$$

$$2\times3\times5+1=31$$

$$2\times3\times5\times7+1=211$$

等は，いずれも素数です。

もし，このようにしてつくった数が，素数ではなく，いくつかの素数の積に分解されてしまったとしましょう。この場合でも，この数をかたちづくっている素数は，たしかにＰより大きいわけです。なぜなら，この数は，決して，Ｐより小さな素数では，わりきれないからです。従って，この場合においてもまた，Ｐより大きな素数をみいだし得たことになります。たとえば，

$$2\times3\times5\times7\times11\times13+1=30031$$

として得られた数30031は，じつは素数ではなく，

$$30031=59\times509$$

と，二つの素数の積に分解されます。しかし，ここに現われる素数59と509は，いずれも，13よりは大きい素数です。

このようにして，いくらでも，大きな素数の存在することが証明されました。

6　数字の配列

みなさんは，つぎのような数字の配列をごらんになったことはないでしょうか。

（甲の配列）

$$1\times 9+2=11$$

$$12\times 9+3=111$$

$$123\times 9+4=1111$$

$$1234\times 9+5=11111$$

$$12345\times 9+6=111111$$

$$123456\times 9+7=1111111$$

$$1234567\times 9+8=11111111$$

$$12345678\times 9+9=111111111$$

$$123456789\times 9+10=1111111111$$

もし，こんな数の配列をごらんになったら，ぜひ，なぜだろうと考えていただきたいものです。よく考えれば，きっとみなさん自身の力で，解決がつくと思います。ここに出てくる計算は，たし算とかけ算だけなのですから。

さて，この配列の謎《なぞ》をとく鍵《かぎ》は，9をかけるというところにあることは，みなさん，お気づきでしょう。われわれが，ある大きな数を9倍するときには，この数を10倍して，それから，もとの数，すなわち，もとの数の1倍をひく方が，計算が便利なことがよくあります。これで，けっきょく，9倍したことになりますね。たとえば，

$$\begin{aligned}
&1234567\times 9+8\\
&=1234567\times(10-1)+8\\
&=12345670-1234567+8\\
&=12345678-1234567
\end{aligned}$$

となるのですから，実際にひき算を行えば，

$$
\begin{array}{r}
12345678 \\
-\ 1234567 \\
\hline
11111111
\end{array}
$$

となって，ちょうど，1が8だけならびます。しかも，9をかけて8を加えるというのであれば，ここに，1が8だけならぶことも，あきらかになるわけでしょう。

では，つぎの配列は，どうですか。

（乙の配列）

12345679×9＝111111111

12345679×18＝222222222

12345679×27＝333333333

12345679×36＝444444444

12345679×45＝555555555

12345679×54＝666666666

12345679×63＝777777777

12345679×72＝888888888

12345679×81＝999999999

これは，かけられる数が，1，2，3，4，5，6，7，と7まで行き，7のつぎに，8がぬけて9がつづくところが，曲者《くせもの》なのです。かける数は，9の1倍，2倍，3倍……となっています。すると，答は，ごらんのような，おもしろい数が得られます。なぜでしょう。

これは，じつは，前の甲の配列中の一つの応用になっているのです。甲の配列中の最後から2番目のものを，もういちどよくみてください。これは，たし算とかけ算の配分法則によりますと，つぎのように書きなおせます。

$$12345678\times 9+9=111111111$$
$$(12345678+1)\times 9=111111111$$
$$12345679\times 9=111111111$$

これで，乙の配列の第１番目の式の出てくる理由は，おわかりになったことでしょう。これがわかれば，２番目，３番目，……は，じつに簡単なことです。つまり，18倍するというのは，９倍したものを，また２倍するということです。１ばかりならんだ数を２倍すれば，２ばかりならんだ数が得られますね。以下，27倍も，36倍も，理由は全然同じです。

では，こんどは，つぎの配列をみてください。

（丙の配列）

$$1\times 8+1=9$$
$$12\times 8+2=98$$
$$123\times 8+3=987$$
$$1234\times 8+4=9876$$
$$12345\times 8+5=98765$$
$$123456\times 8+6=987654$$
$$1234567\times 8+7=9876543$$
$$12345678\times 8+8=98765432$$
$$123456789\times 8+9=987654321$$

これもかわった配列ですが，理由をしっかりつきとめてみましょう。

ところが，けっきょくは，これも，甲の配列の応用になっているのです。

甲の配列において，加える数を一つずつ減らしてみますと，

$$
\begin{aligned}
1\times9+1&=10\\
12\times9+2&=110\\
123\times9+3&=1110\\
1234\times9+4&=11110\\
12345\times9+5&=111110\\
123456\times9+6&=1111110\\
1234567\times9+7&=11111110\\
12345678\times9+8&=111111110\\
123456789\times9+9&=1111111110
\end{aligned}
$$

となります。それで，この配列が丙の配列とちがうところは，8倍のかわりに9倍がきていることです。そこで，前と同様，8倍は9倍から1倍をひいたものであると考えれば，たとえば，丙の配列の最後から2番目のものは，

$$
\begin{aligned}
&12345678\times8+8\\
&=12345678\times(9-1)+8\\
&=12345678\times9+8-12345678\\
&=111111110-12345678\\
&=98765432
\end{aligned}
$$

となって，けっきょく，丙の配列は，

$$
\begin{array}{r}10\\-\;1\\\hline 9\end{array}\quad
\begin{array}{r}110\\-12\\\hline 98\end{array}\quad
\begin{array}{r}1110\\-123\\\hline 987\end{array}\quad
\begin{array}{r}11110\\-1234\\\hline 9876\end{array}\quad
\begin{array}{r}111110\\-12345\\\hline 98765\end{array}\quad
\begin{array}{r}1111110\\-123456\\\hline 987654\end{array}
$$

$$
\begin{array}{r}
11111110 \\
-1234567 \\
\hline
9876543
\end{array}
\qquad
\begin{array}{r}
111111110 \\
-12345678 \\
\hline
98765432
\end{array}
\qquad
\begin{array}{r}
1111111110 \\
-123456789 \\
\hline
987654321
\end{array}
$$

を計算したのにすぎないわけです。従って，答は，数字が9，8，7，6，……という順序に，逆にならぶことは，このひき算からあきらかになったでしょう。

これで，丙の配列のできる理由も，立派に証明されました。

第7章　零と負の数

1　零

われわれは第3章で，数を10進法で書くために，1，2，3，4，5，6，7，8，9という数字の外に，記号0を用いました。この0の意味をもういちど思いだしてみましょう。たとえば，

230

の0は第1位の数が欠けていることを意味しているのでしたね。すなわち，100が二つと，10が三つということをしめしているわけです。つぎに，

203

では，0は10の位のところが欠けていることをしめし，100が二つと，1が三つということになります。

従って，いままで用いてきた0は，それの書かれている位が，空位であることをしめす記号にすぎませんでした。

それでは，0は数ではないのでしょうか。いや，立派な数と考えられるのです。では，0はどのようにして，その意味をはっきり定められたか。どのようにして数の仲間に入れられるか。また，0といままでの自然数との間の計算の規則は，一体どうなるか等を，みなさんといっしょに，しっかりと考えてみたいと思います。それでは，

$a-b$

という，a から b をひくひき算を，もういちど考えてみましょう。これは，b を加えると，a になる数を表わしており，a の方が，b よりも大きくなければ，意味がないのでした。

つぎに，a から a をひきなさい。すなわち，

$$a-a$$

を計算しなさい。といわれたら，いままでの自然数1，2，3，4，5，6，7，8，9，……しか知らなければ，答はみつかりませんね。だから，このひき算は，できないことになります。しかし，このようなひき算ができないことは，数学の規則に例外を設けることになり，数学の美しい体系をうちこわしてしまうことになりますので，このようなひき算もできることにして，ここに，新しい数0を仲間入りさせようというのです。

しかし，その前に，よく考えてみなければならないことは，ある数から，それと同じ数をひくことができたとしても，$a-a$ と $b-b$ の答が，はたして同じものになるかどうかということです。これを，ためしてみましょう。それには，ひき算の意味を表わす式，

$$(a-b)+b=a$$

を思い出してみます。

この式は，いままでは，$a>b$ のときでなければ，意味がありませんでした。しかし，いま，われわれは，a と b が等《ひと》しいときでも，この式は，意味があるとしたのですから，この式において，b のかわりに a，a のかわりに b を入れ

てみますと，つぎの二つの式を得ます。

$$(a-a)+a=a \qquad (b-b)+b=b$$

そこで，ためしてみたいことは，ここに出てくる$a-a$と$b-b$とが，等しいということが，われわれが，いままでに知っている規則を使って，証明できるかということです。これは，つぎのように行うことができます。

$$\text{(i)}\quad (a-a)+(a+b)=\{(a-a)+a\}+b$$
$$=a+b$$

$$\text{(ii)}\quad (b-b)+(a+b)=(b-b)+(b+a)$$
$$=\{(b-b)+b\}+a$$
$$=b+a$$
$$=a+b$$

従って，

$$\text{(iii)}\quad (a-a)+(a+b)=(b-b)+(a+b)$$

ゆえに，　$a-a=b-b$

すなわち，(i)の式は，たし算の結合法則によって括弧を書きなおし，そこで，

$$(a-a)+a=a$$

という式を使ったのです。

つぎに，(ii)の式は，たし算の交換法則によって，$a+b$を，$b+a$と書きかえ，それから，結合法則を使って括弧を書きかえ，つぎに，

$$(b-b)+b=b$$

という関係式を使い，最後の答を，また，たし算の交換法則によって，書きかえたものです。

すると，(i)も(ii)も，右側に同じ答が出てくるのですから，(iii)が得られます。そして，つぎに(iii)の式から，ひき算の一意性によって，最後の答が得られるのです。

この最後の答は，$a-a$ と $b-b$ とが，a と b とが何であっても等しいことをしめしています。すなわち，$a-a$ の答は，a には無関係であることになります。このようにして，新しく仲間入りをした数を記号**0**で表わし，これを，**零**《れい》と呼ぶことにします。すなわち，

$$a-a=0$$

です。

さて，こうして，零が定義されましたから，0が新しく仲間入りをしたために，いままでの規則が乱されないように，0をふくめた計算法を定めておくことが望ましいわけです。

まず，0をふくんだたし算は，

$$0+a=a$$

$$a+0=a$$

上の式で定義します。第1式は，$(a-a)+a=a$ の $(a-a)$ のところへ0を入れて，いわば，0の意味を書き表わしたものにすぎません。第2式は，たし算の交換法則が乱されないように，こう定義したのです。ここでは，a は0でもよいことにいたします。それで，もし，a を0としますと，0加える0は，やはり，0という規則が得られます。

つぎに，ある数 a から0をひく算法を，

$$a-0=a$$

とします。これは，0を加えるとaになる数はaという，前にお話ししたばかりのことによって，こう定めるのです。

つぎに，0をふくんだかけ算は，つぎのように定めます。

$$a\times0=0 \qquad 0\times a=0$$

その理由は，

$$\begin{aligned} a\times0&=a\times(b-b)\\ &=a\times b-a\times b\\ &=0 \end{aligned}$$

この式をごらんになれば，おわかりでしょう。0かけるaも，かけ算の交換法則を乱さないように，やはり，0と定めておきます。すなわち，どんな数でも，0をかけると答は0，また，0にどんな数をかけても，答はやはり0であるとします。

最後に，0をふくんだわり算ですが，まず，aわる0というわり算から考えてみましょう。

これは，わり算の意味からいえば，0をかけるとaになる数を表わしているのですが，いま，お話ししたことによって，どんな数でも，0をかけると0になってしまうのです。従って，aが0でなければ，（これを$\boldsymbol{a}\neq\mathbf{0}$とかきます。）0をかけて$a$になる数をみいだすことは不可能です。

では，aが0のときを考えましょう。

こんどは，0をかけると0になる数というのですから，これは，前にお話ししたことを思いだして，どんな数でも，0をかけると0になってしまうのですから，答は，どんな数でもよいことになります。すなわち，答は定まらないのです。

$$a \div 0\text{は}\begin{cases} a \neq 0\text{のときは不可能} \\ a = 0\text{のときは定まらない} \end{cases}$$

こんな変なことになりますので，0でわるという計算は，残念ながら，数学の算法の例外として，除外することにします。

つぎは，0を，0でないaでわるという計算です。これは，わり算の意味に従って，aをかけると0になる数を求めればよいのです。aをかけると0になる数は，0しかありませんね。

$$0 \div a = 0 \quad \text{ただし，} \quad a \neq 0$$

これで，われわれは，0をふくんだ加減乗除を全部考えました。これを表にしてみますと，

$$\text{たし算}\begin{cases} 0 + a = a \\ a + 0 = a \end{cases} \qquad \text{ひき算} \quad a - 0 = a$$

$$\text{かけ算}\begin{cases} a \times 0 = 0 \\ 0 \times a = 0 \end{cases} \qquad \text{わり算}\begin{cases} a \div 0 \begin{cases} a \neq 0 & \text{不可能} \\ a = 0 & \text{定まらない} \end{cases} \\ 0 \div a = 0 \ (a \neq 0) \end{cases}$$

ここで，0から自然数をひくという計算と，0で，0または自然数をわるという計算はできないということに注意しなければなりません。ただ，この点だけに注意すれば，いままで，われわれがつかってきた計算の規則，

Ⅰ　たし算の交換法則　$a + b = b + a$

Ⅱ　たし算の結合法則　$(a + b) + c = a + (b + c)$

Ⅲ　かけ算の交換法則　$ab = ba$

Ⅳ　かけ算の結合法則　$(ab)c = a(bc)$

Ⅴ　配　分　法　則　$(a+b)c=ac+bc$

Ⅵ　ひき算の意味　$(a-b)+b=a$

Ⅶ　ひき算の一意性　$a+c=b+c$ なら $a=b$

Ⅷ　わり算の意味　$(a\div b)\times b=a$

Ⅸ　わり算の一意性　$ac=bc\ (c\neq 0)$ なら $a=b$

は，そのままなりたちます。

そこで，くれぐれも，注意しなければならないことは，最後のわり算の一意性です。ここで，c が 0 でないというただし書きは，絶対に必要です。理由は，もし，c が 0 でもなりたつとしますと，じつに変なことになるのです。たとえば，

$$1\times 0=2\times 0$$

と，1 かける 0 は 0，2 かける 0 も 0 です。従って，上のように 0 どうしは等しいのですが，それかといって，両方を 0 でわって 1＝2 とはいえないでしょう。従って，Ⅸの規則では，c が 0 ではないことが，絶対に必要です。

2　負　の　数

いままでは，0 は，まるで，数学だけにしか現われてこないようなお話しぶりをしてきましたが，0 という考えは，じつはわれわれの実際の生活にいくらでも現われてまいります。

たとえば，50度の温度をしめしている寒暖計があるとしましょう。このとき，温度を20度だけ下げたら，答は30度です。

50－20＝30

では，これをさらに30度ひやしたら，こんどは，何度になるでしょう。前と同様，

30－30＝０

という計算で，答は０となり，温度は，零度ということができて，この場合には０という数が，立派な実際的意味をもっているわけです。

では，つぎの例はどうでしょう。

50円もっている人が，20円の買物をしたら，残りのお金はいくらでしょう。

50－20＝30

で，答は30円です。つぎに，30円もっている人が，ちょうど30円の買物をすれば，

30－30＝０

で，この人には，全然，お金が残らない，つまり，０という数は，お金を全然もっていないという事実を表わしているわけです。

このように，０という数が，実際的意味をもっている例は，ほかに，いくらでもありましょう。

では，もういちど，温度の例にもどって，50度の温度を60度だけひやしたら，一体，何度になるでしょうか。これは，ひき算の問題と考えて，

50－60

となりますが，いままでのひき算の規則では，答が出てきません。しかし，実際問題として考えれば，50度の温度を，

50度だけひやしてみますと，ちょうど零度です。これを，さらに10度ひやせば，60度ひやしたことになりますから，さらに10度ひやしてみます。そうすると，何度になるでしょう。これは，ふつう，零下10度，または，マイナス10度と呼ばれています。このようにして，50ひく60というひき算に，実際的な意味をあたえることができる場合のあることが，おわかりでしょう。

こんどは，前の買物の例にうつりましょう。この場合，50円お金をもっている人が，60円の買物をすることができるでしょうか。これは，まあ，できないとするのがふつうです。しかし，このとき，買う人が売る人から10円だけ借金をする約束をすれば，60円のものを買って，50円しか払わなくても，この買物はできますね。こう考えれば，50－60という計算に実際的な解釈《かいしゃく》をあたえたことになりましょう。この場合にも，前の温度の場合のようないい方をすれば，この人のもっているお金は，マイナス10円になったといえないこともないでしょう。

このように，ひかれる数が，ひく数より小さい場合にも，実際的な解釈をあたえ得る場合が，われわれの日常生活に，たくさんあるのですから，

$$a-b$$

では，a が b より大きいときだけ意味があるとするいままでの計算法は，あまり，気のきいたものとはいわれません。従って，$a-b$ という計算は，

$$a>b \quad \text{である場合も}$$

$$a=b$$ である場合も

$$a<b$$ である場合も

いずれも計算ができるというように，数の範囲《はんい》をひろげることが望ましいわけです。

$a>b$ である場合は，いままでに，くわしく議論してきました。$a=b$ の場合は $a-b=0$ となるのでした。問題は，$a<b$ のとき，$a-b$ をどう定めるかです。いま，a は b より c だけ小さいとしますと，

$$a+c=b$$

です，

すなわち，a に c を加えて，ちょうど，b になるとします。このとき，$a-b$ という計算を考えてみましょう。

$$\begin{aligned} a-b &= a-(a+c) \\ &= a-a-c \\ &= (a-a)-c \\ &= 0-c \end{aligned}$$

この場合，1行目から2行目にうつるときには，ひき算のところで説明した法則があてはまるものとして，これを使いました。さて，この計算で，最後に0ひく c というものが出てきますが，われわれは，この計算ができるものとして，その答を簡単に $-c$ と書き，マイナス c とよむことにします。

このようにして新しく考えられた数 $-c$ を，われわれは，**負の数**と呼びます。これにたいして，いままで考えてきたところの数，1，2，3，……を，**正の数**と呼びます。そ

して，たとえば1，2，3，……が正の数であることを，はっきりしめしたいときには，+1，+2，+3，……と書き，プラス1，プラス2，プラス3，……などと呼びます。では，0は何かと申しますと，0は，正の数でも，負の数でも，ないものとしておきます。

すると，われわれが，現在，ここまでに知っている数は，正の数と，零と，負の数ということになります。

さて，いままでわれわれは，正の数と零の集まりにたいして一定の計算規則を定めてありますが，この集まりに，負の数を仲間に入れますと，これらの間の計算の規則は，一体，どう定めたらよいか，また，新しく考えた負の数どうしの計算の規則は，どう定めたらよいか，ということが問題になります。

その規則をきめるにあたって，注意しなくてはならないことは，それは，いままでの正の数と零との間の計算の規則をうちこわさないようなものでなければいけないということです。すなわち，いままで，われわれのよく知っていた計算の規則が，正の数，零，負の数の全部を通じて，うまくあてはまるようなぐあいに，この新しい計算の規則を定めることが，もっとも望ましいわけです。

そこで，これまで，正の数と零との世界を支配していた計算の規則を，もういちど思いだすことにしましょう。

Ⅰ　たし算の交換法則　$a+b=b+a$

Ⅱ　たし算の結合法則　$(a+b)+c=a+(b+c)$

Ⅲ　かけ算の交換法則　$ab=ba$

Ⅳ　かけ算の結合法則　$(ab)c=a(bc)$

Ⅴ　配　分　法　則　$(a+b)c=ac+bc$

Ⅵ　ひき算の意味　$(a-b)+b=a$

Ⅶ　ひき算の一意性　$a+c=b+c$　なら　$a=b$

Ⅷ　わり算の意味　$(a\div b)\times b=a$

Ⅸ　わり算の一意性　$ac=bc(c\neq 0)$　なら　$a=b$

まず，たし算の規則からはじめましょう。正の数と正の数，正の数と零との間のたし算の規則は，もう知っております。問題は，正の数と負の数，零と負の数，負の数と負の数の間のたし算の規則を，どう定めるかです。

第１に，a という正の数，または零と，$-b$ という負の数とのたし算を，

$$a+(-b)=a-b$$
$$(-b)+a=a-b$$

と定めます。もちろん，a と $-b$ を加えたものと，$-b$ と a を加えたものとは，等しくなるように定めるのです。これは，たし算の交換法則を乱さないためです。

なぜ，こう定めるかといいますと，まず，$-b$ とは，0 から b をひいたものであることを思いだして，

$$\begin{aligned} a+(-b)&=a+(0-b)\\ &=a+0-b\\ &=a-b \end{aligned}$$

の１番上の式を得ます。ここで，前の規則があてはまるも

のとして，括弧をとりますと，２番目の式が得られます。ところが，a に０を加えたものは，０の意味から a となり，最後の式が出てくるからです。

さて，前ページに出てきた式で，特別に $-b$ を $-a$ にしてみましょう。すると，つぎの式が得られます。

$$a+(-a)=a-a=0$$

$$(-a)+a=a-a=0$$

では，こんどは，負の数と負の数のたし算です。

これは，下のように定めます。

$$(-a)+(-b)=-(a+b)$$

つまり，$-a$ と $-b$ とを加えたものは，a と b とを加えたものにマイナスをつけたものだとするのです。その理由は，つぎの通りです。

$$\begin{aligned}(-a)+(-b)&=0-a+(0-b)\\&=0-a-b\\&=0-(a+b)\\&=-(a+b)\end{aligned}$$

$-a$ と $-b$ を，いずれも，０から a および b をひいたものであると考えますと，１番上の式を得ます。これは，０の性質によって，０から a をひき，さらに，b をひいたのと同じになります。ところが，これは，０から（$a+b$）をひいたものに等しいのですから，上の式のようになるのです。これで，みなさんは，正の数，零，負の数の間のたし算は，自由自在にできるはずです。

しかし，そうはいっても，こういうことは，練習がいちばん大切ですから，少し練習問題を出しておきましょう。

問　　題

つぎの計算をしてごらんなさい。

$3+(-2)$	$2+(-2)$	$5+(-3)$
$0+(-4)$	$3+(-4)$	$(-6)+4$
$(-3)+2$	$8+(-2)$	$7+(-3)$
$5+(-8)$	$3+(-8)$	$4+(-6)$
$(-1)+(-2)$	$(-2)+(-3)$	$(-9)+(-2)$
$(-3)+(-7)$	$4+(-6)$	$3+(-9)$
$(-3)+1$	$(-8)+(-9)$	

つぎに，ひき算にうつりましょう。

まず，$-a$ という負の数から，b という正の数をひくということは，

$$(-a)-b=-(a+b)$$

であると定めます。

なぜ，このように定めるかといいますと，

$$\begin{aligned}(-a)-b&=(0-a)-b\\&=0-a-b\\&=0-(a+b)\\&=-(a+b)\end{aligned}$$

であるからです。

つぎに，a という正の数または零，または負の数から，

$-b$ という負の数をひくということは,

$$a-(-b)=a+b$$

というぐあいに, a に b を加えることであると定めます。

なぜ, このように定めるかということは,

$$\begin{aligned} a-(-b)&=a-(0-b)\\ &=a-0+b\\ &=a+b \end{aligned}$$

という式が, 立派にその理由をしめしております。すなわち $-b$ をひくというのは, じつは b を加えることであるときめるのです。

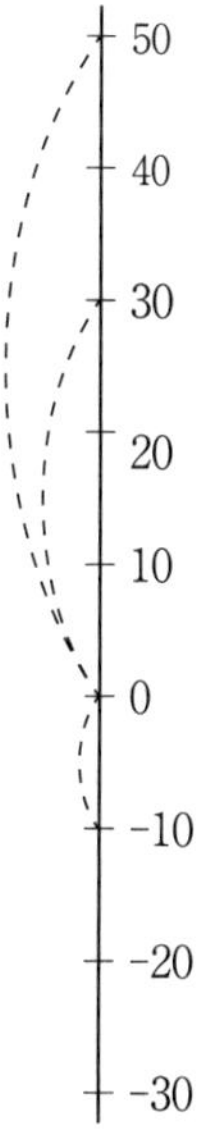

ここで大切なことは, $-b$ をひくのは b を加えることである, というのは, そうとうの理由があって, 数学のなかできめた約束であるということです。これを, 実際的な例で説明してみましょう。

前にも出てきた寒暖計の例をとります。ここに, 50度と30度という温度を考えてみましょう。二つの温度のちがいはいくらでしょう。これは簡単です。高い方の温度から低い方の温度をひいて,

$$50-30=20$$

で, 答は20度です。

こんどは, 50度と零下10度, すなわち, マイナス10度という二つの温度について考えましょう。この温度のちがいはいくらでしょう。前と

同じように，高い方から低い方をひくということは，50度からマイナス10度をひくということです。ここで，−10をひくという計算が，実際に出てきました。式に書きますと，

$$50-(-10)$$

ですが，この答をみつけるのには，寒暖計をみてください。そのちがいは60度でしょう。すなわち温度の差は，零度から上の50度と，零度から下の10度で，都合《つごう》，60度だからです。すなわち，

$$\begin{aligned} 50-(-10) &= 50+10 \\ &= 60 \end{aligned}$$

従って，この60度という答は，50と10を加えて出てくるものにちがいありません。従って，−10をひくことが，じつは10を加えることであるというのは，この場合，実際問題をよく説明しております。これで，正の数，零，負の数の間のたし算とひき算は，全部，定めることができました。

これまでのところで，注意することは，要するに，負の数のはいってくる計算においては，プラスとプラスがかさなればプラス，プラスとマイナス，または，マイナスとプラスがかさなればマイナス，マイナスとマイナスがかさなればプラスという規則で，括弧をとることにすれば，それで，いままでの規則は全部出てくるということです。この規則がよくのみこめれば，それで，みなさんは，正の数，零，負の数の間のたし算とひき算は，みんなできるはずです。では，つぎの問題はどうですか。

問　題

つぎの計算をしてごらんなさい。

$3-(-2)$	$(-4)-3$	$(-2)-(-3)$
$(-3)-(-5)$	$2+(-8)$	$(-5)+2$
$7-(-5)$	$(-2)+(-3)$	$(-4)-(-6)$
$4-(-7)$	$(-4)-(-5)$	$(-3)-2$
$7-(-3)$	$9-(-1)$	$(-1)+(-2)$
$(-1)-(-3)$	$(-9)-(-2)$	$(-8)+(-7)$
$(-5)-(-5)$	$0-(-8)$	

われわれは，正の数，零，負の数の間のたし算とひき算とがそれぞれできるようになりましたから，つぎに，これらの数の大小のことをお話ししておきましょう。

われわれは，いちばんはじめに考えた自然数，つぎに零，零から自然数をひいて得られる負の数を，全部一まとめにして，**整数**と呼びます。いま，この整数どうしの間の大小を考えようというのです。

それでは，自然数の大小関係から思いだしてみましょう。

1，2，3，4，5，6，7，8，……

自然数を1から順々に書きならべますと，これは，1からはじまって，小から大の順にならんでいるのでした。すなわち，右へいくほど，数は大きく，左へもどるほど，数は小さくなるのでした。では，どんどん左へもどって，1まできますと，その左には何にもありません。この1の左には，何がくるべきでしょう。それをみつけるには，１から１をひいてみればよいわけです。すると，それは０になります。では，その０の左には，何がくるべきでしょうか。これを知るためには，やはり，０から１をひいてみればよいわけです。これはわれわれが，前に考えた負の数の−1です。それでは−1の左は？　これはもうおわかりでしょう。−1から１をひいて，−2ですね。この調子で，０から左へ順々に−1，−2，−3，−4，……というぐあいに書いていきますと，ここに，整数の１列を得るわけです。

……−5，−4，−3，−2，−1，０，１，２，３，４，５……

これが，整数を左から右へ大小の順にならべたものです。つまり，整数どうしの大小は，ここに書かれた列のなかで，いずれが右，いずれが左にあるかによって，その大小を定めればよいのです。

このように，正の数，零，負の数を一まとめにした整数の大小関係がよくわかっていれば，負の数$-b$をひくということはbを加えることであるというのが，ひじょうに自然にみえてきます。たとえば，下の表をみてください。

5−4＝1
5−3＝2
5−2＝3
5−1＝4
5−0＝5

ここまでは，何の不思議もないでしょう。

しかし，ここでご注意ねがいたいのは，ひかれる数はいつも５ですが，ひく数は４，３，２，１，０とだんだんに１ずつ減ってきていることです。そして，それにつれて，答は，１，２，３，４，５と１ずつふえてきていることです。

ですから，これをさらにつづけようと思えば，４，３，２，１，０は，

$$4,\ 3,\ 2,\ 1,\ 0,\ -1,\ -2,\ -3,\ -4,\ \cdots\cdots$$

とし，１，２，３，４，５は，

$$1,\ 2,\ 3,\ 4,\ 5,\ 6,\ 7,\ 8,\ 9,\ \cdots\cdots$$

としたくなるでしょう。この調子で，前の表を書きたしてみますと

$$5-4=1 \qquad 5-(-1)=6$$
$$5-1=2 \qquad 5-(-2)=7$$
$$5-2=3 \qquad 5-(-3)=8$$
$$5-1=4 \qquad 5-(-4)=9$$
$$5-0=5 \qquad \cdots\cdots\cdots\cdots$$

となります。これからみても，$-b$ をひくということは，b を加えることであるとする約束が，どんなに自然なものであるかがおわかりでしょう。

さて，こんどはかけ算にうつりましょう。それには，a という正の数と，$-b$ という負の数とをかける規則からはじめましょう。これは，

$$a\times(-b)=-(a\times b)$$
$$(-b)\times a=-(a\times b)$$

と定めます。すなわち，a に $-b$ をかけたものは，a に b

をかけたものにマイナスをつけたものである，と定めます。$-b$ に a をかけたものも，かけ算の交換法則を乱さないように，これと同じ答をあたえるとすることは，もちろんです。その理由はつぎの式が，これをしめしています。

$$
\begin{aligned}
a\times(-b)&=a\times(0-b)\\
&=(a\times 0)-(a\times b)\\
&=0-(a\times b)\\
&=-(a\times b)
\end{aligned}
$$

われわれは，a という正の数に0をかけたものは，0であることを知っています。では，$-a$ という負の数に0をかけたものは，何としたらよいのでしょう。

これは，

$$(-a)\times 0=0$$

と定めます。0に $-a$ をかけたものも，かけ算の交換法則を乱さないようにするために，やはり，0とすることは，いうまでもありません。

その理由は，つぎの式がしめしております。

$$
\begin{aligned}
(-a)\times 0&=(-a)\times(b-b)\\
&=(-a)\times b-(-a)\times b\\
&=0
\end{aligned}
$$

すなわち，0は，ある数 b ひく b と考えて，これにたいしていままでの規則があてはまるものとして，計算してみますと，けっきょく，上のようになって，答は0となるからです。

最後に，ある負の数 $-a$ と，ある負の数 $-b$ とのかけ算を考えてみましょう。これは，つぎのように定めます。

$$(-a)\times(-b)=a\times b$$

すなわち，$-a$ と $-b$ をかけたものは，a と b をかけたものと，等しいと定めます。つまり，負の数と負の数をかけると，正の数になるとするのです。

その理由は，つぎの式によるのです。

$$\begin{aligned}0&=(-a)\times 0\\&=(-a)\times(b-b)\\&=(-a)\times\{b+(-b)\}\\&=(-a)\times b+(-a)\times(-b)\\&=-(a\times b)+(-a)\times(-b)\\&=(-a)\times(-b)-(a\times b)\end{aligned}$$

従って，

$$(-a)\times(-b)=a\times b$$

すなわち，まず0を，$-a$ かける0であると考えます。つぎにこの0を，$b-b$，すなわち $b+(-b)$ であると考えて，ここにかけ算の配分法則を使います。そうすると，上の式がしめしておりますように，$(-a)\times(-b)$ から $a\times b$ をひいたものが0ということになりますので，そこで，

$$(-a)\times(-b)=a\times b$$

と定めるわけなのです。

さて，これで，われわれは，正の数，零，負の数の間のかけ算もできるようになりました。いままでに考えた規則は，大切な規則ですから，つぎにまとめて表にしておきましょう。

(正の数)×(正の数)=(正の数)
(正の数)×(負の数)=(負の数)
(負の数)×(正の数)=(負の数)
(負の数)×(負の数)=(正の数)

これを，もっとも簡単な+1と−1にあてはめますと，つぎのようになります。

$$(+1)\times(+1)=+1$$
$$(+1)\times(-1)=-1$$
$$(-1)\times(+1)=-1$$
$$(-1)\times(-1)=+1$$

この最初の三つは，そうでもないのですが，最後の−1かける−1は+1というのは，よく不思議に思われます。−1と−1をかけると，+1になるのではなく，われわれは，+1になると定めたのでした。なぜ，そう定めるかを，私は，この本のなかで，くり返しお話ししましたが，このことは，この本のなかで，いちばん大切なことですから，ここでもういちど，その理由を申しあげておくのも，あながち，むだではありますまい。

まず，1かける1が1であること，すなわち，

$$1\times1=1$$

であることに問題はありません。問題は，1かける−1が

−1であること，すなわち，

$$1\times(-1)=-1$$

である，というところからです。

なぜ，こう定めるかということは，つぎの式によるのです。

$$\begin{aligned}1\times(-1)&=1\times(0-1)\\&=1\times0-1\times1\\&=0-1\\&=-1\end{aligned}$$

すなわち，−1は，負の数の意味から考えて，0から1をひいたものです。従って，1に−1をかけることは，1に，0ひく1をかけることです。これは，1かける0から，1かける1をひいたものに等しいわけです。ところで，1かける0は0，1かける1は1ですから，これはけっきょく，0から1をひいたもの，すなわち−1に等しいわけです。

つぎに，−1かける1ですが，これは，かけ算の交換法則を乱さないように，1かける−1と同じ答，すなわち−1であると定めます。すなわち，

$$(-1)\times1=-1$$

です。

最後は，いよいよ，−1と−1とをかけると1ということ，すなわち，

$$(-1)\times(-1)=1$$

ということですが，それは，つぎの理由によります。

$$
\begin{aligned}
(-1)\times(-1) &= (0-1)\times(-1)\\
&=0\times(-1)-1\times(-1)\\
&=0-(-1)\\
&=0+1\\
&=1
\end{aligned}
$$

すなわち，まず一方の−1を０ひく１と考えます。すると，これは，０に−1をかけたものから，１に−1をかけたものをひいたものに等しくなります。すなわち，０から−1をひいたものに等しくなります。ところが，−1をひくというのは，１を加えることですから，けっきょく，０加える１，すなわち，１となるのです。

このように，正の数にたいして成立する計算の規則が，負の数の計算にたいしてもあてはまるものと，かりに定めるならばかけ算の規則は，どうしても，以上のように定めなければならないのです。

でも，負の数と負の数をかけると正の数になるということをまだ不思議に思われる諸君があるかもしれません。では，ここで，実際的な例をとって，もういちど前の寒暖計の話しをもちだすことにしましょう。

こんどは，温度を，１時間に10度ずつ下げていくということを考えてみます。たとえば，３時間前に30度であったものを１時間に10度ずつひやしていくとしましょう。すると，２時間前には20度，１時間前には10度，ちょうどいまは零度です。これをさらに１時間に10度ずつひやしますと，温度は1時間後にはマイナス10度，2時間後にはマイナス20度，……というぐあいに，下っていくにちがいありません。

これは，つぎのような計算で求められるはずです。すなわち，

$$(-10)\times 1=-10 \qquad (-10)\times 4=-40$$
$$(-10)\times 2=-20 \qquad \cdots\cdots\cdots$$
$$(-10)\times 3=-30 \qquad \cdots\cdots\cdots$$

つまり，1時間後，2時間後，……等の温度を求めるのには，マイナス10度を，それぞれ，1倍，2倍，……すればよいわけです。

それならば，1時間前，2時間前……等の温度を求めるのには，どのようにしたらよいでしょう。それには，マイナス10度を，それぞれ－1倍，－2倍，……しなければならないでしょう。ところが，これの答は，それぞれ10度，20度，……です。これを式に書きますと，

$$(-10)\times(-1)=10 \qquad \cdots\cdots\cdots$$
$$(-10)\times(-2)=20 \qquad \cdots\cdots\cdots$$
$$(-10)\times(-3)=30$$

となります。

これは，負の数と負の数をかけると正の数になるという，立派な実際的な例の一つです。

いま，これらの式を，

$$(-10)\times 0=0$$

も使って，順序よくならべてみますと，

…………………	$(-10)\times 1=-10$
…………………	$(-10)\times 2=-20$
$(-10)\times(-3)=30$	$(-10)\times 3=-30$
$(-10)\times(-2)=20$	$(-10)\times 4=-40$
$(-10)\times(-1)=10$	…………………
$(-10)\times\quad 0=0$	…………………

となります。

前の表で，いちばん最後に書いてある式に問題はありませんね。これを下から上へ順にみていきますと，かけられる数はいつも-10なのですが，かける数はだんだん減っています。そして，それにつれて，答の方は，だんだんふえていきます。つまり，下から上へ順にみていけば，かける数が一つ減るたびに，答は10ずつふえていきます。

こう考えて，この表を下から上へ順にみていきますと，

$$(-10)\times 0=0$$

のつぎに，

$$(-10)\times(-1)=10$$

がきます。そのつぎに，

$$(-10)\times(-2)=20$$

がくるのに，なんの不思議もありますまい。

では，ここで，少し問題を出しておきましょう。

問　題

つぎのかけ算をなさい。

$(-2)\times 3$	$(-5)\times 2$	$(-3)\times 6$
$(-4)\times 5$	$5\times(-3)$	$6\times(-4)$
$7\times(-5)$	$9\times(-9)$	$(-1)\times(-2)$
$(-2)\times(-3)$	$(-4)\times(-5)$	$(-6)\times(-7)$

こんどは，わり算にうつりましょう。

まず，はじめに，$-a$ という負の数を，b という正の数でわる場合を考えます。そして，これを，

$$(-a)\div b=-(a\div b)$$

と定めます。

なぜかといいますと，左側の $(-a)\div b$ というのは，わり算の意味から考えて，b をかけると $-a$ になるものを表わしています。すなわち，

$$\{(-a)\div b\}\times b=-a$$

です。

ところが，右側に b をかけてみますと，かけ算のときに定めた規則によって，

$$\{-(a\div b)\}\times b=-\{(a\div b)\times b\}=-a$$

です。従って，われわれは，わり算の一意性がなりたつように，

$$(-a)\div b=-(a\div b)$$

と定めるわけです。

つぎに，a という正の数を，$-b$ という負の数でわる場合を考えましょう。そして，これを，

$$a \div (-b) = -(a \div b)$$

と定めます。

なぜかといいますと，左側の $a \div (-b)$ というのは，わり算の意味から考えて，$-b$ をかけると a になるものを表わしているのです。

すなわち，

$$\{a \div (-b)\} \times (-b) = a$$

です。ところが，一方，右側に $(-b)$ をかけてみますと，

$$\begin{aligned} \{-(a \div b)\} \times (-b) &= (a \div b) \times b \\ &= a \end{aligned}$$

です。従って，われわれは，わり算の一意性がなりたつように，

$$a \div (-b) = -(a \div b)$$

と定めるのです。

最後に，$-a$ という負の数を，$-b$ という負の数でわる場合を考えましょう。そしてこれを，

$$(-a) \div (-b) = a \div b$$

と定めます。

なぜかといいますと，左側の $(-a) \div (-b)$ は，わり算の意味から考えて，$-b$ をかけると $-a$ になる数を表わしています。

すなわち，

$$\{(-a) \div (-b)\} \times (-b) = -a$$

です。ところが一方，右側に$-b$をかけてみますと，

$$(a\div b)\times(-b)=-[(a\div b)\times b]$$
$$=-a$$

です。従って，われわれは，わり算の一意性がなりたつように，

$$(-a)\div(-b)=a\div b$$

と定めるのです。

以上で，われわれは，わり算の場合にも，かけ算の場合と同じように，

(正の数)÷(正の数)＝(正の数)
(正の数)÷(負の数)＝(負の数)
(負の数)÷(正の数)＝(負の数)
(負の数)÷(負の数)＝(正の数)

であることを知ることができました。

では，わり算の問題を少し出しておきましょう。

問　題

つぎのわり算をなさい。

$(-8)\div 4$　　$(-12)\div 3$　　$(-16)\div 8$
$20\div(-5)$　　$27\div(-3)$　　$(-16)\div(-4)$
$(-9)\div 3$　　$21\div(-7)$　　$(-18)\div(-9)$
$(-24)\div 6$　　$15\div(-5)$　　$(-24)\div 8$

これで，われわれは，正の数，零，負の数に関する計算の規則を，全部考えたことになります。そこで，いままで考えましたものを，全部，表にしてみましょう。

たし算とひき算の法則

(i) $a+(-b)=a-b$

$(-b)+a=a-b$

(ii) $a+(-a)=0$

$(-a)+a=0$

(iii) $(-a)+(-b)=-(a+b)$

$(-b)+(-a)=-(a+b)$

(iv) $(-a)-b=-(a+b)$

(v) $a-(-b)=a+b$

(vi) $(-a)-(-b)=-a+b$

$=b-a$

かけ算とわり算の法則

(i) $a\times(-b)=-(a\times b)$

$(-b)\times a=-(a\times b)$

(ii) $(-a)\times 0=0$

$0\times(-a)=0$

(iii) $(-a)\times(-b)=a\times b$

$(-b)\times(-a)=a\times b$

(iv) $(-a)\div b=-(a\div b)$

(v)　$a \div (-b) = -(a \div b)$

(vi)　$(-a) \div (-b) = a \div b$

みなさんは，こんなにたくさんの公式をおぼえるのは，大変だとお思いになるかもしれませんが，なに，とても，うまい方法でおぼえられるのです。それは，

(i)　**＋と＋がかさなれば＋**

(ii)　**＋と－がかさなれば－**

(iii)　**－と＋がかさなれば－**

(iv)　**－と－がかさなれば＋**

とおぼえておけばよいのです。それからもう一つ，**0とどんな数とをかけても0**，これだけでよいのです。

第8章　分　　数

1　分数の成り立ち

前章で，われわれは，なぜ，負の数などというものを導入するのが便利だと考えたのでしょう。それは，ある数からある数をひくという計算が，いつでも，答をもってくれると，都合がよいからです。

たとえば，5から3をひけという問題でしたら，答は2と簡単です。すなわち，

$$5-3=2$$

この答の2は，3を加えると5になる数でした。

ところが，3ひく5を求めよという問題でしたら，5をたして3になる数は，正の数のなかにはありません。このように，ひける数と，ひけない数とがあるというのは，いかにも便利がわるいので，われわれは，ここに，負の数というものを導入したのでした。

すなわち，

$$3-5=-2$$

と，答が出るようにしようというのでした。そして実際，-2に5を加えると3になるのでした。

これと同じことを，わり算について考えてみましょう。

まず，6を3でわるということを考えてみますと，これは，3をかけると6になる数は何か，ということでしたね。

答は，もちろん，２となります。すなわち，

$$6 \div 3 = 2$$

です。

これは，単なる計算にすぎませんが，実際の問題としても，こういうことはよくあるでしょう。

たとえば，ここに，６個のりんごがあって，これを３人に，公平に分けなさいというのは，上の問題です。答は２ですから，各人に２個ずつ分ければ，公平だということになります。

こんどは，１わる２という問題を考えてみましょう。これは，２をかけると１になる数は何かという問題です。しかし，われわれのいままでに知っている数，整数のなかには，このような数は見当りません。従って，いままでにわれわれの知っている数の範囲内では，このような問題は，不可能だということになります。

しかし，このような問題に，実際的な解釈《かいしゃく》をあたえることのできる場合はよくあります。

たとえば，ここに，１個のりんごがあるとして，これを２人に公平に分けよというのは，この問題です。これは，いままでわれわれの知っている数の範囲内では解決が不可能ですが，実際問題としては，こんなことは，何でもないことです。すなわち，このりんごをナイフで真二つにして，２人に分ければ，１個のりんごが，立派に二つの部分に分けられたことになります。

このように，実際には解決できる話を，数学では解決で

きないというのは，どうも，気のきいたやり方とは思えません。

そこで，われわれは，この不可能をきりぬけるために，ここで，新しい数を導入することにいたします。これは，ひき算がいつでもできるようにするために，負の数をみちびき入れたのと，まったく同じ考えです。

まず，a わる b という問題を考えます。ここに，a と b とは整数であるとします。ただ，0でのわり算というのは，どうしても考えられませんから，b は，0でないものと，きめておきます。

すると，a わる b は，いままでの数の範囲内で，答の出てくる場合と，答の出てこない場合とがあります。たとえば，

$$6 \div 3 = 2$$

$$3 \div 6 = ?$$

第1番目の式の場合は，われわれの知っている数の範囲内で，解決がつきます。しかし，第2番目の3わる6は，いままでに知っている数の範囲内では，どうしても，答を出すことができません。

われわれは，このような場合にも，$a \div b$ に答があると，約束します。もちろん，これは，われわれが，いままで知っていた数でないこともありますから，そのときは，ここに新しい数を考えるわけです。このようにして考えられた新しい数を，われわれは，

$$\frac{a}{b}$$

と書きます。そして，これを b 分の a とよみ，この形式の

数を，**分数**と呼びます。これにたいして，われわれが，いままで知っていた数は整数です。なお，この場合，a を**分子**，b を**分母**ということは，みなさん，ご存じでしょう。

さて，新しく数に仲間入りをしたこの分数は，どんな性質をもっているでしょう。それは，簡単です。$\frac{a}{b}$ は，a を b でわったものとして定められたのです。従って，それは，b をかけると a になる数です。すなわち，

$$\left(\frac{a}{b}\right)\times b=a$$

です。

新しい数が導入された場合には，もとから知っていた数と新しい数，および新しい数どうしの間の加減乗除の規則を，新しく定めなければなりません。

では，これから，その仕事にとりかかりますが，その前に，一つ，大事なことを注意しておきましょう。

もし，a が b でわりきれるときには，その答は，われわれが，いままで知っていた数で得られると申しました。従って，この場合には新しく分数 $\frac{a}{b}$ を考える必要はないのですが，記法の統一上，この場合にも，この記法をつかうものとします。たとえば，つぎの式で，

$$\frac{6}{3}=2 \quad \frac{6}{2}=3$$

6わる3は2であることを，$\frac{6}{3}$ は2である。また，6

わる2は3であることを，$\frac{6}{2}$は3である。というふうに，いうことがあります。

この約束によりますと，

$$\frac{a}{1}=a$$

です。

この$\frac{a}{1}$という形の分数は，aを1でわったもので，aを表わしているのです。それで，分数は，その特別な場合として，われわれが，いままでに知っていた整数をふくんでいるということができます。従って，これから考えようとする分数どうしの加減乗除は，いままでの整数の間の加減乗除の規則を，特別な場合としてふくんでいるものでなければなりません。

さて，いよいよ，分数どうしの間の計算の規則ですが，前にわり算の規則を定めたときのものを，そのまま，お手本として定めることにいたします。まず，つぎのように定めます。

$$\frac{-a}{b}=-\frac{a}{b} \qquad \frac{a}{-b}=-\frac{a}{b} \qquad \frac{-a}{-b}=\frac{a}{b}$$

これは，正の数と負の数の間のわり算のところで説明した式を，ただ分数の形で書いたにすぎません。みなさんに，分数にも正と負とがあることを知っていただきたかったので，ここに書いたのです。

さて，分数どうしのかけ算は，つぎのように定めます。

$$\left(\frac{a}{b}\right)\cdot\left(\frac{c}{d}\right)=\frac{a\cdot c}{b\cdot d}$$

つまり，二つの分数どうしをかけ合わせたものは，分子どうしをかけ合わせたものを分子とし，分母どうしをかけ合わせたものを分母とした分数が，答となるのです。

なぜこう定めるかという理由は，つぎの通りです。まず，上の式の左側に$b\cdot d$をかけてみますと，かけ算の交換法則と結合法則とによって，

$$\left(\frac{a}{b}\right)\cdot\left(\frac{c}{d}\right)\cdot b\cdot d=\left(\frac{a}{b}\right)\cdot b\cdot\left(\frac{c}{d}\right)\cdot d$$

$$=a\cdot c$$

となります。

つぎに，上の式の右側に$b\cdot d$をかけてみますと，これは分数の意味によって，

$$\frac{a\cdot c}{b\cdot d}\cdot b\cdot d=a\cdot c$$

となります。

さて，ここではbもdも0でないと考えていますから，$b\cdot d$も0ではありません。従って，このように，0でない同じものをかけると等しくなるような二つの数は，わり算の一意性によって，たがいに等《ひと》しいとしなければなりません。これが，

$$\left(\frac{a}{b}\right)\cdot\left(\frac{c}{d}\right)=\frac{a\cdot c}{b\cdot d}$$

ときめる理由です。

さて，ここで，$b=1$としてみますと，

$$\frac{a}{1}=a$$

ですから，上の式は，

$$a\cdot\frac{c}{d}=\frac{a\cdot c}{d}$$

となります。

また，$d=1$としてみますと，

$$\frac{c}{1}=c$$

ですから，上の式は，

$$\frac{a}{b}\cdot c=\frac{a\cdot c}{b}$$

となります。

これらの式は，整数と分数，または，分数と整数をかけるときの法則をあたえております。

すなわち，整数と分数，または，分数と整数をかける場合には，整数と，分数の分子とをかけたものを分子とし，もとの分数の分母を，そのまま分母とする分数をつくればよいというわけです。

さて，

$$\left(\frac{a}{b}\right)\cdot\left(\frac{c}{d}\right)=\frac{a\cdot c}{b\cdot d}$$

で，cとdを同じ数としてみますと，

$$\left(\frac{a}{b}\right)\cdot\left(\frac{c}{c}\right)=\frac{a\cdot c}{b\cdot c}$$

となりますが，

$$\frac{c}{c}=1$$

ですから，この式はさらに，

$$\frac{a\cdot c}{b\cdot c}=\frac{a}{b}$$

とも書けます。

このように，もし分数の分子と分母とが，両方ともある数 c でわりきれるならば，分子と分母を両方ともこの c でわってしまっても，分数の値そのものはかわらないのです。

このことをわれわれは，分数の分子と分母を c で**約す**といって，この計算を**約分**とよびます。

たとえば，

$$\frac{18}{30}=\frac{3\times6}{5\times6}=\frac{3}{5}$$

ですから，$\frac{18}{30}$ の分子と分母を 6 で約せば，すなわち約分をすれば，$\frac{3}{5}$ になるわけです。

$\frac{a}{b}$ があたえられている場合に，もし a と b とに共通な約数のうちでもっとも大きなもの，すなわち a と b の最大公約数をみつけてこれを約分すれば，$\frac{a}{b}$ はもっとも簡単な形になおされるわけです。このように，分数を，もうこれ以上約分できないという形になおした場合には，これを

既約《きやく》分数と呼びます。たとえば，上の $\dfrac{3}{5}$ は一つの既約分数です。

つぎに，分数どうしのわり算にうつりましょう。分数どうしのわり算は，

$$\left(\frac{a}{b}\right)\div\left(\frac{c}{d}\right)=\frac{\left(\dfrac{a}{b}\right)}{\left(\dfrac{c}{d}\right)}=\frac{a\cdot d}{b\cdot c}$$

と定めます。ただしここに，わる方の $\dfrac{c}{d}$ は0でないとします。0でわるというのは，われわれの規則の例外であったからです。

ところが，前にきめた分数どうしのかけ算の規則によりますと，

$$\left(\frac{a}{b}\right)\times\left(\frac{d}{c}\right)=\frac{a\cdot d}{b\cdot c}$$

ですから，上の規則は，

$$\left(\frac{a}{b}\right)\div\left(\frac{c}{d}\right)=\frac{a}{b}\times\left(\frac{d}{c}\right)=\frac{a\cdot d}{b\cdot c}$$

であると考えることもできます。

すなわち，**ある数を分数でわる場合には，そのわる分数の分子，分母を入れかえてかければよい**，とおぼえておいてよいわけです。

分数どうしのわり算を，なぜ上のように定めるかという理由は，もちろん，いままでの計算の規則をみださないよ

うにするためです。まず，前ページの最初の式のまんなかへ $\frac{c}{d}$ をかけてみますと，これはわり算の意味によって，

$$\frac{\left(\frac{a}{b}\right)}{\left(\frac{c}{d}\right)}\cdot\left(\frac{c}{d}\right)=\left(\frac{a}{b}\right)$$

となります。

つぎに，前ページの最初の式の右側へ，前と同じ $\frac{c}{d}$ をかけてみますと，上にきめたばかりの，分数どうしのかけ算の規則によって，

$$\begin{aligned}\frac{a\cdot d}{b\cdot c}\cdot\frac{c}{d}&=\frac{a\cdot d\cdot c}{b\cdot c\cdot d}\\&=\frac{a}{b}\end{aligned}$$

となります。

すなわち，前ページの最初の式のまんなかと右側は，同じ $\frac{c}{d}$ をかけると，いずれも $\frac{a}{b}$ となることがわかりました。従って，わり算の一意性から，これら二つの分数は等しいとするわけなのです。

さて，

$$\left(\frac{a}{b}\right)\div\left(\frac{c}{d}\right)=\frac{ad}{bc}$$

というわり算の規則で，$b=1$とおいてみますと，

$$\frac{a}{1}=a$$

ですから，

$$a \div \frac{c}{d} = \frac{ad}{c}$$

となります。これは，整数を分数でわるときの規則を表わしているのですが，分数でわることは，その分数の分子分母をとりかえた分数をかけることだ，ということを思いだせば，書くことができます。

つぎに，上のわり算の規則で，$d=1$とおきますと，

$$\frac{c}{1} = c$$

ですから，

$$\frac{a}{b} \div c = \frac{a}{bc}$$

となります。これは，分数を整数でわるときの規則を表わしているのですが，分数をある整数でわるときには，その整数を，わられる分数の分母にかければよいことを表わしています。

しかし，たとえば，

$$\frac{4}{7} \div 2$$

のような場合には，上の規則をそのままあてはめて計算しますと，

$$\frac{4}{7} \div 2 = \frac{4}{7 \times 2}$$

となりますが，この最後の答の分子分母は2でわれますから，

$$\frac{4}{7\times 2}=\frac{2}{7}$$

となります。

この計算をよく考えてみますと，$\frac{4}{7}\div 2$ を計算するのに，$\frac{4}{7}$ の分子 4 を，2 でわって，答を $\frac{2}{7}$ としたことになっています。

ですから，

$$\frac{a}{b}\div c$$

を計算する場合，もし，a が c でわりきれるならば，

$$\frac{a}{b}\div c=\frac{a}{bc}=\frac{a\div c}{b}$$

としてよいことがわかります。すなわち，分子の a を c でわったものを分子とし，もとの分母を分母とする分数が答になります。

では，こんどは，分数どうしのたし算にうつりましょう。$\frac{a}{b}$ と $\frac{c}{d}$ という二つの分数を加えたものは，

$$\frac{a}{b}+\frac{c}{d}=\frac{ad+bc}{bd}$$

であると定めます。これはやはり，いままでの計算の規則をみださないように，こう定めるのです。

実際，上の式の左側に，bd という零でない数をかけてみますと，

$$\left(\frac{a}{b}+\frac{c}{d}\right)bd=\left(\frac{a}{b}\right)bd+\left(\frac{c}{d}\right)bd$$

$$=\left(\frac{a}{b}\right)bd+\left(\frac{c}{d}\right)db$$

$$=ad+bc$$

となります。この式の変形で，第1行では配分法則を，第2行ではかけ算の交換法則と結合法則を，第3行では分数の意味をつかったことはおわかりでしょう。

つぎに，前ページの最後の式の右側に，bd という零でない数をかけてみますと，分数の意味によって，

$$\frac{ad+bc}{bd}\cdot bd=ad+bc$$

となります。

従って，前に書いた式は，両側に0でない同じ数をかけて等しくなったのですから，わり算の一意性が分数においてもなりたつためには，左右等しくならなければなりません。

つぎに，$\frac{a}{b}$ と $\frac{c}{d}$ という二つの分数どうしのひき算は，

$$\frac{a}{b}-\frac{c}{d}=\frac{ad-bc}{bd}$$

と定めます。その理由は，分数どうしのたし算のときと全然同様ですから，みなさん，一つ考えてみてください。

これで，分数どうしのかけ算，わり算，たし算，ひき算の規則が，全部定まったわけですが，いま，一つの特別な

場合として，分母がたがいに等しい二つの分数，

$$\frac{a}{b} \text{ と } \frac{c}{b}$$

とを加えるという問題を考えてみましょう。

これを，前の分数のたし算の規則をそのままあてはめ計算しますと，

$$\frac{a}{b}+\frac{c}{b}=\frac{ab+bc}{bb}=\frac{(a+c)b}{bb}=\frac{a+c}{b}$$

となります。すなわち，

$$\frac{a}{b}+\frac{c}{b}=\frac{a+c}{b}$$

となります。

まったく同じようにして，分母がたがいに等しい二つの分数のひき算は，

$$\frac{a}{b}-\frac{c}{b}=\frac{a-c}{b}$$

となります。

すなわち，分母がたがいに等しい二つの分数を加えたりひいたりするのには，分母をそのままとして，分子どうしを加えたりひいたりした分数をつくればよいということになります。

では，このことを頭において，もういちど，前の分数のたし算とひき算についての規則をふりかえってみましょう。

$\frac{a}{b}$ と $\frac{c}{d}$ を加えようとするとき，これらの分数の分母は，一般には等しくありません。

ところが，分数というものは，分子分母を同じ数でわってもその値はかわらないのですから，これから，分子分母に同じ数をかけてもその値はかわらないことがわかります。従って$\frac{a}{b}$の分子分母にdをかけますと，

$$\frac{a}{b}=\frac{ad}{bd}$$

同じように，$\frac{c}{d}$の分子分母にbをかけますと，

$$\frac{c}{d}=\frac{bc}{bd}$$

となります。こうしますと，二つの分数$\frac{a}{b}$と$\frac{c}{d}$とを，分母が等しい二つの分数になおすことができたわけです。

従って，

$$\frac{a}{b}+\frac{c}{d}=\frac{ad}{bd}+\frac{bc}{bd}=\frac{ad+bc}{bd}$$

となって，前のたし算の規則が得られます。

ひき算も，まったく同様でありまして，

$$\frac{a}{b}-\frac{c}{d}=\frac{ad}{bd}-\frac{bc}{bd}=\frac{ad-bc}{bd}$$

として，前の規則を求めることができます。

実際の計算にあたっては，規則をこのようにおぼえておくと便利です。たとえば，

$$\frac{1}{3}+\frac{2}{5}=\frac{5}{3\cdot5}+\frac{3\cdot2}{3\cdot5}=\frac{5}{15}+\frac{6}{15}=\frac{11}{15}$$

$$\frac{2}{3}-\frac{1}{2}=\frac{2\cdot2}{3\cdot2}-\frac{3}{3\cdot2}=\frac{4}{6}-\frac{3}{6}=\frac{1}{6}$$

というぐあいです。

しかし，つぎのような場合も起こります。

$$\frac{1}{6}+\frac{3}{8}=\frac{8}{6\cdot 8}+\frac{6\cdot 3}{6\cdot 8}=\frac{8}{48}+\frac{18}{48}=\frac{26}{48}=\frac{13}{24}$$

すなわち，前の規則の通りに計算しますと，答は $\frac{26}{48}$ となるのですが，この分子，分母から2が約されて，最後の答は $\frac{13}{24}$ となるのです。

ここで問題になりますのは，たとえば $\frac{1}{6}$ と $\frac{3}{8}$ を加える場合に，それらを，いつも分母が6かける8の分数になおさなければならないかということです。じつはこの場合は，もっと簡単な方法があります。すなわち，つぎのようにするのです。

$$\frac{1}{6}+\frac{3}{8}=\frac{4}{6\cdot 4}+\frac{3\cdot 3}{3\cdot 8}=\frac{4}{24}+\frac{9}{24}=\frac{13}{24}$$

この場合，24という共通の分母は，どうしてみつけたらよいのでしょう。それはじつは，6でも8でもわりきれる数，すなわち，6と8の公倍数のうちで，いちばん小さなもの，6と8の最小公倍数をみつければよいのです。

このように，二つの分数のたし算ひき算は，これらを，分母の最小公倍数を共通の分母にする分数になおしてすると，計算がひじょうにらくになります。こうすることを，これらの分数を**通分**《つうぶん》して，たし算，ひき算をするといいます。

では最後に，二つの分数 $\frac{a}{b}$ と $\frac{c}{d}$ の大小を比較する方法をお話ししておきましょう。

それには，まず，

$$\frac{a}{b}-\frac{c}{d}=\frac{ad-bc}{bd}$$

を計算します。そして，

$$\frac{a}{b}-\frac{c}{d}=\frac{ad-bc}{bd}>0 \text{ なら} \frac{a}{b}>\frac{c}{d}$$

$$\frac{a}{b}-\frac{c}{d}=\frac{ad-bc}{bd}=0 \text{ なら} \frac{a}{b}=\frac{c}{d}$$

$$\frac{a}{b}-\frac{c}{d}=\frac{ad-bc}{bd}<0 \text{ なら} \frac{a}{b}<\frac{c}{d}$$

と答えればよいのです。

さて，ここで，a，b，c，d を全部正の数として，さらに，

$$b=d$$

としてみます。そうしますと，

$$\frac{a}{b}-\frac{c}{b}=\frac{a-c}{b}$$

ですから，

$$a>c \text{ なら } \frac{a}{b}-\frac{c}{b}=\frac{a-c}{b}>0 \text{ 従って } \frac{a}{b}>\frac{c}{b}$$

$$a=c \text{ なら } \frac{a}{b}-\frac{c}{b}=\frac{a-c}{b}=0 \text{ 従って } \frac{a}{b}=\frac{c}{b}$$

$$a<c \text{ なら } \frac{a}{b}-\frac{c}{b}=\frac{a-c}{b}<0 \text{ 従って } \frac{a}{b}<\frac{c}{b}$$

となります。これから，

分母が同じ正の数で，分子がことなる正の数である二つの分数の大小は，その分子の大小と同じである，ということができます。

こんどは，

$$a=c$$

としてみますと，

$$\frac{a}{b}-\frac{a}{d}=\frac{ad-ab}{bd}=\frac{a(d-b)}{bd}$$

ですから，

$$b>d \text{ なら } \frac{a}{b}-\frac{a}{d}=\frac{a(d-b)}{bd}<0 \text{ 従って } \frac{a}{b}<\frac{a}{d}$$

$$b=d \text{ なら } \frac{a}{b}-\frac{a}{d}=\frac{a(d-b)}{bd}=0 \text{ 従って } \frac{a}{b}=\frac{a}{d}$$

$$b<d \text{ なら } \frac{a}{b}-\frac{a}{d}=\frac{a(d-b)}{bd}>0 \text{ 従って } \frac{a}{b}>\frac{a}{d}$$

となります。これから，

分子が同じ正の数で，分母がことなる正の数である二つの分数の大小は，その分母の大小と反対になる，ということができます。

さて，みなさん，どうです。分数のことがよくおわかりですか。なんだ，知っていることばかりしか，書いてないではないか，とおっしゃるかもしれません。みなさんは，きっと，分数のことは習ってしまったかたがたでしょうから，そんなふうに思われるのも，無理はありません。

しかしながら，私が，ここにお話し申しあげたいと思ったことは，みなさんが，もう，よくご存じの分数計算の規則が，なぜこのように定められたかということなのです。みなさんは，知っていることが書いてあるなあと思われても，どうして，このように定められたかが，よくわかるまで，考えていただきたいものと思います。

では，分数に関する問題を少し出しておきましょう。

問　　題

（1）つぎのかけ算をしなさい。

$\frac{1}{2}\times\frac{3}{5}$　　$\frac{1}{3}\times 2$　　$\frac{1}{6}\times 2$　　$3\times\frac{1}{5}$

$\frac{1}{6}\times\frac{3}{5}$　　$\frac{1}{7}\times\frac{3}{8}$　　$\frac{4}{7}\times\frac{3}{8}$　　$8\times\frac{1}{2}$

$\left(-\frac{1}{2}\right)\times\frac{1}{3}$　　$\frac{3}{5}\times\left(-\frac{1}{2}\right)$

$\left(-\frac{1}{6}\right)\times\left(-\frac{5}{7}\right)$　　$\left(-\frac{1}{8}\right)\times\frac{4}{5}$

（2）つぎのわり算をしなさい。

$\frac{3}{5}\div 3$　　$\frac{4}{9}\div 2$　　$\frac{8}{11}\div 4$　　$\frac{12}{13}\div 6$

$8\div\frac{4}{5}$　　$12\div\frac{5}{6}$　　$\frac{1}{3}\div\frac{1}{2}$　　$\frac{5}{8}\div\frac{2}{3}$

$\left(-\frac{4}{5}\right)\div 2$　　$\left(-\frac{6}{7}\right)\div\left(-\frac{3}{4}\right)$

$\frac{1}{3}\div\left(-\frac{1}{2}\right)$　　$\frac{5}{6}\div(-5)$

（3）つぎのたし算をしなさい。

$\frac{1}{5}+\frac{2}{5}$　　$\frac{2}{7}+\frac{4}{7}$　　$\frac{1}{8}+\frac{3}{8}$　　$\frac{3}{10}+\frac{7}{10}$

$\frac{1}{2}+\frac{1}{3}$　　$\frac{1}{5}+\frac{2}{7}$　　$\frac{1}{2}+\frac{1}{4}$　　$\frac{1}{3}+\frac{1}{6}$

$\frac{2}{5}+\frac{3}{7}$　　$\frac{1}{6}+\frac{1}{8}$　　$\frac{1}{4}+\frac{5}{12}$　　$\frac{1}{6}+\frac{2}{9}$

（4）つぎのひき算をしなさい。

$\frac{2}{3}-\frac{1}{3}$　　$\frac{4}{5}-\frac{2}{5}$　　$\frac{5}{9}-\frac{2}{9}$　　$\frac{9}{10}-\frac{5}{10}$

$\frac{1}{2}-\frac{1}{3}$　　$\frac{5}{7}-\frac{3}{5}$　　$\frac{5}{6}-\frac{2}{3}$　　$\frac{1}{3}-\frac{1}{6}$

$\frac{4}{7}-\frac{1}{5}$　　$\frac{1}{6}-\frac{1}{8}$　　$\frac{3}{4}-\frac{1}{12}$　　$\frac{5}{6}-\frac{1}{9}$

2　分数の歴史

だいぶ，長い間，むずかしいお話しがつづいたようです。ここらで一つ，肩《かた》のこらないお話しをいたしましょう。

そもそも，分数は，一体，だれが考えだしたものでしょう。分数は，なかなか，古い歴史をもっているのです。

世界で，もっとも早く文化のひらけた国の一つであるエジプトは，数学も早くから発達していました。しかし，これは数千年も昔のことで，当時のことを知るのは，とてもたいへんな仕事なのですが，さいわいなことに，エジプトの人たちは，彼らの数学をうかがい知ることのできるような数学の本を，われわれに残しておいてくれました。それは，エジプトの沼などに，昔，生えていたといわれるパピルスという草でつくった紙に書かれた本です。そのうち，もっとも有名なのは，イギリスのエジプト研究家，ヘンリー・リンドによって，西暦1850年に手に入れられたリンド・パピルスです。

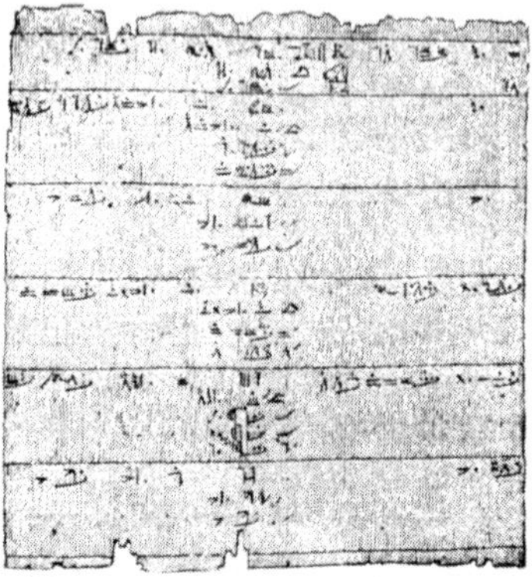

パピルスの第一ページ

このリンド・パピルスを開いてみますと，まず，分数のことが書

いてあるのです。エジプト人の数学は，すばらしいものであったと思われます。その第1ページに書いてある問題というのは，

2を3でわれ

というのです。

これは，分数を習った人には，何でもない問題ですね。答は $\frac{2}{3}$ です。

第2の問題は，

2を5でわれ

いうのです。みなさんは，これもわけなく，$\frac{2}{5}$ とお答えになるでしょう。ところが，エジプト人の答は，これとまるでちがうのです。エジプト人は，答は，$\frac{1}{3}$ に $\frac{1}{15}$ を加えたものだというのです。式に書いてみますと，

$$\frac{2}{5}=\frac{1}{3}+\frac{1}{15}$$

となります。では，この答が正しいかどうか，右側を通分して，加え合わせてみましょう。

$$\frac{1}{3}+\frac{1}{15}=\frac{5}{15}+\frac{1}{15}=\frac{6}{15}=\frac{2}{5}$$

答は，たしかに $\frac{2}{5}$ となります。では，エジプト人は，なぜ，こんなめんどうなことをいったのでしょう。

それは，エジプト人が，分数として，最初にあげた $\frac{2}{3}$

以外は，分子が1のものしか認めていなかったからです。

それならば，$\frac{2}{5}$を分子が1の分数の和にわけるのには，一体，どうしたらよいでしょう。

そんなことはわけはない，

$$\frac{2}{5}=\frac{1}{5}+\frac{1}{5}$$

としたらよいではないか，といわれるみなさんがあるかもしれませんが，エジプトの人たちは，

$$\frac{2}{5}=\frac{1}{3}+\frac{1}{15}$$

のように，$\frac{2}{5}$を，分子が1で，分母がちがう分数の和の形になおそうとしているのです。

それなら，$\frac{2}{5}$を，分子が1で，分母がちがう分数の和の形になおすためには，どんな手つづきをふんだらよいのでしょうか。

これは，エジプトの人たちが考えていた方法とは，おそらく同じではないと思いますが，ここに一つ，うまい方法があります。

$\frac{2}{5}$という問題を例にとりますと，まず，

$$\frac{2}{5}=\frac{1}{\frac{5}{2}}$$

というぐあいに，分子，分母を2でわりますと，分子は1となり，分母は $\frac{5}{2}$ となります。この $\frac{5}{2}$ は整数ではありません。この場合， $\frac{5}{2}$ よりも大きくて，しかも，これにいちばん近い整数をとります。それは3です。ここで，1を分子，3を分母とする分数を，もとの分数 $\frac{2}{5}$ からひきますと，

$$\frac{2}{5}-\frac{1}{3}=\frac{6}{15}-\frac{5}{15}=\frac{1}{15}$$

となります。そうすると，答はちょうど，運よく，分子が1の分数ですから，$\frac{2}{5}$ は，$\frac{1}{3}$ と $\frac{1}{15}$ という，分子が1で，分母がちがう分数の和になって，この問題は解決されたことになります。

この方法を，もっとはっきりするために，リンド・パピルスに書いてある第3番目の問題を考えてみましょう。それは，

2を7でわれ

というのです。われわれなら $\frac{2}{7}$ と答えますが，エジプト人は，やはりこれを，分子が1で，分母がちがう分数の和になおしています。では，前の方法で，われわれもやってみましょう。

$$\frac{2}{7}=\frac{1}{\frac{7}{2}}$$

と，$\frac{2}{7}$の分子分母を2でわりますと，分子は1，分母は$\frac{7}{2}$となります。そこで，$\frac{7}{2}$よりは大きくて，しかも，それにいちばん近い整数は4ですから，1を分子，この4を分母とする数，すなわち$\frac{1}{4}$を，もとの分数$\frac{2}{7}$からひいてみますと，

$$\frac{2}{7}-\frac{1}{4}=\frac{8}{28}-\frac{7}{28}=\frac{1}{28}$$

となります。こんども，運よく，答は$\frac{1}{28}$で，ちょうど分子が1の分数となりました。従って，

$$\frac{2}{7}=\frac{1}{4}+\frac{1}{28}$$

となり，$\frac{2}{7}$は分子が1で，分母がちがう分数の和になりました。実際，リンド・パピルスにも，この通りの答が書かれてあります。つぎに，その第4番目，第5番目の問題は，それぞれ，

$\frac{2}{9}$を，分子が1で，分母がちがう分数の和になおせ

$\frac{2}{11}$を，分子が1で，分母がちがう分数の和になおせ

というのです。みなさん，前の方法で，やってみてください。

第6番目の問題は，

$\frac{2}{13}$を，分子が1で，分母がちがう分数の和になおせ

という問題ですが，これは，私がやってみましょう。分子，分母を２でわって，

$$\frac{2}{13}=\frac{1}{\frac{13}{2}}$$

そこで，$\frac{13}{2}$ よりは大きくて，これにいちばん近い整数は７ですから，$\frac{2}{13}$ から $\frac{1}{7}$ をひきますと，

$$\frac{2}{13}-\frac{1}{7}=\frac{14}{91}-\frac{13}{91}=\frac{1}{91}$$

となって，答は $\frac{1}{91}$ です。従って，

$$\frac{2}{13}=\frac{1}{7}+\frac{1}{91}$$

となります。

ところで，リンド・パピルスには，どう答が書いてあるかと，のぞいてみますと，なんと，答はちがいます。それには，つぎのように書いてあります。

$$\frac{2}{13}=\frac{1}{8}+\frac{1}{52}+\frac{1}{104}$$

では，どちらの答が正しいのでしょう。

われわれが，前に考えた計算のためしをやってみてください。$\frac{1}{7}$ と $\frac{1}{91}$ を通分して加えてみればよいのですね。すると，$\frac{13}{91}$ と $\frac{1}{91}$ を加えることになって，$\frac{14}{91}$ となります。

ところがこれは分子，分母が7でわれますから，約分して$\frac{2}{13}$となり，われわれの計算は，たしかに合っています。

では，リンド・パピルスの方をためしてみましょう。

$$\frac{1}{8}+\frac{1}{52}+\frac{1}{104}=\frac{13}{104}+\frac{2}{104}+\frac{1}{104}=\frac{16}{104}=\frac{2}{13}$$

やはり，通分して計算してみますと，上のようになり，この答もたしかに合っています。これは，どうしたことでしょう。

しかし，答が，両方とも合っているのですから，不都合なことはありません。これは，答が2通りあることをしめしているにすぎないのです。しかしながら，私は，エジプト人が，一体，どんな方法で，このような答を出したのであるかは，残念ながら知りません。

問　題

（1）$\frac{2}{15}$，$\frac{2}{17}$，$\frac{2}{19}$，$\frac{2}{21}$を，それぞれ上の方法で，分子が1で，分母がちがう分数の和になおしなさい。

（2）$\frac{3}{5}$，$\frac{4}{7}$，$\frac{5}{9}$を，それぞれ上の方法で，分子が1で，分母がちがう分数の和になおしなさい。

第9章　小　　数

私は，いままでに，数の起こりからはじめて，自然数のたし算，かけ算，ひき算，わり算のお話しをし，つぎに，勝手な二つの自然数どうしの間で，ひき算がいつでもできるように，零および負の数という新しい数を導入し，さらに，勝手な整数を，0でない勝手な整数でわるという計算が，いつでもできるようにと，さらに分数という新しい数を仲間に入れたのでした。

さて，ここでお話ししようとする**小数**は，こういう意味ではべつに新しい数ではなく，前の章でお話しした分数の応用になっているものです。たとえば，

$$0.125$$

のような記号で書かれた小数を考えてみましょう。その意味は，もうみなさん，ご存じでしょう。つまり，

$$0.125=\frac{1}{10}+\frac{2}{100}+\frac{5}{1000}$$

というように，0点のつぎの1は，$\frac{1}{10}$が一つあることをしめし，そのつぎの2は，$\frac{1}{100}$が二つあることをしめし，さらにつぎの5は$\frac{1}{1000}$が五つあることをしめすものですから，0.125は$\frac{1}{10}$と$\frac{2}{100}$と$\frac{5}{1000}$を加えたものを表わしているのでした。

すると，これは，いわゆる位取り記数法です。

いままでの位取り記数法によれば，単に１，２，５と，三つの数字をならべて書けば，

$$125=100\times 1+10\times 2+5$$

というように，最後の５は１の位を，すなわち，１が５あることを，中の２は10の位を，すなわち，10が２あることを，最初の１は，100の位を，すなわち，100が１あることを，それぞれしめているのでした。

すなわち，いちばん右に書かれた数字から左へいくに従って，その10倍，100倍と大きな位をしめしているのでした。このように，ただ数字の書かれた位置だけによって，その位をしめすのが，いわゆる位取り記数法の特色でした。

われわれが，いま考えている小数の書き方も，この位取り記数法の応用になっているのです。つまり，前の0.125ですと，０点のところは，普通の１の位をしめし，この１の位から左へいけば10倍，100倍をしめすのでしたが，こんどは右へいきますと，$\frac{1}{10}$，$\frac{1}{100}$をしめすと考えるのが，小数記法の考え方なのです。従って，0.125における０点のつぎの１は$\frac{1}{10}$，つぎの２は$\frac{2}{100}$，つぎの５は$\frac{5}{1000}$を表わすことは，おわかりでしょう。

このように小数というものは，じつは，分数の和をしめしているのにすぎないことがわかれば，これらをまとめて，一つの分数になおすこともできるはずです。

すなわち，

$$0.125=\frac{1}{10}+\frac{2}{100}+\frac{5}{1000}=\frac{100}{1000}+\frac{20}{1000}+\frac{5}{1000}=\frac{125}{1000}=\frac{1}{8}$$

と，0.125を分数の和になおして，通分した上で，計算しますと，$\frac{1}{8}$となります。

このように，小数は，それが，有限個の数字をならべたものであるかぎり，これを分数の形に書きかえることができるものです。

では，逆に，$\frac{1}{8}$という分数を小数に書きかえるには，どうしたらよいでしょう。それには，

$$\frac{1}{8}=\left(\frac{10}{10}\right)\div 8=\frac{1}{10}+\left(\frac{2}{10}\right)\div 8$$

$$\left(\frac{2}{10}\right)\div 8=\left(\frac{20}{100}\right)\div 8=\frac{2}{100}+\left(\frac{4}{100}\right)\div 8$$

$$\left(\frac{4}{100}\right)\div 8=\left(\frac{40}{1000}\right)\div 8=\frac{5}{1000}$$

$$\therefore\quad \frac{1}{8}=\frac{1}{10}+\frac{2}{100}+\frac{5}{1000}=0.125$$

と，まず，$\frac{1}{8}$の分子1を$\frac{10}{10}$と考えて，これを8でわります。それには，分子の10を8でわればよいのですから，答は1で，2が残ります。これが第1式です。

つぎに，残りの2は$\frac{2}{10}$を表わしているのですから，こ

んどは，これを８でわらねばなりません。そこで，これを$\frac{20}{100}$と思いなおし，これを８でわります。それには，分子の20を８でわればよいのです。

答は２で，４が残ります。これが第２式です。

そこで，この残りの４は，$\frac{4}{100}$なのですから，$\frac{40}{1000}$と考え，また，これを８でわりますと，ちょうど，分子がわりきれて５となります。そして第３式を得ます。これで$\frac{1}{8}$をはじめから考えれば，第４式を得るわけで，$\frac{1}{8}$を小数になおすことができました。みなさんは，こんなめんどうなことをしないで，つぎのようにするがなあ，といわれるかもしれません。もちろん，その方法でよいのです。しかし，この二つの方法をよくくらべてみれば，それが，全然，同じことをしていることに気づかれるでしょう。

$$\begin{array}{r@{\,}l}
 & 0.125 \\
8 \,\big) & 1.0 \\
 & \underline{\;8\;\;\;\;} \\
 & \;\;20 \\
 & \;\;\underline{16\;\;} \\
 & \;\;\;\;40 \\
 & \;\;\;\;\underline{40} \\
 & \;\;\;\;\;\;0
\end{array}$$

上のようにして，$\frac{1}{8}$は，うまく小数になおせました。

では，どんな分数でも，これを小数になおすことができるでしょうか。たとえば，$\frac{1}{3}$を例にとって，前の方法で，

1を3でわっていきますと，

$$\frac{1}{3}=0.33333\cdots\cdots\cdots$$

となって，いつまでいっても，3がつぎつぎに出てきて，おわりというものがありません。そこで，適当なところで3を書くのをやめて，あとは，3がどこまでもつづくことをしめすのに，点々で書いてしめすことにします。

このように，おわりのない，どこまでもつづいた小数のことを，**無限小数**と呼びます。

しかし，ここにでてきた無限小数では，0点以下の数字は同じものがくり返されて，じつに規則正しくならんでいるのです。

すなわち，0点の後に3ばかりがならんでいるのです。このような小数を，われわれは，**循環小数**と呼びます。

このとき，同じ数字を，つづけてていねいに書くのは，大変ですから，ふつうは，最初の3の上へ点をうち，3がくり返し現われることをしめします。たとえば，下の通りです。

$$0.\dot{3}=0.333333\cdots\cdots$$

では，勝手な分数をとって，これを小数になおそうとした場合，これが無限につづくなら，いつも循環小数になるでしょうか。例として，$\frac{1}{7}$を小数になおす計算をしてみますと，

$$
\begin{array}{rl}
 & 0.1428571 \\ \cline{2-2}
7\,) & 1.0 \\
 & \underline{\ 7} \\
 & \ 30 \\
 & \underline{\ 28} \\
 & \ 20 \\
 & \underline{\ 14} \\
 & \ 60 \\
 & \underline{\ 56} \\
 & \ 40 \\
 & \underline{\ 35} \\
 & \ 50 \\
 & \underline{\ 49} \\
 & \ 10 \\
 & \underline{\ 7} \\
 & \ 30
\end{array}
$$

となり，従って，

$$\frac{1}{7}=0.1428571428571\cdots\cdots$$

ですから，この場合も，小数点以下，7桁目から，また，前の数字の配列，142857がなんどもくり返されて出てきます。

これを表わすのに，われわれは，

$$\frac{1}{7}=0.\dot{1}4285\dot{7}$$

のようにして，点の間の数字がくり返されていることをしめします。

では，ここで，なぜ，このように，同じ数字の配列が現われるようになったかを考えてみましょう。

それには，前の計算で，横に棒をひいて，上からひいて出てくる残りの数をみてください。3，2，6，4，5，1，3，……となっていますね。これらの数は，いずれもわる数7よりは小さな数です。なぜといって，これらは，7でわった残りだから，7より小さくなければならないのは，当然でしょう。

すると，7より小さな数3，2，6，4，5，1，3，……等が順々に出てくるのですから，いつか，必ず，同じ残りが出てくるのも，当然でしょう。

もし，いちど前に出てきた数が現われれば，それから先は，同じ計算をくり返すだけです。上の場合には，6番目に，また，1という残りが出てきました。これは，いちばん先に出ていた数ですから，これから先は，同じ計算をくり返すことになります。

このように，分数を小数になおす場合には，有限小数になる場合と，無限小数になる場合とがあること，しかも，無限小数になる場合には，それが，必ず，循環小数になることがわかりました。

では，小数を分数になおすという問題は，どうでしょう。もしあたえられた小数が，有限のところできれていれば，わけはありません。たとえば，

$$0.25=\frac{2}{10}+\frac{5}{100}=\frac{20}{100}+\frac{5}{100}=\frac{25}{100}=\frac{1}{4}$$

というぐあいに，小数自身の意味によって，上のようにやればよいのです。問題は，あたえられた小数が，無限につづく循環小数の場合です。たとえば，

$$0.33333\cdots\cdots$$

のような循環小数があたえられた場合，これを分数になおすことを考えましょう。答は $\frac{1}{3}$ とすぐおわかりになるかもしれませんが，どうして，この $\frac{1}{3}$ をみつけるかが，大切なことです。

それには，基本になる循環小数のことを，少しく学ばねばなりません。

まず，$\frac{1}{9}$ という分数を小数になおすことを考えてみますと，

$$\frac{1}{9}=0.11111\cdots\cdots$$

と，1ばかり無限にならんだ循環小数になることは，すぐおわかりでしょう。

このことさえよく知っていれば，0点の後へ，同じ数字ばかりならんでいる循環小数を，分数になおすことは，わけなくできます。たとえば，

$$0.33333\cdots\cdots=0.11111\cdots\cdots\times 3$$

$$=\frac{1}{9}\times 3=\frac{1}{3}$$

というぐあいに，$0.33333\cdots\cdots$は，$0.11111\cdots\cdots$という循環小数の3倍と考えられます。ところが，$0.11111\cdots\cdots$は，$\frac{1}{9}$ なのですから，求めるものは $\frac{1}{9}$ の3倍，つまり，$\frac{1}{3}$

となるわけです。

では，

$$0.1212121212\cdots\cdots$$

のような循環小数を分数になおすときは，どうしたらよいでしょう。

このような場合も，基本になる循環小数を一つ知っていればよいのです。すなわち，$\dfrac{1}{99}$という分数を考えてみてください。これを小数になおしてみますと，つぎのようになります。

$$\frac{1}{99}=0.0101010101\cdots\cdots$$

ですから，これさえ知っていれば，数字が二つずつ組になってくり返され出てくる循環小数は，全部，うまく，分数になおすことができます。

たとえば，前の例ですと，

$$\begin{aligned}&0.1212121212\cdots\cdots\\&=0.0101010101\cdots\cdots\cdots\times 12\\&=\frac{1}{99}\times 12=\frac{12}{99}=\frac{4}{33}\end{aligned}$$

というぐあいに考えればよいのです。

それならば，つぎのように三つの数字が，組になってくり返されている循環小数はどうしたらよいでしょう。

$$0.123123123\cdots\cdots$$

これは，前の二つがよくわかった方には，もう説明の必要もないでしょう。

それには，基本的な循環小数として，

$$\frac{1}{999}=0.001001001\cdots\cdots$$

をとります。これから先どうするかは，もう説明の必要はありますまい。

では，こんどは，応用として，

$$0.345454545\cdots\cdots$$

を分数になおせ，という問題を考えてみましょう。

この問題は，0点のつぎの3は循環せず，そのつぎにつづく45という数が循環しています。従って，上へ点をうつという書き方で，問題を書きなおしますと，

$$0.3\dot{4}\dot{5}$$

を分数になおせ，となります。

このような問題を解くためには，まず，これを循環しない部分と，循環する部分とにわけてみます。すなわち，

$$\begin{aligned}0.3\dot{4}\dot{5}&=0.3+0.0\dot{4}\dot{5}\\&=0.3+0.045454545\cdots\cdots\end{aligned}$$

としてみます。0.3を分数になおすのは，

$$0.3=\frac{3}{10}$$

と，わけはありません。問題は，

$$0.045454545\cdots\cdots$$

を分数になおすことです。それには，この数を45でわった，

$$0.001010101\cdots\cdots$$

が，分数になおせればよいわけです。ところが，

$$\frac{1}{99}=0.01010101\cdots\cdots$$

であることを，すでに知っていますから，0.001010101……は，

$$\frac{1}{990}=0.001010101\cdots\cdots$$

であることは，すぐ，気がつきましょう。従って，

$$\begin{aligned}&0.045454545\cdots\cdots\\&=0.001010101\cdots\cdots\times 45\\&=\frac{1}{990}\times 45=\frac{1}{22}\end{aligned}$$

となります。それで，けっきょく，これは，

$$\begin{aligned}&0.345454545\cdots\cdots\\&=0.3+0.045454545\cdots\cdots\\&=\frac{3}{10}+\frac{1}{22}=\frac{19}{55}\end{aligned}$$

となって，ここに，0.345454545……という循環小数を，分数になおすことができたことになります。

これで，われわれは，分数は，有限のところできれる小数か，または循環小数で表わされ，逆に，有限のところできれる小数か，循環小数は，これを必ず分数になおすことができるという分数と小数との関係を，よく理解することができました。

ところが，われわれが，前に学んだ整数も，分母が1の

分数と考えられるのですから，いままで学んだ数は，全部，有限のところできれる小数か，循環小数で表わされ，逆に，有限のところできれる小数か，循環小数は，整数か，または，分数にかぎることがわかります。このような，いままで，われわれの知っていた数，すなわち，整数と分数とをまとめて，**有理数**と呼びます。従って，有理数は，必ず，有限小数，または，循環小数で表わされ，有限小数，または，循環小数で表わされる数は，必ず有理数です。

　では，無限であって，しかも循環しない小数というものが，はたしてあるでしょうか。それについては，つぎの章でお話しすることにいたします。

問　　題

つぎの循環小数を分数になおしなさい。

$0.\dot{5}$　　$0.\dot{2}\dot{1}$　　$0.\dot{3}2\dot{1}$

$0.1\dot{6}$　　$0.23\dot{4}$　　$0.8\dot{1}5\dot{6}$

第10章　無　理　数

われわれが，前章までに学んだ数は，全部有理数と呼ばれるものでした。すなわち，有理数とは，整数と分数のことでした。ちがういい方をすれば，有限小数，または，循環小数で書かれる数のことでした。たとえば，

$$3,\qquad -5,\qquad 0,\qquad -1.36$$

$$2.303030\cdots,\qquad -25.467467\cdots,\qquad \frac{2}{3}=0.666\cdots,$$

などは，いずれも有理数でした。

では，無限小数であって，しかも，有理数でない，つまり，循環小数でない数があるでしょうか。それはあるのです。たとえば，みなさんのよく知っていられる円周率，

3.141592653589793238462643383
279502884197169399375105820
974944592307816406286208998
628034825342117067982148086
513282306647093844609550582
231725359408128481117450284
102701938521105559644622948
954930381964428810975665933
446128475648233786783165271
201909145648566923460348610……

は，循環小数にはならないのです。これは，シャンクスという人が，707桁まで計算し，さらにアメリカで電気計算機を用いて2000余桁まで計算された円周率の値の，前の方を書いてみたのです。しかしみなさんは，もっと，何千桁，何万桁も計算すれば，循環するかもしれないではないか，といわれるかもしれません。そうです。ですから，何らかの方法で，これが循環小数でない，すなわち，分数の形には書けないということを証明しなければ，いくら計算をしてみても，円周率が有理数でないことを主張するのに十分ではありません。

この証明をするには，ひじょうに高等な数学を必要とするのです。ですから，ここでは，もっと他の数をとって，それが循環小数にならないこと，すなわち，有理数にならないことを証明してごらんにいれましょう。

まず，つぎの図をみてください。これは，直角をはさむ2辺の長さが，いずれも，1であるような直角三角形，つまり，色をつけた三角形の斜辺，すなわち，直角にたいする辺の上へ，一つの正方形を画《か》いた図です。この図をみれば，すぐ正方形の面積は，色をつけた直角三角形の4倍になっていることに気づかれるでしょう。

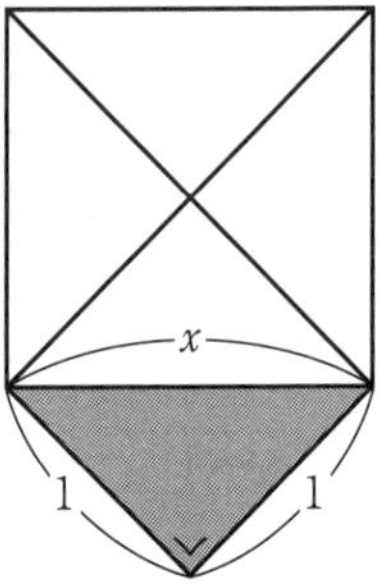

この色をつけた三角形の面積を考えてみましょう。これは，高さが1，底辺が1の三角形の面積と考えられ

ますから，底辺と高さとをかけたものの半分，すなわち，1かける1の半分で，この三角形の面積は，$\frac{1}{2}$です。

つぎに，正方形の面積を考えましょう。いま，この正方形の1辺の長さをx《エックス》としますと，その面積は，xかけるx，すなわちx^2です。従って，x^2は$\frac{1}{2}$の4倍，すなわち，

$$x^2 = 2$$

となります。

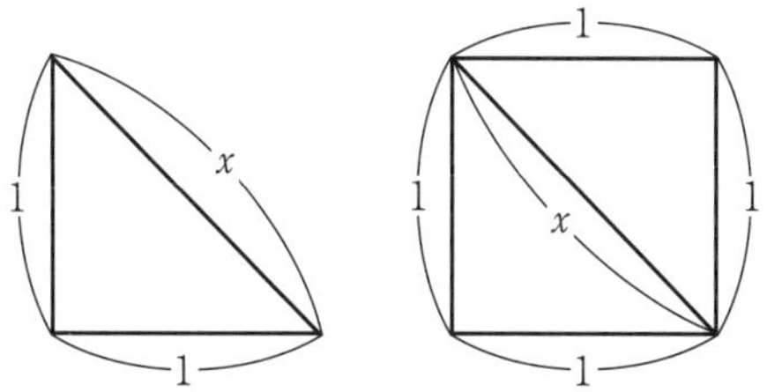

けっきょく，われわれは，直角をはさむ2辺の長さが，いずれも1であるような直角三角形をかけば，その斜辺の長さxは，その2乗が2となるような数で表わされる，ということがわかりました。

または，1辺の長さが1であるような正方形をかけば，その対角線の長さxは，ちょうど2乗すれば，2となるような数で表わされる，ともいうことができます。

では，このような数が，いままで，われわれの知っていた数の世界に存在するでしょうか。これを考えてみましょう。

xは1でしょうか。いいえ，1を2乗しても1ですから，xは1より大きい数です。では，2でしょうか。いや，2の2乗は4となってしまい，2では大きすぎます。つまり，

$$1^2=1 \qquad x^2=2 \qquad 2^2=4$$

ですから，

$$1<x<2$$

すなわち，xは，1と2との間の数であることがわかりました。では，1.1でしょうか。いや，それでは2乗しても，

$$(1.1)^2=1.21$$

で，2になりません。1.2も1.3も，2乗しても，

$$(1.2)^2=1.44$$

$$(1.3)^2=1.69$$

で，まだ2になりません。1.4を2乗しても，

$$(1.4)^2=1.96$$

で，まだ2になりません。しかし，1.5を2乗しますと，

$$(1.5)^2=2.25$$

となって，2をこしてしまいます。

従って，

$$1.4<x<1.5$$

すなわちxは，1.4と1.5の間にある数であることがわかりました。

この方法をつづけて，xがどんな数であるかを，だんだんにしらべてみましょう。

まず，

$$(1.41)^2=1.9881$$

$$(1.42)^2=2.0164$$

ですから，

$$1.41<x<1.42$$

となって，x は小数点以下 2 桁目まで，おいつめられました。

つぎに，

$$(1.411)^2=1.990921$$
$$(1.412)^2=1.993744$$
$$(1.413)^2=1.996569$$
$$(1.414)^2=1.999396$$
$$(1.415)^2=2.002225$$

ですから，　$1.414<x<1.415$

となって，x は小数点以下第 3 桁目まで，おいつめられました。

もう一つやってみましょう。

$$(1.4141)^2=1.99967881$$
$$(1.4142)^2=1.99996164$$
$$(1.4143)^2=2.00024449$$

ですから，　$1.4142<x<1.4143$

となって，こんどは，x は小数点以下第 4 桁までおいつめられました。

それなら，こうして，この方法を根気よくつづけていけば，x の値は，きちんと，小数点以下何桁かでとまって，うまく求められるでしょうか。

ところが，そうはいかないのです。なぜなら，もしそういうことがあったとすれば，その最後の数字は 1，2，3，4，5，6，7，8，9 のどれかであるはずです。なぜなら，最後の数字が 0 だということはないからです。

最後の数字が，1，2，3，4，5，6，7，8，9のどれかであれば，これを2乗して得られる数の最後の数字は，つぎの表でわかりますように，

$$(\cdots 1)^2=\cdots 1 \quad (\cdots 2)^2=\cdots 4 \quad (\cdots 3)^2=\cdots 9$$
$$(\cdots 4)^2=\cdots 6 \quad (\cdots 5)^2=\cdots 5 \quad (\cdots 6)^2=\cdots 6$$
$$(\cdots 7)^2=\cdots 9 \quad (\cdots 8)^2=\cdots 4 \quad (\cdots 9)^2=\cdots 1$$

1，4，9，6，5，6，9，4，1のいずれかでなければなりません。これでは，2乗した数が，2という整数になるはずはありません。

こういうわけで，xの計算は，小数点以下，どこまでいってもおわりません。つまり，xは無限小数で表わされるわけです。

すると問題は，この無限小数が，循環するか，どうかです。もし，循環すれば，分数の形で表わされるはずです。

ところが，xは，循環小数にはならないのです。従って，分数の形には書けません。これを証明するために，もし，xが，分数で書かれたとすれば，どんなことが起こるかをしらべてみましょう。

いまxは，

$$x=\frac{a}{b}$$

と，きっちり$\frac{a}{b}$に等しくなったとしましょう。もちろん，ここにaもbも整数で，$\frac{a}{b}$は既約分数とします。いま上の式を2乗しますと，

$$x^2 = \frac{a^2}{b^2}$$

さて，x は，2 乗すると，ちょうど 2 になる数なのです。すなわち，

$$2 = \frac{a^2}{b^2}$$

ですから，この式の両方に b^2 をかけてみますと，

$$2b^2 = a^2$$

となります。すなわち，a^2 は $2b^2$ に等しくなければならぬことがわかります。この $2b^2$ は，ある整数の 2 倍ですから，たしかに偶数です。従って a^2 もまた偶数でなければなりません。

では，a^2 が偶数なら，a 自身は，一体，偶数でしょうか。それとも奇数でしょうか。

それには，つぎの表をみてください。

$1^2 = 1$	$2^2 = 4$	$3^2 = 9$	$4^2 = 16$
$5^2 = 25$	$6^2 = 36$	$7^2 = 49$	$8^2 = 64$
$9^2 = 81$	$10^2 = 100$	$11^2 = 121$	$12^2 = 144$
$13^2 = 169$	$14^2 = 196$…………		

偶数の 2 乗はいつも偶数，奇数の 2 乗はいつも奇数でしょう。すると，a^2 が偶数なら，a 自身も偶数でなければなりません。そして，a が偶数なら，a は，ある数の 2 倍になっていなければなりません。

そこで，このある数を c と書くことにすれば，

$$a = 2c$$

です。この式の両方を２乗してみますと，

$$a^2=4c^2$$

となります。ところが，この a^2 は，

$$a^2=2b^2$$

と，$2b^2$ に等しかったのです。ところが，他方，

$$a^2=4c^2$$

でもあるというのですから，これから，

$$2b^2=4c^2$$

すなわち，

$$b^2=2c^2$$

が得られます。

さて，ここでまた，前と同じ論法を使います。

すなわち，$2c^2$ は偶数ですから，従って，b^2 も偶数となり，従って，b は偶数でなければなりません。すると，a も b も，偶数ということになりました。しかし，これは変です。なぜかといいますと，われわれは，

$$x=\frac{a}{b}$$

とおいたとき，$\frac{a}{b}$ を既約分数であると約束したのでした。それなのに，もし，a も b も，偶数になってしまいますと，分子，分母が２で約せることになり，はじめの約束とちがってしまいます。

こんな変なことは，２乗すれば，２になるという数 x が，$\frac{a}{b}$ という既約分数の形に書けると，かりに定めたところから起こったのです。従って，

x は整数分の整数という分数の形に書けない，
ということが証明されたことになります。

このような循環しない無限小数というものを考えに入れますと，われわれのいままで知っていた有理数でない数が出てきたことになります。このような数をわれわれは，**無理数**と呼んでいます。それで，2乗すれば2になるという数 x は，一つの無理数であるわけです。

このような数を，われわれは$\sqrt{2}$という記号で表わして，**平方根2**と呼びます。もっとも，$-\sqrt{2}$もまた，2乗すれば2となり，これも，立派な負の無理数です。

最後に，一つ問題が起こります。それは，いままでわれわれの知っていた有理数どうしの間のたし算，かけ算，ひき算，わり算の規則は，ちゃんと，うまく定められていたのでした。そこへまた，無理数という新しい数をつけ加えた場合に，はたして，有理数と無理数，無理数と無理数との間の計算の規則を，いままでの規則をこわさないように定めることができるだろうか，という問題です。

これは，数学でも，なかなか重大な問題でした。無理数にはじめて気がついたのは，あのピタゴラスですが，彼をはじめ，多くの学者たちは，ほとほと，この無理数をもてあましていました。そして長い間，無理数の問題は，多くの数学者の頭を悩ましつづけてまいりました。

この無理数が，じつは，立派な数であって，これを，どんなふうに取り扱えばよいかを，はっきりしめしたのは，デデキントという学者です。

それは，西暦1858年のことでした。しかし，残念ながら，これは，みなさんにお話しするのには，むずかしすぎる問題です。私は，みなさんに，こんな問題があるということをお話ししただけで，満足しなければなりません。

第11章　複　素　数

1　一次方程式

この章では，いままでとちょっとおもむきをかえて，最初につぎの問題を考えてみましょう。すなわち，

ある数から，３をひいたら５になった。ある数はいくつか，というのです。

なーんだ，やさしいじゃないか，ある数から３をひいたら５になったというのなら，ある数は，

$$5+3=8$$

で，８じゃないか，といわれる諸君があるかもしれません。そうです，たしかにやさしい問題で，答は上の通りでよいわけです。

しかし，つぎのような考え方はないでしょうか。すなわち，いま，まだわからないある数を x《エックス》 という文字で表わすことにしますと，問題は，x から３をひいたら５になった，といっているのですから，そのことを式に書きますと，

$$x-3=5$$

となります。そして問題は，ある数，すなわち x はいくつか，ときいているのです。

そこで，x ははたしていくつであるかをみつけるために，上の式の等号＝の左右に，同じ３を加えてみますと，

$$x=5+3$$

$$x=8$$

となって，ある数 x は8であることがわかります。

同じ要領で，つぎの問題はどうでしょう。

ある数に，3を加えたら5になった。ある数はいくつか。

前と同じように，ある数を x で表わしますと，問題は，x に3を加えたら5になった，すなわち，

$$x+3=5$$

となった，x はいくつか，ときいているのです。

そこで，こんどは，等号＝の左右から，同じ3をひいてみますと，

$$x=5-3$$

$$x=2$$

となって，ある数 x は2であることがわかります。

さらに，つぎの問題はどうでしょう。

ある数に，5を加えたら，5になった。ある数はいくつか。

前と同じように，ある数を x で表わしますと，問題は，x に5を加えたら5になった，すなわち，

$$x+5=5$$

となった，x はいくつか，ときいているのです。

そこで，等号＝の左右から，同じ5をひいてみますと，

$$x=5-5$$

となります。ここで，もし，

1, 2, 3, 4, 5, 6, 7, …………

という自然数しか知らない人であったら，前ページのひき算はできないというところですが，みなさんのように，もう0という数も知っている人であれば，前ページの式から，

$$x=0$$

従って，ある数は0である，と答えることができるはずです。

さらにもう一つ，つぎの問題はどうでしょう。

ある数に，9を加えたら，5になった。ある数はいくつか。

これも前と同じように，ある数をxで表わしますと，問題は，xに9を加えたら，5になった，すなわち，

$$x+9=5$$

となった，xはいくつか，ときいているのです。

そこで，等号＝の左右から，同じ9をひいてみますと，

$$x=5-9$$

となります。ここで，もし，

0，1，2，3，4，5，6，7…………

という，0と自然数しか知らない人であったら，上のひき算はできないというところですが，みなさんのように，もうマイナスの数も知っている人であれば，上の式から，

$$x=-4$$

従って，ある数は−4である，と答えることができるはずです。

さて，以上例をあげました，

$$x-3=5,\quad x+3=5,\quad x+5=5,\quad x+9=5$$

などのなかに現われてくる，まだわからない数 x のことを**未知数**，このように未知数をふくむ式のことを**方程式**とよんで，方程式から未知数の値をみいだすことを，方程式をとくといいます。

プラス，零，マイナスの整数をすでに知っていられるみなさんは，前ページのような形の方程式は，いつでもとくことができるわけです。

では，もう少し，方程式をとく練習をつづけてみましょう。つぎの問題はどうですか。

ある数の，３倍から２をひいたら，７になった。ある数はいくつか。

例によって，ある数を x で表わしますと，問題は，x の３倍から２をひいたら７になった，すなわち，

$$x\times3-2=7$$

となった，x はいくつか，ときいているのです。

わたくしは，この本のなかで，$a\times b$ のことを，ab と書くこともある，と申しました。従って，$x\times3$ のことを，$x3$ とかいてもよいわけですが，このような場合には，x と３の順序をかえて，$3x$ と書くのがふつうです。この書き方で，上の式を書きかえてみますと，

$$3x-2=7$$

となります。

さて，ここで，まだ知られていない数 x を求めるために，すなわち上の方程式をとくために，等号＝の左右に同じ２を加えてみますと，

$$3x=7+2$$

$$3x=9$$

となります。ここで，またもや等号＝の左右を同じ 3 でわりますと，

$$x=3$$

となって，ある数は 3 であることがわかります。

もう一つやってみましょう。

ある数の，3 倍に 4 を加えたら，6 になった。ある数はいくつか。

例によって，ある数を x で表わしますと，問題は，x の 3 倍に 4 を加えたら 6 になった，すなわち，

$$3x+4=6$$

となった，x はいくつか，ときいているのです。

そこで，上の方程式の等号＝の左右から，同じ 4 をひいてみますと，

$$3x=6-4$$

$$3x=2$$

となります。ここでさらに，等号＝の左右を，同じ 3 でわりますと，

$$x=2\div 3$$

となりますが，もし，

$$\cdots\cdots\cdots -3,\ -2,\ -1,\ 0,\ 1,\ 2,\ 3,\ \cdots\cdots\cdots$$

という，プラス，零，マイナスの整数しか知らない人であったならば，上のわり算はできない，というところでしょうがみなさんのように，もう分数のことも知っている人で

あれば，前ページの式から，

$$x=\frac{2}{3}$$

として，ある数は $\frac{2}{3}$ であると，答えることができるはずです。

さて，以上にあげました，

$$x-3=5, \quad x+3=5, \quad x+5=5, \quad x+9=5,$$
$$3x-2=7, \quad 3x+4=6$$

などの形の方程式を，わたくしたちは，**一次方程式**とよびます。

みなさんはもう，正，零，負の分数，すなわち，有理数の範囲で，この一次方程式がとけるはずです。つぎに少し問題を出しておきますから，やってごらんなさい。

問　　題

つぎの方程式をといてごらんなさい。

$$x+5=9 \quad x-7=4 \quad x+8=2 \quad x+3=1$$
$$3x+9=12 \quad 3x-1=11 \quad 2x+7=8 \quad 5x-1=3$$

さて，いままでお話ししてきました方程式のなかには，未知数は一つしかはいっておりませんでした。このような方程式のことを，われわれは**一元方程式**とよびます。

しかし，方程式のなかには，未知数が，二つ，またはそれ以上はいっていることもあるのです。そのような例をあげてみましょう。

鶴と亀があわせて10匹います。そして，その足の数はあわせて32本です。鶴と亀は，それぞれ何匹ずつでしょう。

いま，鶴が x 匹，亀が y 匹いるとしますと，あわせて10匹ですから，

$$x+y=10$$

となります。つぎに，

鶴の足の数は　$x\times 2$，すなわち　$2x$

亀の足の数は　$y\times 4$，すなわち　$4y$

で，あわせて32本ですから，

$$2x+4y=32$$

となります。従って，けっきょく，われわれは，

$$\begin{cases} x+y=10 \\ 2x+4y=32 \end{cases}$$

となるような，x と y を求めればよいわけです。

このように，x，y という，二つの未知数をふくんだ方程式の組のことを，われわれは，**連立二元方程式**とよびます。

さて，このような方程式をとくのには，いろいろな方法が考えられるでしょうが，つぎのようなのも，おもしろい方法です。

まず，第1の式の，等号＝の左右を，同じように4倍したものと，第2の式とをならべて書きますと，

$$4x+4y=40$$
$$2x+4y=32$$

となります。ここで，これらの式の，左側は左側，右側は

右側でひき算しますと，

$$2x=8 \qquad x=4$$

となって，鶴は4匹であることがわかります。つぎに，

$$x+y=10$$

の x は，4であるというのですから，これから，

$$4+y=10$$

従って，

$$y=10-4 \qquad y=6$$

となって，亀は6匹であることがわかります。

では，連立二元方程式の問題を少し書いておきますから，やってごらんなさい。

問　題

つぎの連立二元方程式をといてごらんなさい。

$$\begin{cases} x+y=3 \\ x-y=1 \end{cases} \qquad \begin{cases} x+y=6 \\ x+3y=8 \end{cases} \qquad \begin{cases} x+y=7 \\ 2x+4y=22 \end{cases}$$

2　二次方程式と複素数

さて，こんどは，つぎのような問題を考えてみましょう。

ここに一つの長方形がある。そのたて・よこの長さの差は，4cm，その面積は21cm^{2}である。たて・よこの長さは，それぞれ何cmであるか。

この場合，たて・よこの短い方を $x$cmとすれば，長い方

は $(x+4)$cmです。ですから，その面積は，

$$x\times(x+4)\,\mathrm{cm}^2$$

ですが，問題は，これが$21\mathrm{cm}^2$であるというのですから，

$$x\times(x+4)=21$$

となります。この式はまた，

$$x\times x+x\times 4=21$$

または，

$$x^2+4x=21$$

とも書かれます。

これも，未知数をふくんだ式，すなわち，方程式です。しかし，前の節でお話しした一次方程式とはちがって，上の方程式は，x^2という形をふくんでいます。われわれは，このような形の方程式を，**二次方程式**とよびます。

さて，上の方程式から x の値を求めるのには，すなわち，上の方程式をとくのには，一体，どのようにしたらよいでしょう。

そのためには，まず，

$$\boldsymbol{(a+b)^2=a^2+2ab+b^2}$$

という公式を知らなければなりません。上の公式の意味はおわかりでしょうね。$(a+b)^2$ というのは，$(a+b)\cdot(a+b)$ ということでした。従って，

$$\begin{aligned}(a+b)^2=(a+b)\cdot(a+b)&=a(a+b)+b(a+b)\\&=a^2+ab+ba+b^2\\&=a^2+2ab+b^2\end{aligned}$$

となるのです。

さて，この公式で，$a=x$，$b=2$としてみますと，

$$(x+2)^2=x^2+4x+4$$

となります。

ですから，いま，われわれがとこうとしている二次方程式，

$$x^2+4x=21$$

の，等号＝の左右に同じ4を加えてみますと，

$$x^2+4x+4=25$$

となりますから，そこで上の式を使って，これを，

$$(x+2)^2=25$$

とすることができます。

さて，ここで，$(x+2)$という数は，2乗すると25になるというのです。それなら$x+2$は一体いくつでしょう。2乗すると25になる数は，+5か，または－5です。ですから，上の式から，

$$x+2=+5 \qquad \text{または} \qquad x+2=-5$$

となります。こうなれば，これらは，前の節でお話しした一次方程式です。従って，これから，

$$x=3 \qquad \text{または} \qquad x=-7$$

と，xの値が求められます。

ところが，xというのは，一つの長方形のたて，または，よこの長さを表わす数でした。従って，$x=3$はよいのですが，$x=-7$というのは変です。

従って，これから，長方形のたて・よこの，短い方は3cm，長い方は，3＋4，すなわち，7cmであることがわかります。

では，同じ要領で，

$$x^2-6x+7=0$$

という二次方程式をといてみましょう。

そのためには，まず，

$$(\boldsymbol{a}-\boldsymbol{b})^2=\boldsymbol{a}^2-2\boldsymbol{ab}+\boldsymbol{b}^2$$

という公式を知らなければなりませんが，その理由をしめすことは，もうみなさんにおまかせしましょう。

さて，この公式で，$a=x$，$b=3$ としてみますと，

$$(x-3)^2=x^2-6x+9$$

となります。

ですから，われわれがとこうとしている二次方程式，

$$x^2-6x+7=0$$

の，等号＝の左右に同じ2を加えてみますと，

$$x^2-6x+9=2$$

となりますから，そこで，上の式を使って，これを，

$$(x-3)^2=2$$

とすることができます。

このように，$(x-3)$ の2乗は2になるというのですが，もし，有理数しか知らない人であったならば，2乗して2になる数はない，従って，上のような $(x-3)$ はない，というところでしょうが，みなさんのように，平方根2，すなわち，$\sqrt{2}$ を知っている人であれば，2乗して2になる数は，$+\sqrt{2}$ か，または $-\sqrt{2}$ のいずれかであるから，上の式から，

$$x-3=+\sqrt{2} \qquad \text{または} \qquad x-3=-\sqrt{2}$$

従って,

$$x=3+\sqrt{2} \qquad \text{または} \qquad x=3-\sqrt{2}$$

と，みごとにといてしまわれることでしょう。

最後に，もう一つ,

$$x^2-6x+13=0$$

という二次方程式をといてみましょう。

この方程式の左右から同じ4をひきますと,

$$x^2-6x+9=-4$$

従って,

$$(x-3)^2=-4$$

となります。すなわち，$(x-3)$ は，2乗すると-4になるというのです。ところが，正の数でも，負の数でも，2乗すれば,

$$(\text{正の数})^2=(\text{正の数})\times(\text{正の数})=(\text{正の数})$$
$$(\text{負の数})^2=(\text{負の数})\times(\text{負の数})=(\text{正の数})$$

となって，いずれも正の数となってしまうのですから，われわれがいままで知っている数の範囲内では，2乗して-4という数はみつかりません。

しかし，われわれがいままで，自然数，零，負数，分数，無理数と数の考えをひろめてきた歴史をふりかえってみましても，ここで，上のような形の二次方程式がとけないとするのは，いかにも調和をみだしますので，われわれは，ここで，2乗すると-1になるような数も，われわれの数の仲間に入れて，これをi《アイ》という記号で表わします。つまり,

$$i^2=-1$$

とするのです。そうしますと，

$$(+2i)^2=-4 \quad および \quad (-2i)^2=-4$$

となります。従って，

$$(x-3)^2=-4$$

から，

$$x-3=+2i \quad または \quad x-3=-2i$$

従って，

$$x=3+2i \qquad または \qquad x=3-2i$$

となって，ついに，はじめの方程式をとくことができました。

ここに出てきました，$3+2i$ や $3-2i$ のような数のことをわれわれは，**複素数**とよびます。そして，いままでの数，すなわち i をふくまない数を，**実数**とよびます。

さて，われわれは，いままでの実数にさらに複素数を仲間入りさせたわけですから，実数と複素数，複素数と複素数との間の計算の規則を定めるべきですが，あまり長くなりますから，これらは，いままで通りに計算し，ただ i^2 が出てきたら，これを -1 でおきかえればよい，ということだけを申しあげておくことにします。

数の生い立ちのお話しも，だいぶ長くなりました。しかしみなさんは，人が，数をどんなぐあいにして育ててきたか，おわかりになったことと思います。そして，数学というものは，どんなふうにして，問題を組みたて，どんなふうにして，問題をといていくものかを，さとられたことと思います。

数学の発達の歴史は，今日までで，もう，おわったのではありません。いつも，新しい歴史をつくりながら進んでいるのです。しかも，無《む》尽蔵《じんぞう》にある数学の問題をとくことによって，すべての科学が，１歩１歩前進していくのです。そして，今後も，いろいろおもしろい問題が，われわれの手によってとかれるのをまっていることでしょう。

みなさんのなかから，現在とけなかった問題を，将来あざやかにとくような方が，１人でも多く出てくださることをいのりながら，私は，この本の筆をおくことにいたします。

図形のふしぎ

まえがき

みなさん位の年頃の方は，太陽をみても月をみても，動物をみても植物をみても，数をみても図形をみても，あらゆるものがふしぎに思われることでしょう。

このふしぎに思うということは，とても大切なことです。これはふしぎだなと思い，これは何故《なぜ》だろうと考えていくところに，科学のめばえがあると私は考えます。

このたび，中央公論社の依頼《いらい》で，“図形のふしぎ”をお引き受けすることになりました。そこで私は，以上のような考えから，みなさんの何故だろうという質問《しつもん》に答えながら，みなさんが更にふしぎを見出し，それを研究してみようという勇気をもたれるようにと念願《ねんがん》してこの書物を書きました。

この書物が，みなさんのもっておられる科学のめばえを，さらに立派に育てていくのに役立つことを心から祈っています。

なお，一松信氏は，この書物の原稿をよんで，いろいろと行きとどいた注意をして下さいました。ここに記して厚くお礼を申上げたいと思います。

矢野健太郎

第１章　縄張り師《なわばし》

みなさんは，スフィンクスやピラミッドで有名なエジプトのことをご存《ぞん》じでしょう。そして，このエジプトを南から北に貫《つらぬ》いているナイル河のことも，きっとよくご存じだろうと思います。

このナイル河は，そのみなもとをアフリカの奥地に発《はっ》しておりますが，アフリカの奥地では，春になるときっとたくさんの雨がふります。そしてこれがどっと下流の方へおし流されていきますので，水はナイル河の両端に氾濫《はんらん》し，とくに河口の三角洲《さんかくす》いったいは大きな湖水《こすい》のようになってしまいます。

しかしながら，このナイル河の定期的な氾濫は，たくさんの水といっしょに，奥地の肥《こ》えた土を下流の方へはこんでくれます。ですから，この大洪水《だいこうずい》がひいてしまったあとには，ナイル河の両岸いったいに肥えた土がはこばれており，農業をするにはもってこいの状態になっているのでした。

こういうわけでしたので，人々はだんだんとこのナイル河の沿岸《えんがん》に集まり，農業生活をいとなむようになったのでした。こうしてエジプトには，いまから数千年も前に，もう立派な文化がさかえることとなったのでした。ですから，エジプトの古代文明は，全くナイル河のおかげであるということができます。

このように，ナイル河が上流の肥えた土を運んでくれることはまことにありがたいのですが，毎年大洪水があるというのはちょっと困ったことです。しかし幸《さいわい》なことに，この大洪水は毎年きまった頃に起こります。ですから，もしいつ頃洪水が起こるかを前から知っていることができれば，被害をできる限り小さくすることができるわけです。

そこでエジプトの人たちは太陽，月，星などの運行《うんこう》のようすや季節の移《うつ》り変わりを十分に調べて，これらを研究したのでした。そして，天文学《てんもんがく》や暦《こよみ》について，かなりくわしいことを知っていたといわれています。

その証拠《しょうこ》には，皆さんがよく写真でごらんになる有名なピラミッドのなかには，その底が正確に南北にむいており，しかも，星を観測《かんそく》するために作ったと思われる穴のつけられたものがあるとのことです。

さて，エジプトの人たちは，ナイル河の沿岸にそれぞれ自分の土地を区画《くかく》し，それらを耕《たがや》して農業をいとなんでいました。このナイル河は，毎年大洪水になるのですが，天文学や暦をよく調べておけば，その大洪水の時期はだいたい見当がつきますから，エジプトの人たちは，ちゃんと準備《じゅんび》をしておいて，洪水の被害からのがれることができたでしょう。

ところが，ナイル河のこの大洪水のあとで，エジプトの人たちがそれぞれの土地《とち》へもどってきてみますと，ナイル河の大洪水は，エジプトの人たちがせっかくきめてあったその耕地《こうち》の区画を全部おし流してしまっていたので，どこからどこまでが自分の土地で，どこからどこまでが他人の土地かがわからないという始末《しまつ》でした。そこで人びとは，毎年ナイル河の大洪水のあとでは，これらの区画を，もう一回引きなおさなければなりませんでした。

こういうわけでしたので，エジプトの人たちは，だんだんと土地を測量《そくりょう》する方法をくわしく研究していったのでした。土地を測量するということは，平《たいら》な地面《じめん》にいろいろな図形をえがくことです。このようなことが動機《どうき》となって，エジプトでは，図形のふしぎをさぐる学問，すなわち**幾何《きか》学《がく》**がさかんになっていったのでした。幾何学のことを英語では，geometry《ジオメトリ》といいますが，geo《ジオ》は土地，metry《メトリ》は測量の意味であって，幾何学がどんなことから始まったかを，よくしめしております。

さて，エジプトの人たちが，その土地の区画を引きなおすための測量を行なうのには，なんといっても，まず地面の上に直線《ちょくせん》を引くことができなければなりません。ところが，数千年も前のエジプトの人たちは，地面の上に直線を引くのに，縄《なわ》を使ったのです。縄の両端をしっかりもって両方へピンと引っぱれば，縄は直線をつくるからです。このように，縄を上手に使って，ナイル河の大洪水によっておし流されてしまった区画を引きなおしたり，またピラミッドや寺院《じいん》を建てるための測量をした人たちは，**縄張《なわば》り師《し》**とよばれていました。わたくしたちも，この縄張り師になったつもりで，図形のふしぎをさぐってみることにしましょう。

1　直　線

エジプトの縄張り師たちが，直線を引くのに縄をつかっていたことは先にお話ししたとおりです。わが国でも大工《だいく》さんたちは，直線を引くのに墨縄《すみなわ》をつかいます。真直《まっす》ぐに張られた縄や糸《いと》は直線となるからです。

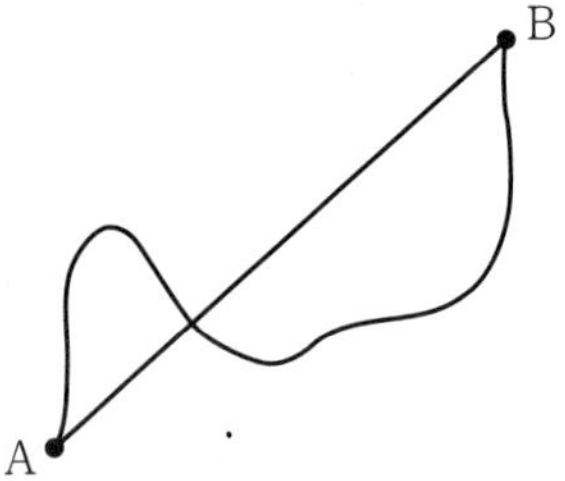

いま，平な地面の上にA，Bという杭《くい》を立てておき，この間に縄をピンと張りますと，点Aと点Bを結《むす》ぶ直線が出来ます。しかし，AとBとに縄の端を結びつけたとしても，もし縄がピンと張られていなければ，縄は直線を作りません。

上のような場合に，AとBの間にピンと張られた縄の長さの方が，AとBの間でたるんでいる縄の長さよりも短かいことは，明らかでしょう。これから，

直線は，一つの点から他の点に行く一番近い道である

ということがわかります。

しかしこれは，平な地面，すなわち平面の上での話です。もしまるい面，例《たと》えば球面《きゅうめん》の上で点Aから点Bに行く一番短かい道を考えてみますと，これはAからBへいく直線ではありません。なぜなら，この直線は球のなかを通ってしまって，球の表面上を通っていく道ではないからです。

球の表面に沿って，点Aから点Bまでいくのにいちばん近い道は，点Aと点Bと球の中心Oとを通る平面でこの球をきったと考えたとき，その切口《きりくち》に沿ってAからBへいく道です。この道のことを，われわれは球の**大円《だいえん》**と呼んでいます。

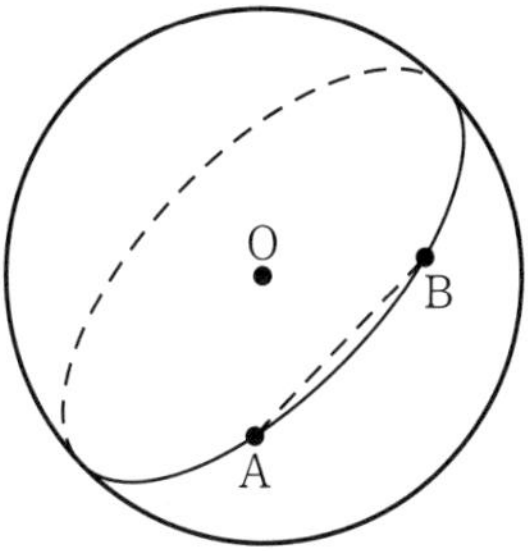

さて，平な地面の上に，点Aと点Bに杭を立て，これらの間にピンと縄を張りますと，点Aと点Bを結ぶ直線が出来ます。しかも，これは，何度やりなおしても同じ直線が出来るはずです。また，AとBを結ぶ直線の上に一つの杭Cを立て，AとCの間に縄を張っても，CとBの間に縄を張っても，これらはAとBの間に張った縄と重《かさ》なります。つまり，点Aと点Bを結ぶ直線を考えておき，点Aと点Bを結ぶ直線上の勝手なところに点Cをとり，点Aと点Cを結ぶ直線を考えても，点Cと点Bを結ぶ直線を考えても，これらはいずれも点Aと点Bを結ぶ直線と重なるわけです。

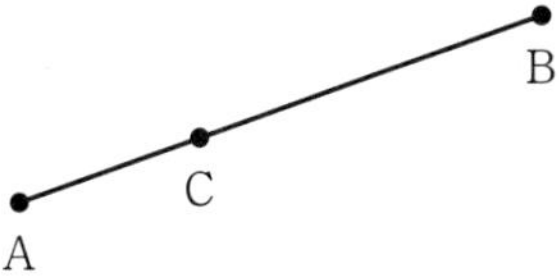

以上のことから，

二点を結ぶ直線は一つ，そしてただ一つだけあり，直線はその上の二点で完全にきまってしまう

ことがわかったわけです。

さて，私はいままで，二点A，Bを通る直線といって，

上のような図を画《か》いてお話しをして来ました。

しかし幾何学では直線といえば

上の図のように，両方に無限《むげん》にのびたものを指《さ》していいます。いまこの直線の上に一つの点Aをとりますと

直線は二つの部分《ぶぶん》にわかれます。その各部分，

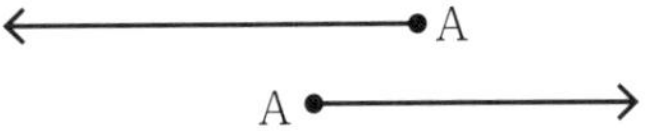

つまり上のような図のことを，われわれは**半直線**《はんちょくせん》と呼びます。

われわれがいままでに考えて来たのは，

実は，二点AとBを通る直線の一部分です。このように，二点を通る直線の一部分のことを，**線分**《せんぶん》と呼んでいます。従って，いままで私が直線，直線と呼んでいたのは，実は線分のことであったわけです。

2　角

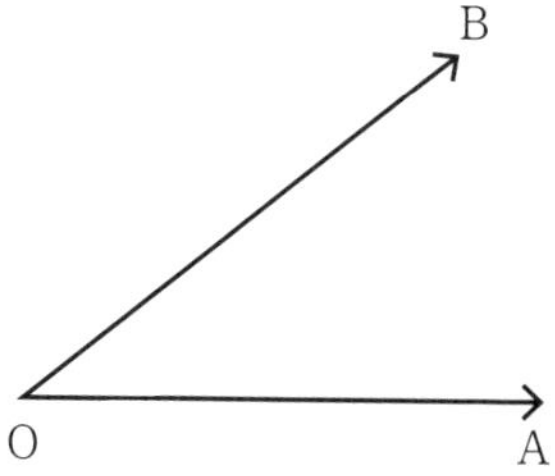

さて，一つの点Ｏから出る二つの半直線ＯＡとＯＢとを考えてください。

右のような図のことをわたくしたちは**角**《かく》と呼びます。そして，これを作っている二つの半直線ＯＡとＯＢをこの角の**辺**《へん》，点Ｏをこの角の**頂点**《ちょうてん》と呼びます。そしてさらに，この角の一辺ＯＡを他の一辺ＯＢに重ねる回転の大きさを，この角の**大きさ**と呼びます。

さて，角のうちには，

上の図のように，その二つの辺ＯＡとＯＢとが頂点Ｏの両側にきて一直線になっているものがあります。このような角のことをわたくしたちは**平角**《へいかく》と呼んでいます。

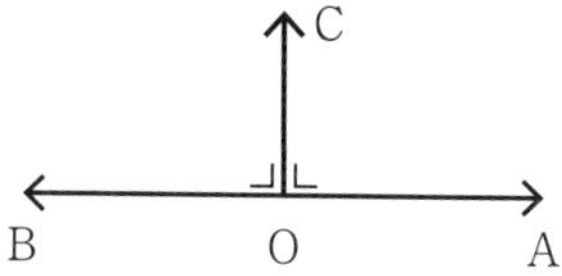

そして，この平角のちょうど半分の大きさをもった角のことを，わたくしたちは**直角**《ちょっかく》と呼んでいます。

一枚の紙をとって，これをまず二つに折ります。そしてさらにそれをまた二つにおります。そしてこれをまたもとのようにひろげますと，こ

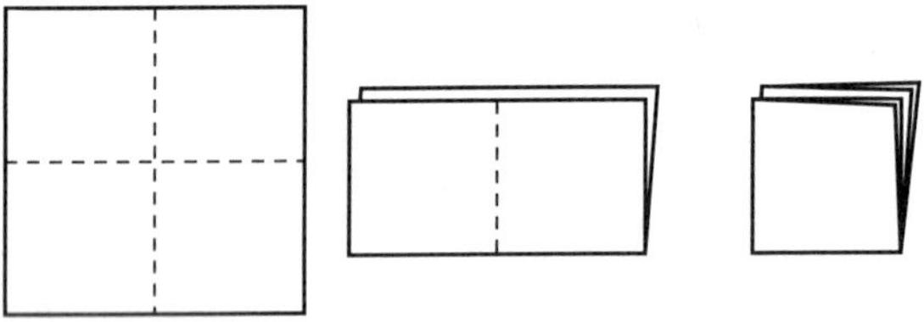

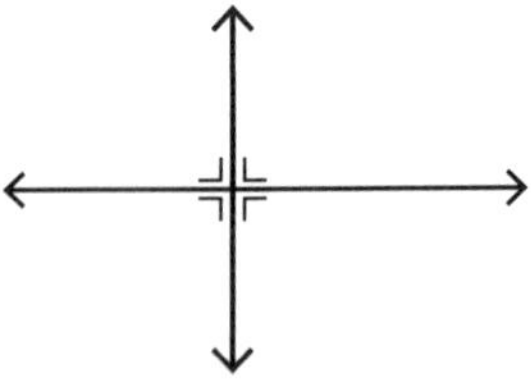

こに，二つの平角をいずれもちょうど半分にした角，すなわち直角が，四つ出来ています。従って，一回転を一つの角と思えば，一回転は４直角であることがわかります。

さて，前にお話ししたエジプトの縄張り師たちは，土地の測量をしたり，寺院の建築《けんちく》の設計《せっけい》をしたりするために，縄をつかって直角を作ることを知っておりました。

みなさんでしたら，紙の上に直角をかくのに，三角定規《さんかくじょうぎ》をつかわれることでしょう。しかし縄張り師たちは，どこまでも縄をつかって直角を引くことを考え出したのでした。

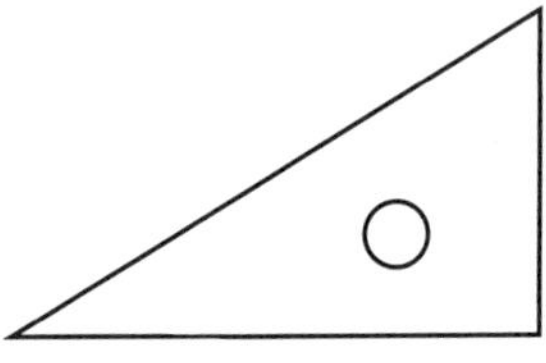

三角定規

かれらが直角を引くためにつかっていた方法は次のような面白いものでありました。

まず，適当《てきとう》な長さを単位として測《はか》って12という長さになる縄をとってきて，これを輪の形にします。つまり，輪の長さが12だけあるわけです。

つぎに，その結び目から一方へ3の長さのところと，他方へ4の長さのところとに印しをつけておきます。そうすると，新しい印しと印しとの間の長さは5ということになります。

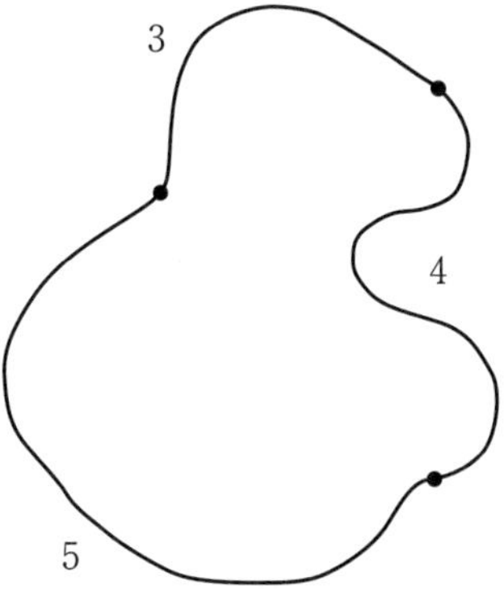

これで用意は出来ました。いま，結び目と二つの印しをもってこの縄の輪をピンと張りますと下のような図が出来ます。そうしますと，3という長さの縄と4という長さの縄との作っている角がちょうど直角になるのです。縄張り師たちは，このことをよく知っていて，この性質を利用して直角を作っていたのです。縄張り師たちはどうしてそんなうまいことを知っていたのか，ですって。それは，おそらく，縄張り師たちが，いろいろと工夫《くふう》しているあいだに，偶然《ぐうぜん》見つけ出したのでしょう。その理由については，この本のもっと先のところで十分お話しするつもりです。

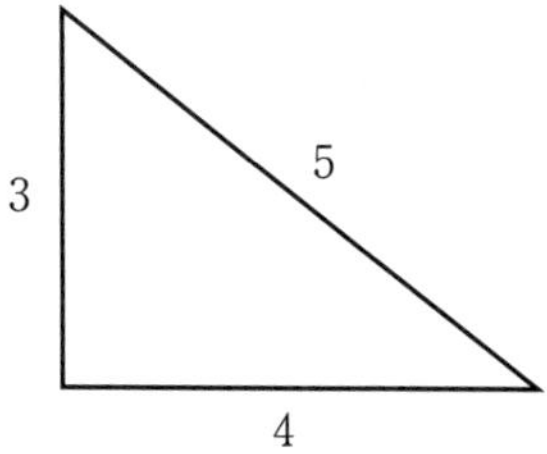

3　三角形と四角形

縄張り師がやったように，縄を輪にしたものを考えてください。つぎにその上の適当な三つの場所をもって，この輪をピンと張りますと，左下のような図が出来ます。

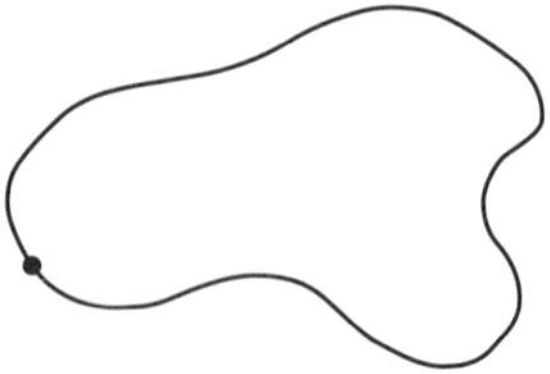

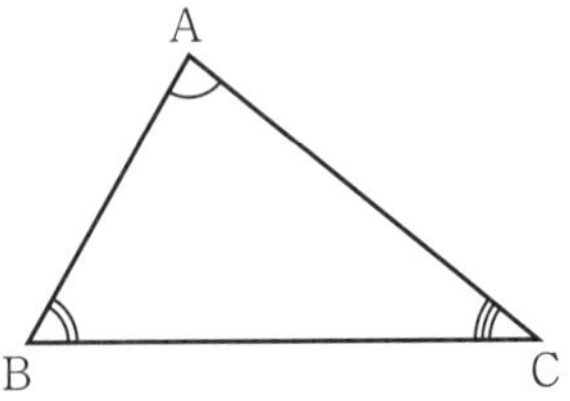

つまり，一直線上にはない三つの点A，B，Cと，それらの二つずつを結んで出来る三つの線分ＢＣ，ＣＡ，ＡＢとで出来た図形が得られます。

この図をわれわれは**三角形**《さんかくけい》と呼び，A，B，Cをその**頂点**，ＢＣ，ＣＡ，ＡＢをその**辺**と呼びます。

また，三角形の各頂点には，二つの辺が集まって内側に角を作っています。この角をわれわれは，その頂点における**頂角**《ちょうかく》または**内角**《ないかく》と呼びます。

われわれは，いままで，点を表わすのに，A，B，C，D，……等の文字を使って来ました。

そして，たとえば点Aと点Bの定める直線または線分を表わすのに，ＡＢという記号を使って来ました。

このように，幾何学では，いろいろの図形を表わすのに，いろいろと便利な記号を使います。そのうちの二，三をここにお話ししておきましょう。

まず，左のように，三つの点Ａ，Ｂ，Ｃで出来ている三角形を表わすのに

△ＡＢＣ

という記号を使うことにします。つまり，三角形を記号△で表わそうというのですが，なかなかうまい記号でしょう。

それから，たとえば△ＡＢＣにおいて，頂点Ｂには二つの辺ＡＢとＢＣとが集まって一つの角をつくっています。これは△ＡＢＣの一つの内角です。

このような角を表わすのに，わたくしたちは，

∠ＡＢＣ

という記号を使うことにします。つまり，角を記号∠で表わそうというのですが，これもなかなかうまい記号でしょう。

さて，三角形にもいろいろな形をしたものがあります。それらを順にお話ししてみましょう。

まず，三角形には，その一つの頂角，すなわち内角が直角になっているものがあります。このように，その一つの内角が直角であるような三角形のことを，われわれは特に**直角三角形**と呼んで，その直角とむかい合っている辺のことを，その直角三角形の**斜辺**《しゃへん》と呼びます。

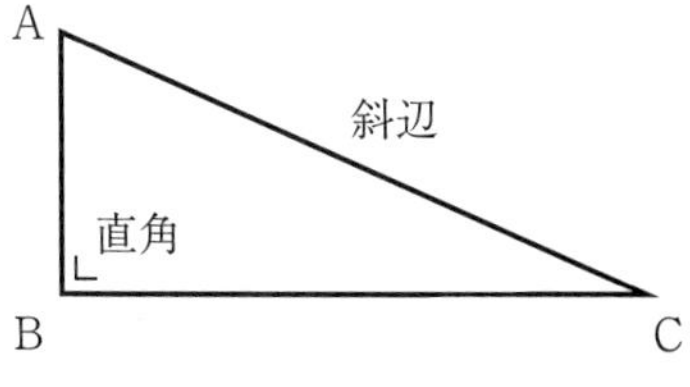

前にお話ししたように，エジプトの縄張り師たちは，三つの辺の長さがそれぞれ３，４，５であるように三角形を作ると，この三角形は，５という辺が斜辺である直角三角形になることを経験の上から見つけ出し，これを利用して直角を画いていたわけです。

さて，三角形にあっては，たまたまその二つの辺の長さが等《ひと》しいことがあります。このように，三角形の二つの辺の長さが等しかったならば，わたくしたちはこのような三角形を**二《に》等辺《とうへん》三角形**と呼んで，その等しい辺の集まる頂点を特に**頂点**，それにむかい合っている辺を**底《てい》辺《へん》**と呼びます。また，頂点における内角を**頂角**，底辺の両端における内角を**底角《ていかく》**と呼びます。たとえば，上図の△ＡＢＣにおいて，もしＡＢ＝ＡＣであれば，△ＡＢＣは二等辺三角形であり，Ａは頂点，ＢＣは底辺である，というわけです。

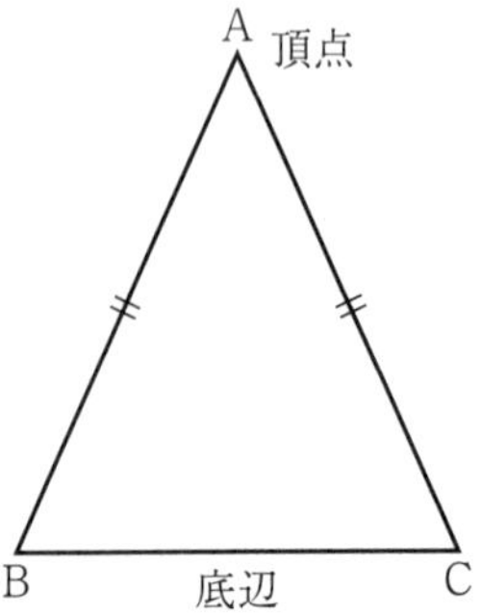

なお勝手な三角形ＡＢＣにおいても，それをたとえば左図のような位置においた場合には，Ａを頂点，それにむかい合っているＢＣを底辺と呼ぶこともあります。

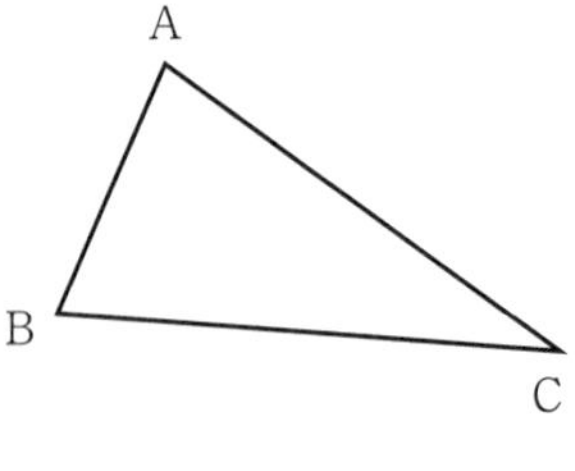

さて三角形においては，二辺のみでなく，三辺の長さが等しくなってしまうことがあります。

このような場合には，この三角形を**正《せい》三角形**と呼びます。

縄張り師たちは，輪にした縄をうまく使ってこの正三角形を画く方法を知っていましたが，みなさん，ひとつその方法をあててください。

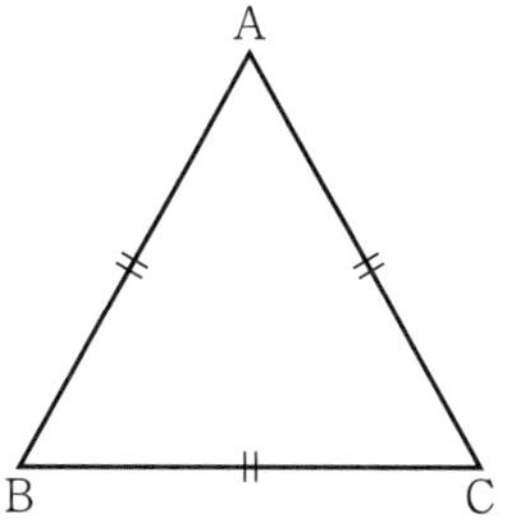

いままでは，まず縄を輪にしておいて，つぎにその上の適当な三つの点をもって縄をピンと張りました。こんどは，その上の適当な四つの点をもって縄をピンと張ってみましょう。

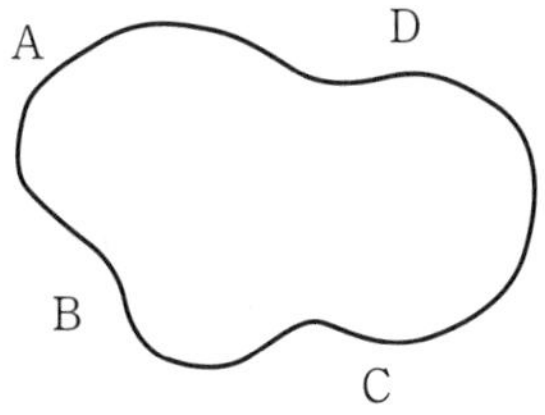

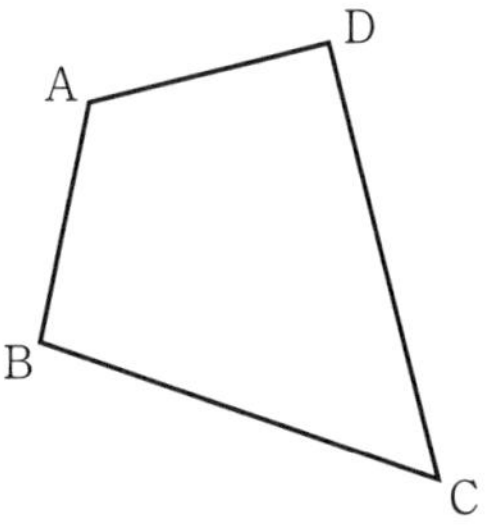

そうしますと，上のような図が出来上ります。つまり四つの点A，B，C，Dと，それらの二つずつを順に結んで出来る四つの線分ＡＢ，ＢＣ，ＣＤ，ＤＡとで出来た図形が得られます。

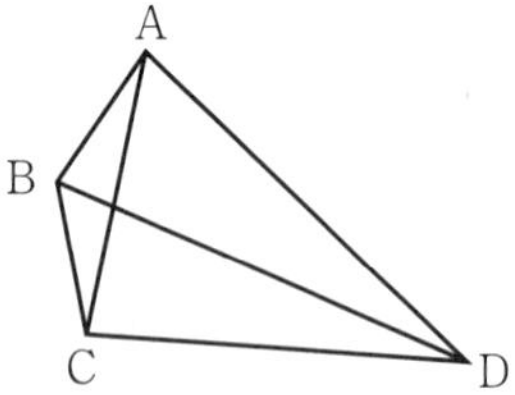

この図形をわれわれは**四角形**《しかくけい》または**四辺形**《しへんけい》と呼び，Ａ，Ｂ，Ｃ，Ｄをその**頂点**，ＡＢ，ＢＣ，ＣＤ，ＤＡをその**辺**と呼びます。

また，四角形の各頂点には，それぞれ二つの辺が集まって内側に角を作っています。この角をわれわれは，その頂点における**頂角**，または**内角**と呼びます。

ここまでは，三角形のときとほとんど同じお話しです。

しかし四角形のときには，特に，頂点Ａと頂点Ｃ，頂点Ｂと頂点Ｄ，すなわち互いにむかい合った頂点を結ぶ線分，すなわちこの場合のＡＣとＢＤを，この四角形の**対角線**《たいかくせん》と呼びます。

さて，四角形にもいろいろな形をしたものがあります。それらを順々にお話ししてみましょう。

まず，適当な長さの縄をとりあげて，これを輪にしたと考えてください。つぎに，これを次ページの図（Ⅰ）のようにひっぱって，二つにおり，両端から等距離《とうきょり》のむかい合ったところに，適当に，Ａ，Ｂ，Ｃ，Ｄという印しをつけます。これをふたたびひろげますと，次ページの図（Ⅱ）のようになりますが，ここに，Ａ，Ｂ間の長さとＣ，Ｄ間の長さは等しく，Ｂ，Ｃ間の長さとＤ，Ａ間の長さは等しくなっています。

つぎに，これら四つの点Ａ，Ｂ，Ｃ，Ｄをもってこの縄

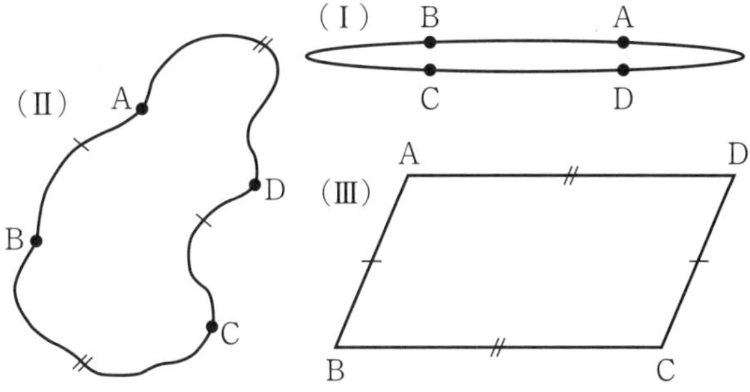

をピンと張りますと，上の図（Ⅲ）のように，むかい合った辺の長さの等しい四角形が出来ます。これは，後の第３章の３に出てくる**平行《へいこう》四辺形**です。

さて，この平行四辺形で，点Ｂおよび点Ｃを固定《こてい》したとしても，点Ａおよび点Ｄは，これらの縄をピンと張ったまま動かすことができます。ですから，点Ａおよび点Ｄを，縄をピンと張ったまま，動かして，ちょうど∠ＡＢＣが直角になるようにしたと考えてください。これは，前にお話しした直角の作り方を利用すれば出来るわけでしょう。このような四角形を，わたくしたちは，**長方形《ちょうほうけい》**と呼んでいます。

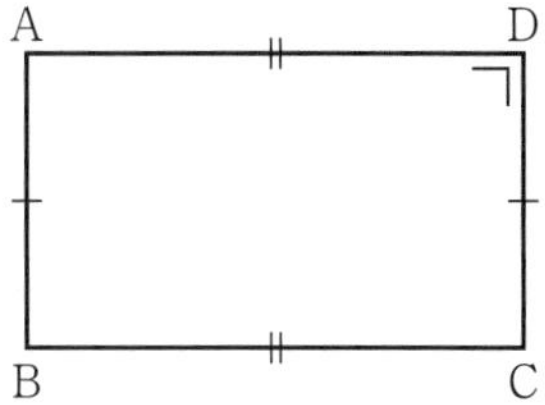

さてこんどは，輪にした縄に，はじめからＡＢ＝ＢＣ＝ＣＤ＝ＤＡとなるように，Ａ，Ｂ，Ｃ，Ｄという印しをつけておいたと考えてください。この場合に，やはりＡ，Ｂ，

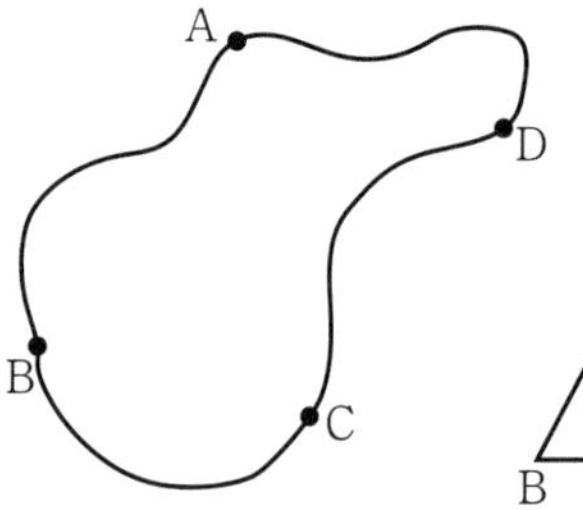

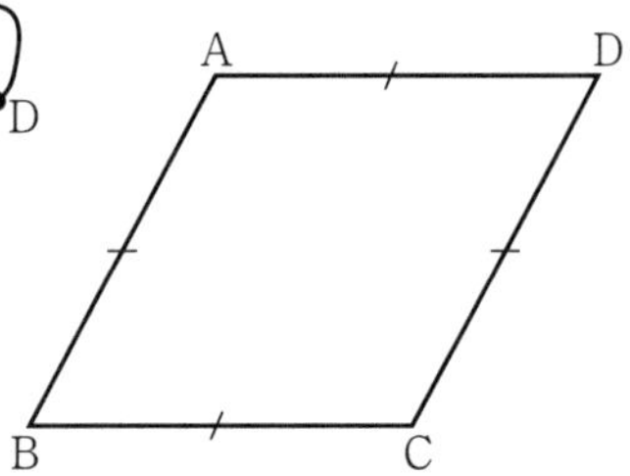

Ｃ，Ｄという点をもって縄をピンと張りますと，上右図のように，四つの辺の長さがすべて等しい四辺形が出来ます。このような四辺形のことを，わたくしたちは**菱形**《ひしがた》と呼んでいます。

ここで，前と同じように，点Ｂと点Ｃとを固定しておいて，縄をピンと張りながら点Ａおよび点Ｄを動かして，ちょうど∠ＡＢＣが直角になるようにしますと，左図のような四角形が出来上がります。このような四角形のことを，わたくしたちは**正**《せい》**方形**《ほうけい》と呼んでいます。

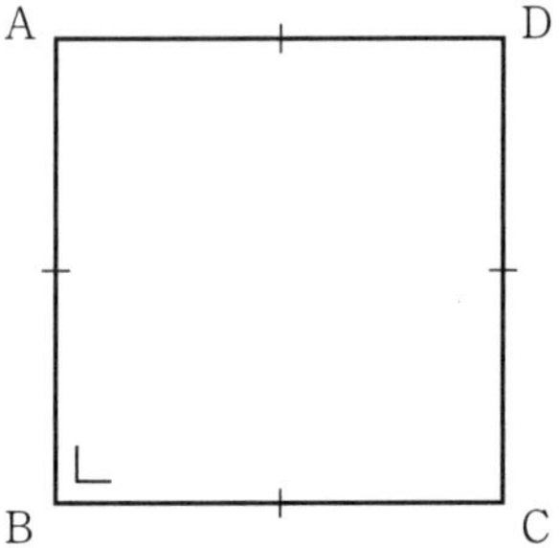

ここのお話しに出て来ました三角形については第２章の２で，四角形につきましては第３章の３で，もう一度くわしくお話しをすることにします。

4 円

いままでは，縄張り師たちが，縄をうまくつかって，直線，角，三角形，四角形などをどんなふうにして画《えが》いていたかをお話ししました。ここに，角，三角形，四角形などはいずれも，直線または半直線または線分で出来た図形です。この意味で，これらの図形を，わたくしたちは**直線図形**と呼んでいます。

ところが，これらの縄張り師たちは，縄を使って，円《えん》をも画いていたと思われます。これを以下にお話ししてみましょう。

まず，適当な長さの縄をとって来て，その一方の端Oを，平な地面上の一点に固定します。つぎに，他の端Aをもってこの縄をピンと張ります。こうしておいてAをもってOの周《まわ》りを一回りしますと，ここに一つの閉じた曲線《きょくせん》が得られます。これがすなわち**円**です。正確には**円周**《えんしゅう》といいます。

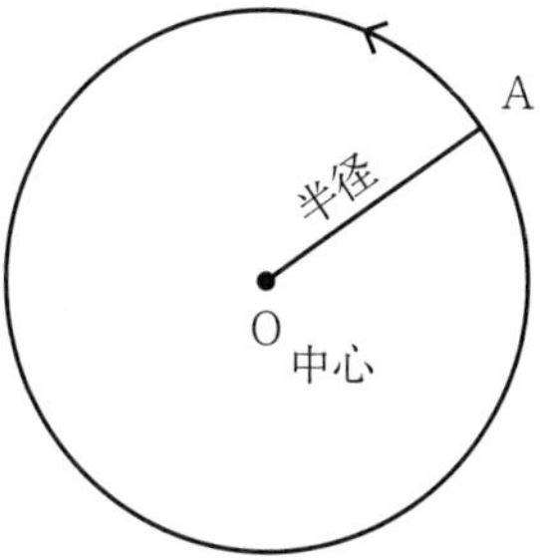

すなわち，一つの定点《ていてん》から一定の距離にある点の描く曲線が円または円周だというわけです。

そしてこの場合，一定の点をこの円の**中心**，一定の距離をこの円の**半径**《はんけい》と呼んでいます。

みなさんが紙の上に円を画く場合には，コンパスをつか

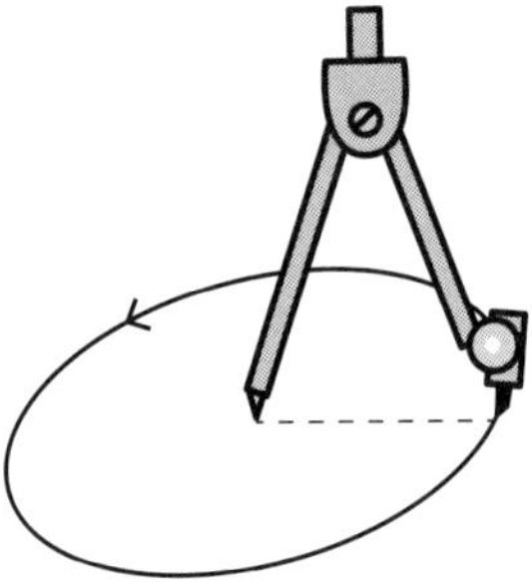

うでしょう。

つまりコンパスを適当な大きさに開いて，針《はり》を紙の上に立て，鉛筆《えんぴつ》を紙におしつけたまま，針の周りにくるりと一回りさせれば，鉛筆の先は一つの円を画きます。この場合，針の立てられていた場所がこの円の中心，針と鉛筆との距離がこの円の半径です。

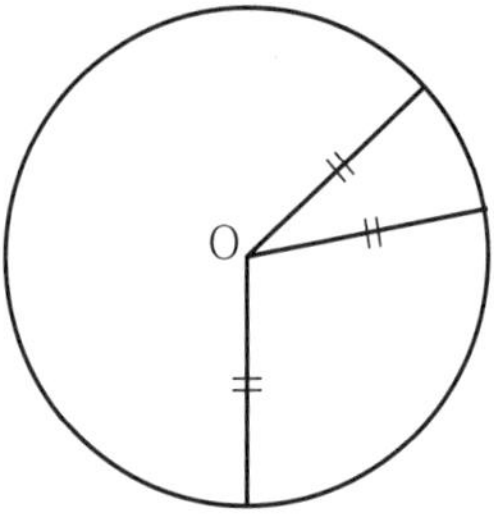

なお，円の中心と円の上の勝手な点とを結ぶ線分の長さは，いずれも半径に等しいわけですが，このような線分自身も半径と呼ばれています。

さて，この円について使われるいろいろな言葉をお話ししておきましょう。

まず円周上に二つの点ＡとＢをとりますと，その間にはさまれた円周の一部分が考えられます。これをわたくしたちは**弧**《こ》と呼んで$\overset{\frown}{AB}$という記号で表わします。ただ弧ＡＢといったのでは，二点Ａ，Ｂで限《かぎ》られた円周の部分のうち，長い方か短かい方かはっきりしない場合には，長い方の弧を**優弧**《ゆうこ》，短かい方の弧を**劣弧**《れっこ》と呼んで，優弧ＡＢ，劣弧ＡＢというようないい方をすることもあります。しかし，ふつう弧ＡＢといえば，それは，短かい方，すなわち劣弧をさしています。

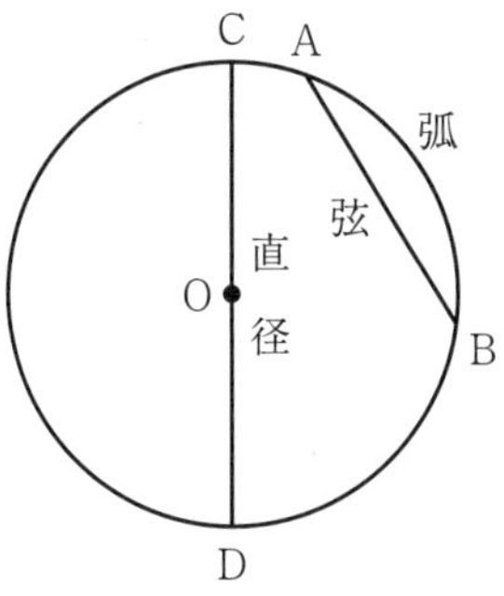

つぎに，一つの弧ＡＢの両端ＡとＢを結ぶ線分ＡＢのことを，この弧の張る**弦**《げん》と呼びます。そしてこれを，弦ＡＢ，または$\overline{\mathrm{AB}}$で表わします。

特に，中心を通る弦は，**直径**《ちょっけい》と呼ばれています。従って直径の長さは半径の長さの二倍です。

こんどは，円周上に二点ＡとＢをとり，弧ＡＢと弦ＡＢとで囲《かこ》まれた円の一部分を考えてください。これは，右の図からもわかりますように，弓の形をしています。従って私たちは，このような図形を**弓形**《きゅうけい》と呼んでいます。

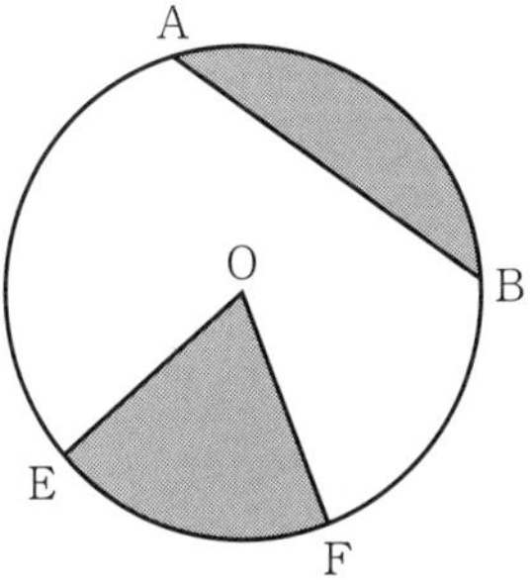

同じように，Ｏを中心とする円周上に二点ＥとＦをとって，ＯからＥにむかう半径ＯＥと，ＯからＦにむかう半径ＯＦとを考えて下さい。そうすると，半径ＯＥとＯＦ，それから弧ＥＦで囲まれた円の一部分が出来ます。これは上の図からも判《わか》りますように，扇《おうぎ》の形をしています。従って私たちはこのような図形を**扇形**《せんけい》と呼んでいます。

さてこれで，円についての色々な言葉の説明がすんだから，つぎには，円の性質で大切なものをあげてみましょう。まず，

(i)　**同じ円の半径の長さはすべて相等《あいひと》しい。**

これは，円とはどんな図形であるかということから明らかです。

(ii)　**直径の長さは半径の長さの二倍である。**

このことはもう前にお話ししました。

(iii)　**直径は最も長い弦である。**

つまり直径ＣＤは，どんな弦ＡＢよりも長いというのです。これははっきりした説明を必要とします。いまそのわけを考えてみましょう。

ＣＤは直径ですから，円の中心Ｏを通ります。いま，中心Ｏと点Ａおよび点Ｂを結んで，半径ＯＡとＯＢを画きます。そうすると，ＯＣ，ＯＡ，ＯＢ，ＯＤはいずれも半径です。従ってその長さはすべて等しいわけです。

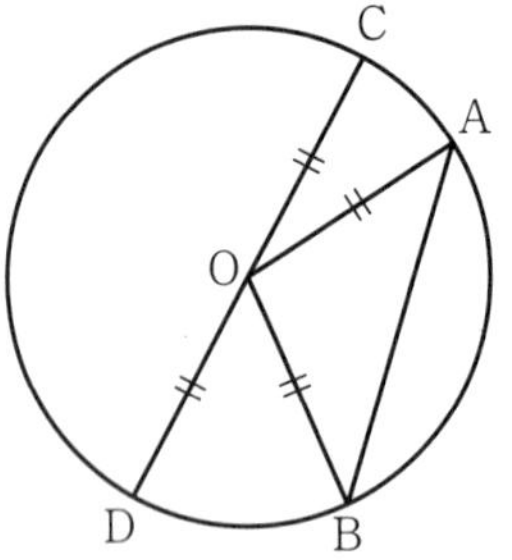

さて，弦ＡＢは，二点Ａ，Ｂを結ぶ線分ですから，Ａ，Ｂを結ぶどんな道よりも短かいわけです。従ってＡからＯに行ってまたＢに行く道よりも短かいわけです。ところが，ＡからＯに行く長さも，ＯからＢに行く長さも何《いず》れも半径ですから，ＡからＯに行ってＯか

らＢまで行く長さは，半径の二倍，すなわち直径の長さに等しいわけです。従って，勝手な弦の長さは，必ず直径の長さより短かいことが判りました。

(iv) **同じ長さの半径をもった二つの円は，これらをピッタリと重ね合わすことができる。**

なぜなら，半径の長さの等しい円が二つあったならば，これらの中心ＯとＯ′とが重なるように，これらの円を重ねてみましょう。そうしますと，これらの円の半径は，長さが等しいのですから，それらの円周上の点はすべて重なってしまいます。

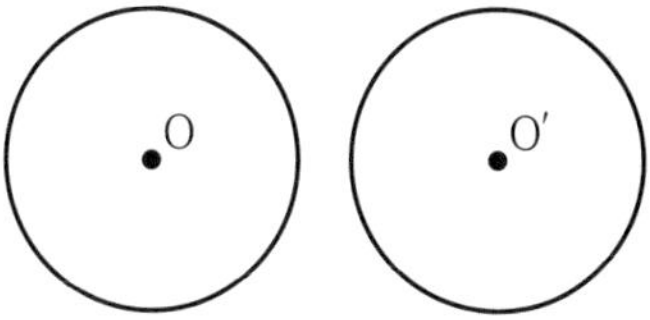

わたくしはいままで，エジプトのナイル河の沿岸にさかえた文化のこと，そして，ナイル河の定期的な氾濫によって押し流されてしまった耕地の区画を引き直すために土地測量の方法が研究されたこと，そして，エジプトの人たちは縄をつかってこの測量をおこなったこと，そしてこれらの人たちは縄張り師と呼ばれていたことなどを，お話ししてきました。

ところが一方，ペルシア湾にそそぐ二つの大河，チグリス河とユーフラテス河の間にはさまれたメソポタミヤの地方にも，古くから立派な文化がさかえておりました。

この地方は，両大河の間にはさまれて農業に適した肥えた土地でありましたし，陸の交通にも海の交通にも便利なところでありましたので，このように早く文化が開けたものと思われます。

この地方には，もとスメリア人と呼ばれる種族《しゅぞく》が住んでいて立派な文化を作っていたのですが，その後この地方にバビロニア人と呼ばれる種族が移り住んで，スメリア人の勢力をうばってしまったのでした。こうして，スメリア人の文化はそのままバビロニア人にうけつがれたのでした。このバビロニア人は，粘土《ねんど》の上に，竹か骨《ほね》で楔形《くさびがた》の文字

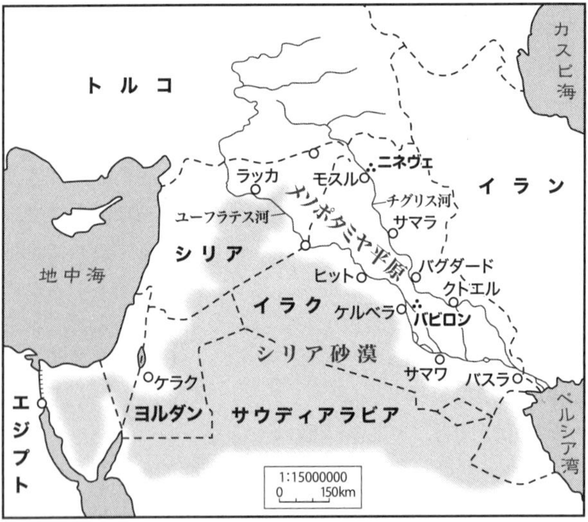

メソポタミヤ地方の地図

を刻《きざ》んで残しておいてくれましたので，いまでもそのようすを知ることが出来るのです。

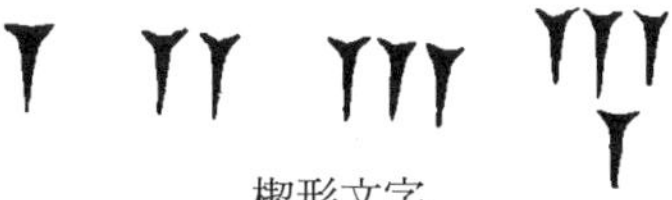

楔形文字

楔形の文字というのは上のようなものですが，このような文字を使って書き残された事柄のうち，この本で問題にしている図形のふしぎに関係のあることをお話ししてみましょう。

バビロニアの人達も，エジプトの人達と同じように，やはり縄を使って色々な図を平な地面の上に書いていたと思われます。

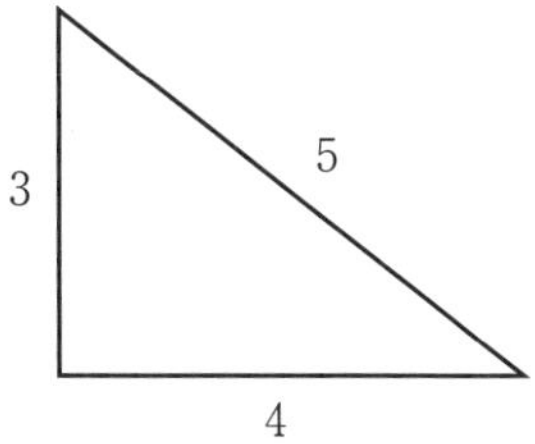

縄で平な地面の上に図をかく場合に，一番大切なことは，やはり直角を作ることでしょう。エジプトの人達が，この直角を作るのに，三辺の長さがそれぞれ3，4，5である三角形を利用していたことは，前にお話ししました。

このことは，バビロニアの縄張り師たちもよく知っておりました。しかもかれらは，三辺の長さがそれぞれ5，12，13である三角形を作ると，13という長さの辺に対する内角がちょうど直角になることもよく知って

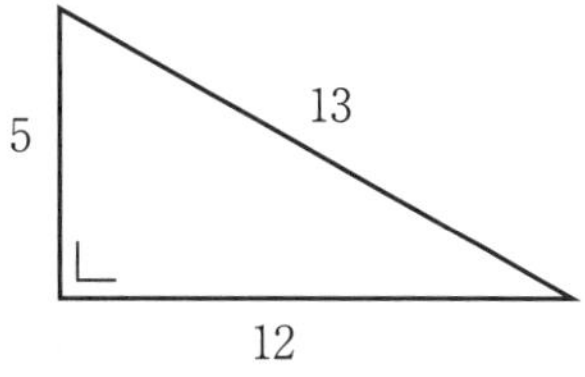

おりました。

　しかもかれらは，そのほかにも，三辺の長さがそれぞれ

7，24，25；
8，15，17；
9，40，41；
…………

等の三角形を作ると，その一番長い辺に対する内角がやはり直角になることも知っておりました。

　さて私は，この本のなかで，三辺の長さがそれぞれ

3，4，5；
5，12，13；
7，24，25；
8，15，17；
9，40，41；
…………

等である三角形を作ると，その一番長い辺に対する内角はいずれも直角になることをお話ししてきました。

　それならば，このように，その長さを三辺として三角形を作ると直角三角形になるような三つの数の間にはどんな関係があるでしょうか。これは当然考えられる問題でしょうが，バビロニアの人達は，この関係をみごとに見《み》破《やぶ》っていました。それをお話ししてみましょう。

　まず

3，4，5

という三つの数を考えてみましょう。

これらの数をそれぞれ二度かけてみますと，

$$3\times 3,\quad 4\times 4,\quad 5\times 5,$$

すなわち

$$9,\ 16,\ 25$$

となりますが，その間には

$$9+16=25$$

という関係があります。

ある数，例えば3を二度掛《か》けることを，数学では3を**二《じ》乗《じょう》**するといって

$$\mathbf{3^2}$$

という記号で表わすのが普通です。この記号を使いますと，前の3，4，5の間の関係は

$$3^2+4^2=5^2$$

とも書けます。

つぎに，

$$5,\ 12,\ 13$$

という三つの数を考えてみましょう。これらの数をそれぞれ二度掛《か》け合わせてみますと

$$5\times 5,\ 12\times 12,\ 13\times 13,$$

すなわち

$$25,\ 144,\ 169$$

となりますが，これらの間には

$$25+144=169$$

という関係があります。従って，二乗という記号を使いますと，5，12，13の間の関係は

$$5^2+12^2=13^2$$

と書けます。

こうして

$$7^2+24^2=25^2,$$
$$8^2+15^2=17^2,$$
$$9^2+40^2=41^2,$$
$$\cdots\cdots\cdots\cdots$$

等々の関係があることがわかって来ます。

これから，バビロニアの人達は，

その間に

$$\boldsymbol{a}^2+\boldsymbol{b}^2=\boldsymbol{c}^2$$

という関係のある $\boldsymbol{a}$，$\boldsymbol{b}$，$\boldsymbol{c}$ をそれぞれ三辺の長さとする三角形を作れば，$\boldsymbol{c}$ という長さの辺に対する角は直角である

ということと，

直角三角形の直角を挟《はさ》む二辺の長さをそれぞれ $\boldsymbol{a}$，$\boldsymbol{b}$，斜辺の長さを $\boldsymbol{c}$ とすれば，その間に

$$\boldsymbol{a}^2+\boldsymbol{b}^2=\boldsymbol{c}^2$$

という関係がある

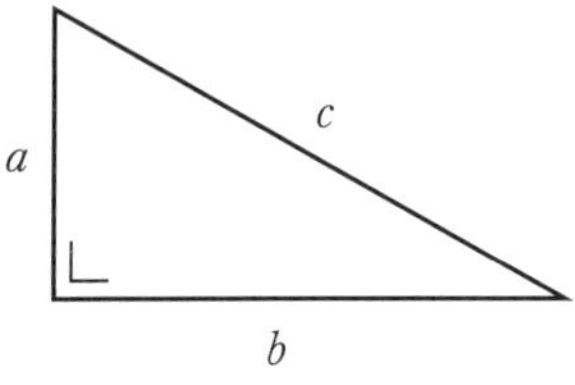

ということとを，想像していました。

しかし，これらが実際ほんとうにそうであるという理由を明らかにしたのは，のちにお話しするピタゴラスです。

さて，バビロニアの人たちは，円に関して，もう一つ面白いことを知っておりました。それはつぎのようなことですが，みなさんは縄の代りにコンパスでやってみてください。

まず適当な半径で，点Oを中心とする円を画きます。つぎに，コンパスをこのときと同じ開きにして，つまりこの円の半径と同じ長さで，この円周を次々に截《き》っていきますと，ちょうど六回目でもとへ戻ります。このことをバビロニアの人達は知っていたのです。

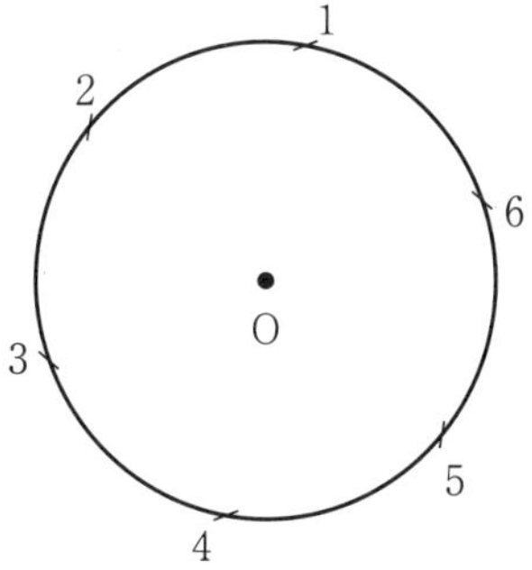

従って，中心Oとこれらの分点《ぶんてん》とを結びますと，Oの周りの一回転の角が，これらの半径によって六等分《とうぶん》されるわけです。

ところが，バビロニアの人達は，1年は360日であると考えていたのです。従ってバビロニアの人達は，一回転を1年とみてこれを360に分けて，1日に当るその一つを1度《ど》と呼んでいました。

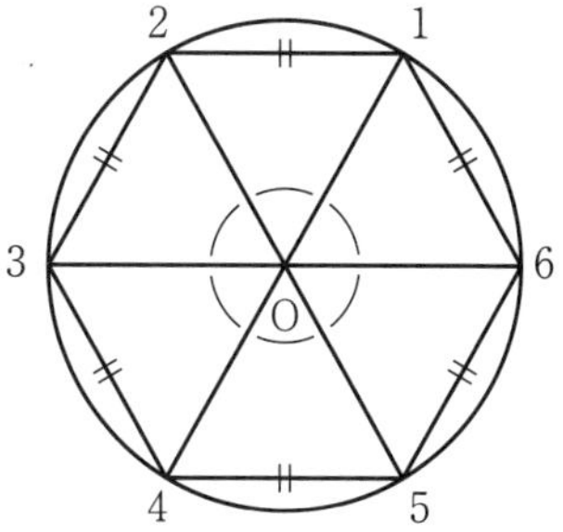

この呼び方によりますと，一回転は360度であり，上に

考えたその６分《ぶん》の１は60度であるということになります。

こういうわけで，バビロニアの人々は，この60という数を非《ひ》常《じょう》に大事な数であると考えていました。現《げん》にバビロニアの人たちは，

145

と書くところを

2.25

と書いています。この最初の２は，実は60が二つということなのです。つまり

$$2.25 = 60 \times 2 + 25$$

という意味なのです。

さて，一回転が360度ですから，その４分の１の直角は90度です。

直角という角は，こんごも何度も現われて来ますから，これからは，直角に対して一つうまい記号を使うことにします。それは

∠**R**

という記号です。これは，直角のことを英語で，Right angle（ライト・アングル）といいますので，その最初の文字Rをとって，その前に角を表わす∠をつけたのです。

それから，角が360度であるとか，90度であるとか，60度であるとかいうことも，これからよく使いますから，度を表わすのに，

360°，90°，60°

などの記号を使うことにします。

5　面　積

エジプトには，沼のほとりなどに，パピルス（papyrus）と呼ばれる一種の水草《みずくさ》が生《は》えていました。エジプトの人たちは，このパピルスから作った一種の紙にいろいろなことを書きとめておきました。

このパピルスは，いまではエジプトにももうないそうですが，英語の紙（paper，ペーパー）という字はこのパピルス（papyrus）から出ているのだそうです。

さて，エジプトの人々が，このパピルスに書き残しておいた事柄のうち，面積《めんせき》に関係のある事柄をお話ししてみましょう。

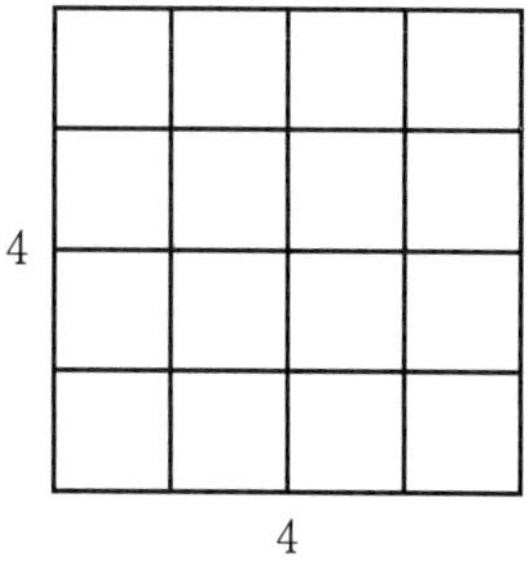

まず，正方形の面積のことが出ています。たとえば，

一辺の長さが4である正方形の面積はいくらか

という種類の問題です。この問題の答が

$$4 \times 4 = 16$$

であることは，上の図から明らかでしょう。パピルスにもその通り書いてあります。

そのつぎには長方形の面積のことが出ています。たとえば

縦《たて》の長さが4，横《よこ》の長さが7である長方形の面積はいくらか

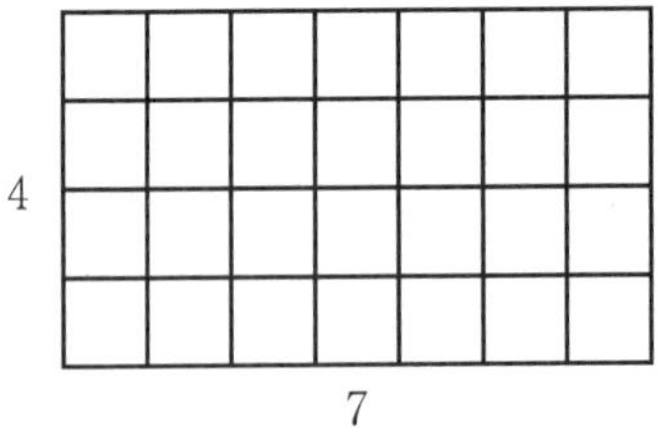

という種類の問題です。この答が

$$4\times7=28$$

であることも，左の図から明らかでしょう。パピルスにもその通り出ています。

さてそのつぎには，二等辺三角形の面積のことが出ています。たとえば，

等しい辺の長さが25，底辺の長さが14である二等辺三角形の面積はいくらか

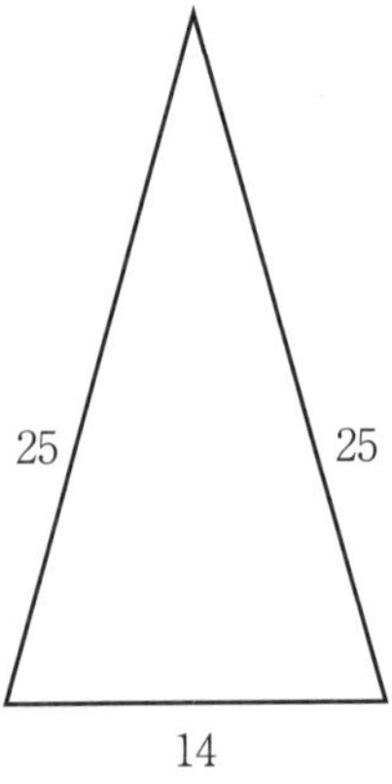

という種類の問題です。

パピルスには，このような二等辺三角形の面積を求めるには，等しい辺の長さと底辺の長さをかけて２で割《わ》れば良い。すなわち

$$(25\times14)\div2=175$$

とすればよいとかいてあります。どうです。これでよいでしょうか。いけませんね。

みなさんもよくご存《ぞん》じでしょうが，次ページの図からもすぐわかりますように，このような三角形の面積をもとめるのには，頂点から底辺に直角に引いた直線の長さと，底辺の長さとを掛け合わせたものを２で割らなければいけません。

頂点から底辺に直角に引いた直線のことを**高さ**といいますが，この高さと底辺をかけたものを2で割らなければいけません。

この三角形に対して高さを測ってみますと，それはちょうど24になりますから，この三角形の面積は

$$(24 \times 14) \div 2 = 168$$

というのが正しい答です。

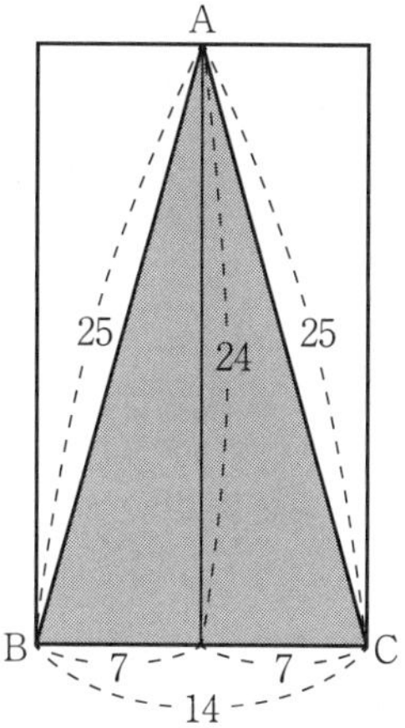

さて，パピルスには，そのつぎに，円の面積の求め方が書いてあります。その方法というのはつぎの通りです。

まず，直径の長さからその $\frac{1}{9}$ を引きます。つぎにその答を二乗すれば円の面積が求まるというのです。

式で書いてみますと

$$\left[(\text{直径}) - (\text{直径}) \times \frac{1}{9}\right]^2$$

となりますが，これはまた

$$\left[(\text{直径}) \times \frac{8}{9}\right]^2$$

または

$$(\text{直径})^2 \times \frac{64}{81}$$

とも書けます。

さらに，直径は半径の 2 倍であることを思い出せば，これはまた

$$\left[(\text{半径})\times 2\right]^2\times\frac{64}{81}$$

すなわち

$$(\text{半径})^2\times\frac{256}{81}$$

とも書けます。

これはちょっと面白い円の面積の求め方ですが，これでよいかどうかを調べてみましょう。

そのためにまず，円の周囲，すなわち円周の長さのことを考えてみます。

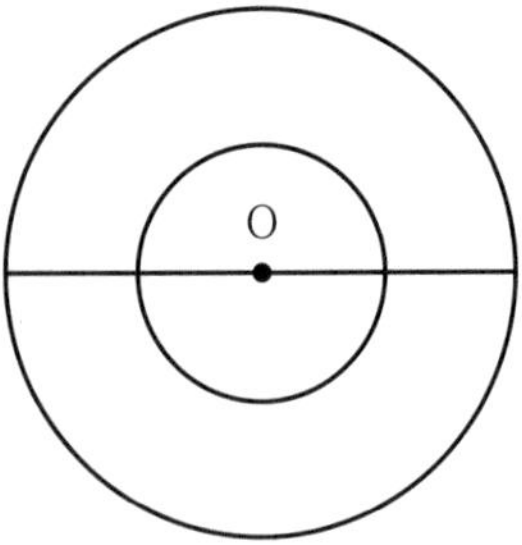

勝手な二つの円は，中心を重ねておいてみますと，一方を拡大《かくだい》または縮小《しゅくしょう》すれば他方が得られると考えられます。

従って，どんな円にあっても，その周囲，すなわち円周の長さと直径との割合は一定であることがわかります。この一定の値を，**円周率**《えんしゅうりつ》と呼んで，π（パイ）という文字で表わすのが普通です。ですから，

$$\frac{(\text{円周})}{(\text{直径})}=\pi$$

となります。すなわち

(円周)＝(直径)× π

となります。または，直径は半径の二倍であることを思い出せば

(円周)＝(半径)×2× π

となります。

この円周率 π の値は，正確に計算すれば

π ＝3.141592……

であることは，ご存じのみなさんも多いことでしょう。

さて，これらを頭において，こんどは円の面積を考えてみましょう。

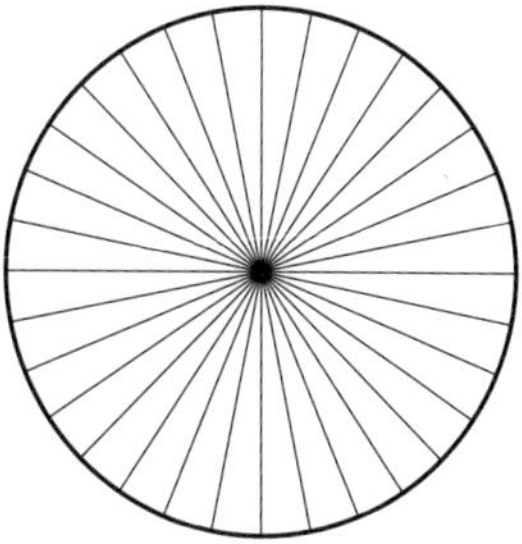

それにはうまい方法があります。まず，円をその半径でなるべくたくさんの扇形に等分して下さい。そしてこれを，輪《わ》切《ぎ》りにしたネーブルをひろげるようにひろげて下さい。それが出来たら，こんどはこれと

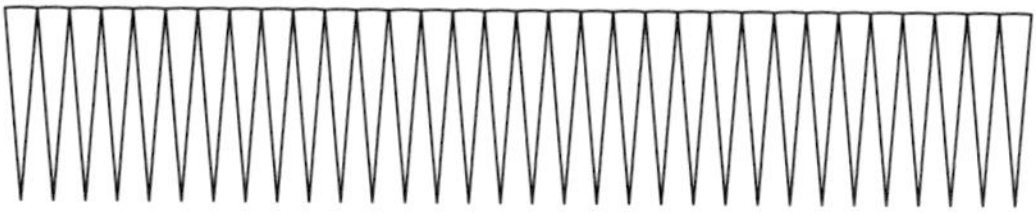

全然同じものをもう一つ考えて，これを前のとかみ合わせたと考えて下さい。そうすると次ページの図のようなものが出来ます。ここで，円の等分の仕方をどんどんと細かく

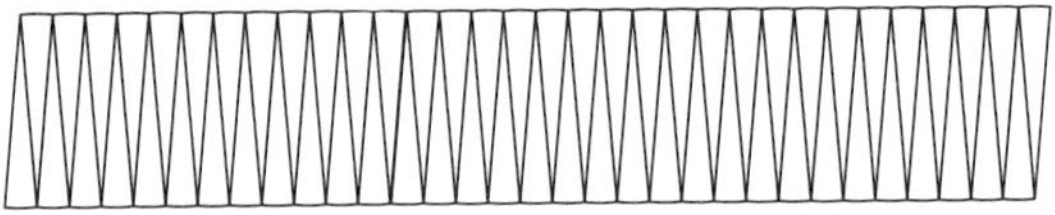

していったと考えれば，上の図は，縦が半径の長さ，横が円周の長さの長方形に近づいて行きます。従って，円の面積は，上の長方形の面積の半分に等しいわけです。

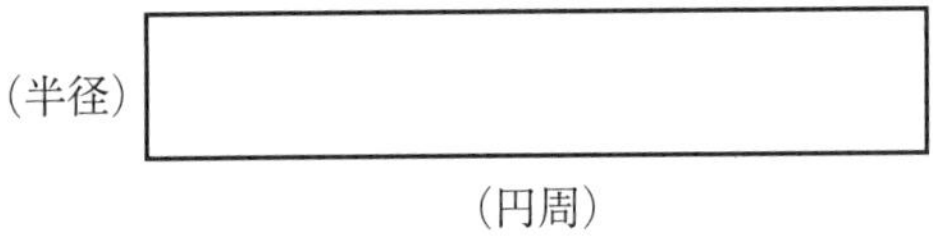

さて，上の長方形の面積は

(半径)×(円周)

です。ところが

(円周)＝(半径)×2×π

ですから，この長方形の面積は

(半径)×〔(半径)×2×π〕

すなわち

(半径)^2×2×π

です。従って考えている円の面積は，この半分，すなわち

(半径)^2×π

すなわち，

円の面積は半径の二乗に円周率を掛けたものに等しい

ことがわかりました。

ところが，前にお話ししたパピルスには，円の面積は

$$(\text{半径})^2 \times \frac{256}{81}$$

に等しいという意味のことが書いてあるのです。従ってエジプトの人たちは，円周率を

$$\frac{256}{81}$$

と考えていたことになります。これを小数に直してみますと，

$$\frac{256}{81} = 3.16049\cdots\cdots$$

となります。すなわち，エジプトの人たちは，実際は

$$\pi = 3.141592\cdots\cdots$$

である円周率を，

$$\pi = 3.16049\cdots\cdots$$

であると考えていたことになりますが，数千年も昔の人としては，かなり正確な値《あたい》を知っていたものと言わなければなりません。

第2章　ターレスの考えたこと

上にお話ししましたように，古代エジプトやバビロニアには，今から数千年も前に，もう立派な文化がさかえておりました。そして，その当時の学者ともいうべき縄張《なわば》り師《し》たちは図形について，いろいろな知識をもっておりました。しかし，これらの知識は，かれらが長い間かかって，経験的に得たものであって，統一のないバラバラなものにすぎませんでした。

さて，エジプトと地中海《ちちゅうかい》をへだてたところに，ギリシアというところがあります。

このギリシアは，エジプトとちがって非常に気候のよいところで，春夏秋冬《しゅんかしゅうとう》の移《うつ》り変わりは規則正しく，人々は自然のめぐみのなかで，しずかな幸福な生活を送ることができました。

こうして，ギリシアの人々の，自然，規則正しいもの，合理的《ごうりてき》なものを愛する性格が養《やしな》われていきました。

その当時，エジプトとギリシアとの間の交通は盛《さか》んに行なわれておりましたので，エジプトで発達した，いわば実用的な学問は，ギリシアにわたって，ギリシア人の手で，理論的《りろんてき》な学問として育てられていったのでした。

このように，エジプトで生まれた実用的な学問を，立派な理論的な学問に育てあげたのは，ターレス，ピタゴラス，ユークリッド等の学者達ですが，ここではまず，ギリシア数学の祖《そ》といわれている**ターレス**（紀元前640-546）の考えたことからお話しをすすめることにいたしましょう。

ターレスは，青年時代には，商人でした。ところが，あるとき，商売のことでエジプトへ渡りました。そのころ，エジプトは文化のさかえていたところでありましたので，商人であったターレスにとっては，物珍《ものめず》らしいことばかりでした。こうしてターレスは，だんだんと学問に対して興味をおぼえるようになり，しばらくエジプトに滞在《たいざい》して，エジプトの坊さんから，当時の学問を習ったのでした。

ターレスは，エジプトの学問を習ったばかりでなく，自分自身の独創的《どくそうてき》な研究をも行なったのでした。

ターレスが，その影《かげ》の長さから，大きな立木《たちき》の高さを測《はか》る方法を考え出したのもこの頃でした。つまりかれは地上に適当な長さの棒《ぼう》を鉛直《えんちょく》に立てておき，棒の高さとその影の長さがちょうど同じになったとき，立木の影の長さを測り，これから立木の高さを見つけ出したのでした。ターレスは，これと全く同じ方法で，有名なピラミッドの高さも見出したと言われております。

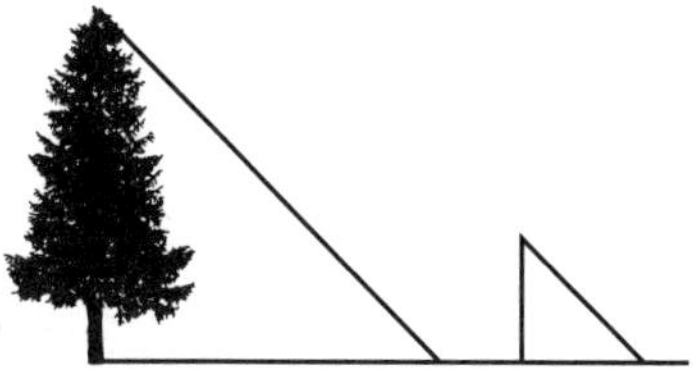

エジプトの坊さんから学問を習ったターレスは，それから学問がますます面白くなり，ギリシアに帰ってからも，数学，天文学等をますます熱心に研究し，ついにはギリシ

ア数学の祖といわれるような立派な学者になったのでした。
前にもお話ししましたように，エジプトの学問は，単《たん》に経験のうえから見出された，バラバラな知識のよせ集めにしかすぎませんでした。これらを学んだターレスは，ギリ

地　中　海　沿

シアへ帰ってから，これらの知識を整理し，系統《けいとう》立てて，立派な学問の形に仕上げて行ったのでした。

たとえばターレスは，エジプトの人たちが，ただ経験の上から正しいと見通しをつけていたにすぎなかった事柄を，

岸 の 地 図

はっきりとした形にいい表わして，これを**定理《ていり》**と呼びました。そしてその定理がなぜ正しいかを説明したのでした。このように，ある定理が確かに正しいということを説明することを，この定理を**証明《しょうめい》する**といいます。従ってターレスは，エジプトの人たちがバラバラにみつけていた事柄を，整理し系統立ててはっきりと定理の形にのべ，これに対して証明をあたえたわけなのです。

では，つぎに，ターレスはどんな定理をのべ，それに対してどんな証明を行なったかを，順々にお話ししてみることにいたしましょう。

1　定理と証明

まず，点Oで交わる二つの直線ＡＢとＣＤを考えてください。二つの直線が一点で交わっていますと，図のように四つの角$\angle a$，$\angle b$，$\angle c$，$\angle d$が出来ます。このような場合《ばあい》に，

$\angle a$と$\angle c$

および

$\angle b$と$\angle d$

は，たがいに**対頂角《たいちょうかく》**であるといいます。

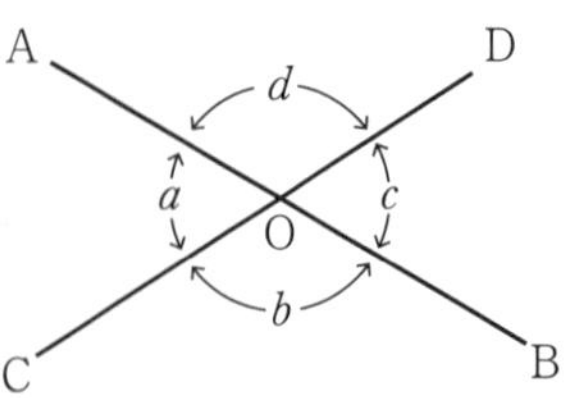

さて，ターレスは，この対頂角に関して，

対頂角は相等《あいひと》しい

ということを主張しました。すなわち，このような定理が成り立つことを主張したので

した。そしてこの定理が，なぜ正しいかということを，つぎのように説明しました。

図からすぐわかりますように，$\angle a$ は，平角《へいかく》，すなわち $2\angle \mathrm{R}$ から $\angle b$ を引いたものです。

$$\angle a = 2\angle \mathrm{R} - \angle b$$

また $\angle c$ も，平角，すなわち $2\angle \mathrm{R}$ から $\angle b$ を引いたものです。

$$\angle c = 2\angle \mathrm{R} - \angle b$$

従って，上の二つの式から，

$$\angle a = \angle c$$

となります。

同じように，$\angle b$ は，平角，すなわち $2\angle \mathrm{R}$ から $\angle c$ を引いたもの，

$$\angle b = 2\angle \mathrm{R} - \angle c$$

$\angle d$ も，平角，すなわち $2\angle \mathrm{R}$ から $\angle c$ を引いたもの，

$$\angle d = 2\angle \mathrm{R} - \angle c$$

であるから，これら二つの式から

$$\angle b = \angle d$$

となります。

これで，対頂角は相等しいという定理がなぜ成り立つかということが立派に証明されました。すなわち，対頂角は相等しいという定理が証明されたわけです。

どうです。定理とはどんなものか，証明とはどんなことをすることかがおわかりになったでしょうか。もう一つターレスののべた定理とその証明とをお話ししてみましょう。

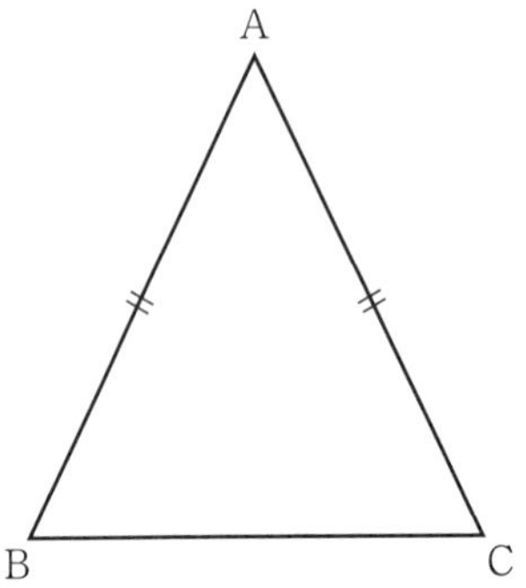

三角形において，その二つの辺の長さが等しかったならば，これを二等辺三角形と呼び，その等しい辺とむかい合っている内角を底角と呼ぶことはもうお話ししました。すなわち，△ＡＢＣにおいて，もしＡＢ＝ＡＣであれば△ＡＢＣは二等辺三角形であり，この場合∠ＡＢＣと∠ＡＣＢがその底角です。

さてターレスは，二等辺三角形に対して，

二等辺三角形の両底角は相等しい

という定理をのべています。記号を用《もち》いて書きますと，

△ＡＢＣにおいて，ＡＢ＝ＡＣであれば，∠Ｂ＝∠Ｃである

という定理をのべています。ただしここに∠Ｂと書きましたのは∠ＡＢＣのこと，∠Ｃと書きましたのは∠ＡＣＢのことです。これを証明してみましょう。

そのために，頂角Ａを二等分する直線を引いて，これが底辺ＢＣと交《まじ》わる点をＭとします。

いま，二等辺三角形ＡＢＣの左半分ＡＢＭを，直線ＡＭを折《お》り目《め》として折り返し，これをその右半分ＡＣＭに重ねることを試《こころ》みてみます。

そうすると，まず，∠ＢＡＭ＝∠ＣＡＭですから，直線

ＡＢは直線ＡＣに重なります。ところがＡＢ＝ＡＣですから，線分ＡＢが，線分ＡＣに重なり，従って，点Ｂが点Ｃに重なります。

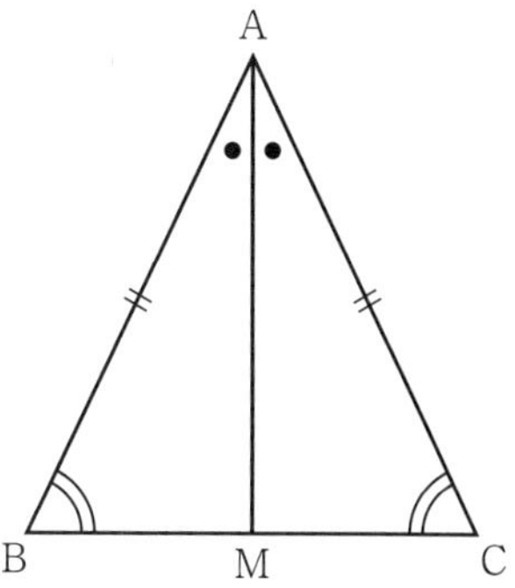

このように，∠Ｂは全く∠Ｃの上に重なり得るのですから，これで

∠Ｂ＝∠Ｃ

であることは立派に証明されました。

どうです。定理とはどんなものか，証明はどんなふうにするかということが，だんだんとおわかりになってきたことと思います。

なお，上の場合の∠Ａの二等分線のように，ある定理を証明するために，定理にはのべていない補助《ほじょ》の線を引くことがありますが，このような線は**補助線**と呼ばれます。

上の定理と，その証明とがよくおわかりになれば，それから，つぎの定理の成り立つことはほとんど明らかでしょう。

二等辺三角形の，頂角の二等分線は底辺と直角をなして交わる

ここに直角をなして交わることを**直交《ちょっこう》する**といい，互いに直交する直線は互いに**垂直《すいちょく》である**ともいいますので，上の定理は，

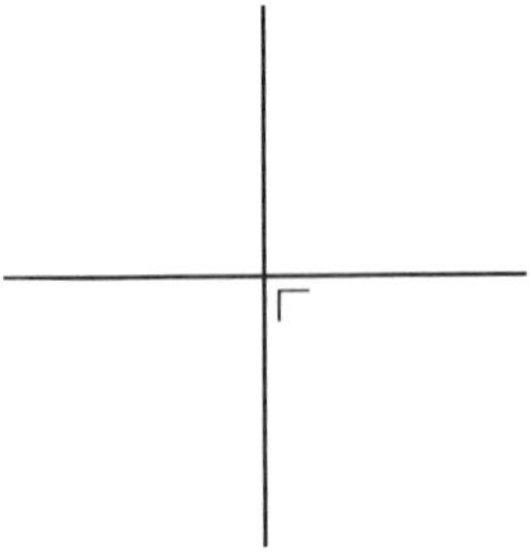

二等辺三角形の頂角の二等分線は底辺に垂直である

ともいうことが出来ます。また，つぎの定理も明らかです。

二等辺三角形の頂角の二等分線は，底辺を二等分する。

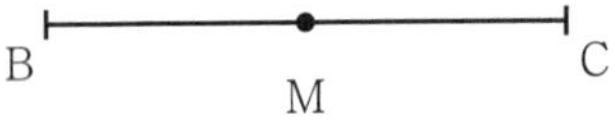

ここに，一つの線分を二等分する点のことを，その線分の**中点**《ちゅうてん》ともいいますので，上の定理は，

二等辺三角形の頂角の二等分線は，底辺の中点を通る

ともいいなおすことが出来ます。さらにつぎの定理が得られます。

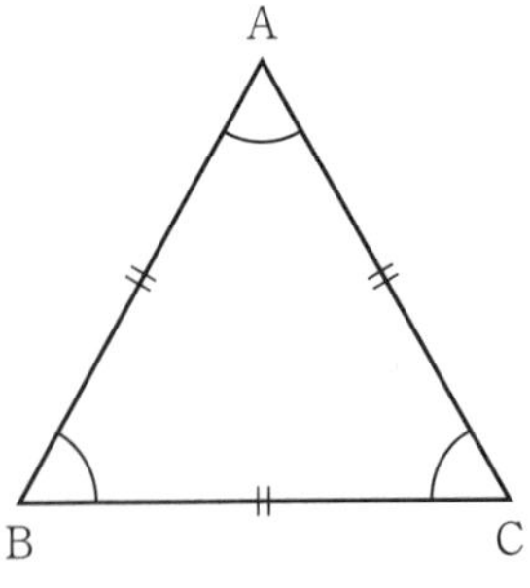

三角形において，三つの辺の長さが相等しければ，三つの内角もまた相等しい。

△ＡＢＣにおいて，ＢＣ＝ＣＡ＝ＡＢであれば，この三角形はどちらからみても二等辺三角形です。従ってどちらからみても底角は相等しくなります。従って，

$$\angle A = \angle B = \angle C$$

すなわち，三つの内角は相等しくなります。

このように，辺の長さが全部等しければ，内角の大きさもまた全部等しいというのは，三角形の特長《とくちょう》です。四角形になりますと，もう，辺の長さが全部等しくても，その内角の大きさが全部等しいとは言われません。それは，右の菱形《ひしがた》の図をみていただけば明らかでしょう。

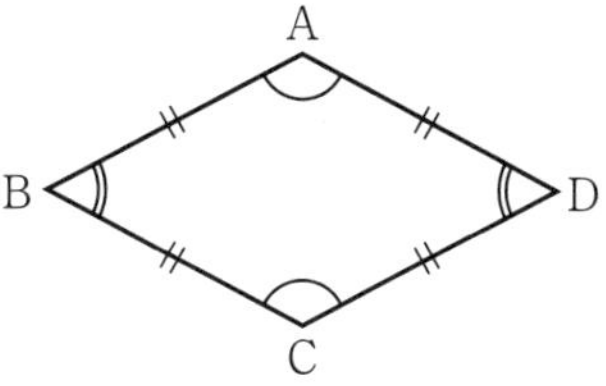

なお，上にのべたいくつかの定理は，

二等辺三角形の両底角は相等しい

という定理が証明されていれば，これを使ってただちに証明される定理です。このように，ある定理からただちにみちびかれる定理のことを，もとの定理の**系**《けい》と呼びます。

さて，

二等辺三角形の両底角は相等しい

という定理を，符号《ふごう》を使って書きますと，

$\triangle ABC$において，

$AB = AC$ならば，$\angle B = \angle C$である

となります。

このように，定理というものは，

甲ならば，乙なり

という形をもっています。すなわち，甲ということを仮定《かてい》

すれば，乙ということが結論《けつろん》されるという形をもっています。

この場合，甲を**仮設《かせつ》**，乙を**終結《しゅうけつ》**と呼びます。従って，

△ＡＢＣにおいて

ＡＢ＝ＡＣならば，∠Ｂ＝∠Ｃなり

という定理にあっては，ＡＢ＝ＡＣが仮設であり，∠Ｂ＝∠Ｃが終結です。

さて，

甲ならば，乙なり

という形の定理があったときに，その仮設と終結とを交換して得られる

乙ならば，甲なり

のことを，もとの定理の**逆《ぎゃく》**と呼びます。たとえば，

△ＡＢＣにおいて

ＡＢ＝ＡＣならば，∠Ｂ＝∠Ｃなり

の逆は，

△ＡＢＣにおいて

∠Ｂ＝∠Ｃならば，ＡＢ＝ＡＣなり

です。

さて，ここにおいて，もとの定理は確かに正しかったのですが，その逆がはたして正しいかどうかを調べてみましょう。

まず，わたくしたちは，底辺ＢＣの中点Mをとって，このMを通って，底辺ＢＣに垂直な直線を引いてみます。このような直線は，線分ＢＣに垂直でこれを二等分していま

すから，線分ＢＣの**垂直二等分線**と呼ばれています。

さて，△ＡＢＣを，この底辺ＢＣの垂直二等分線を折り目として，おり重ねてみましょう。

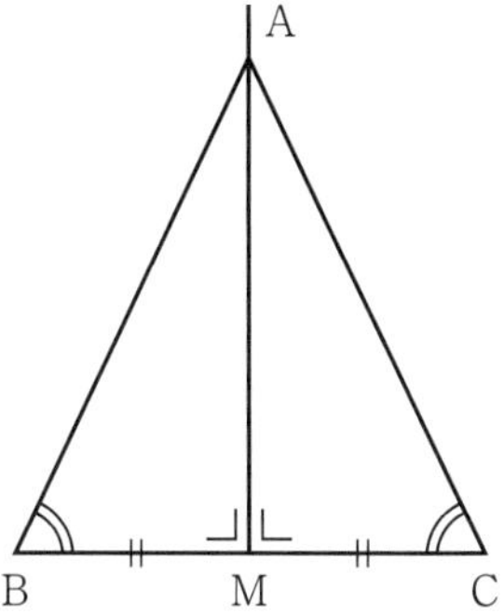

まず，ＢＭ＝ＭＣで，ＢＣはこの折り目に垂直ですから，頂点Ｂは頂点Ｃに重なります。

他方，仮定によって，∠Ｂ＝∠Ｃですから，∠Ｂと∠Ｃとも重なります。そうしますと，辺ＡＢと辺ＡＣはやはり重なることになります。

すなわち，頂点Ａはこの折り目の上になければならず，かつ

ＡＢ＝ＡＣ

であることがわかりました。

従って，

△ＡＢＣにおいて，

ＡＢ＝ＡＣであれば，∠Ｂ＝∠Ｃである

という定理の逆：

△ＡＢＣにおいて，

∠Ｂ＝∠Ｃであれば，ＡＢ＝ＡＣである

もまた正しいことがわかりました。

この逆定理の証明に使った，底辺ＢＣの垂直二等分線は一つの補助線です。

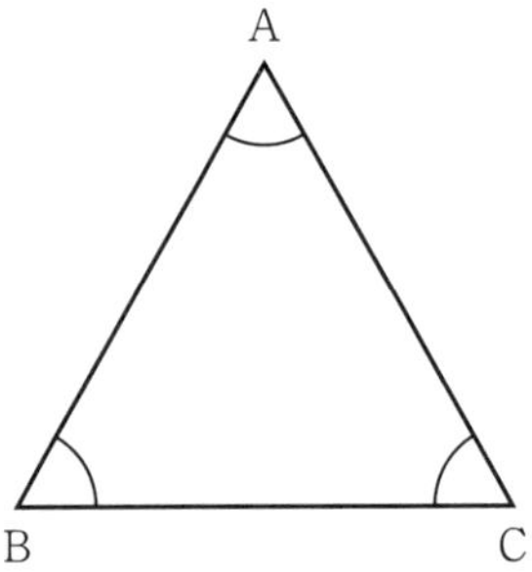

また，この逆定理が証明されれば，

△ＡＢＣにおいて

∠Ａ＝∠Ｂ＝∠Ｃであれば，

ＢＣ＝ＣＡ＝ＡＢである

という定理はすぐ証明されます。従ってこの定理は，上の逆定理の一つの系であるわけです。

このように，三つの内角が等しければ，三つの辺の長さも等しいというのは，実は三角形の特長なのでして，現に四角形に対しては，四つの内角が等しければ，四つの辺の長さも等しいということは成り立ちません。

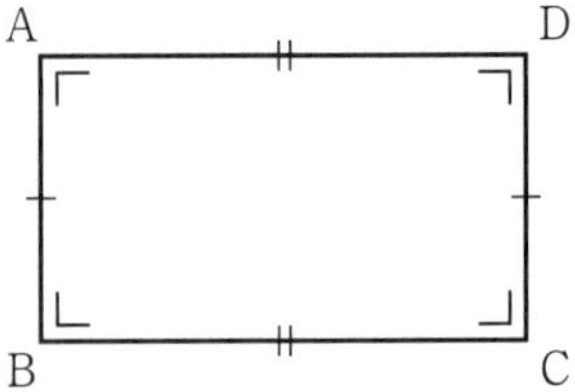

なぜなら，長方形は，その四つの内角が全部直角で等しいにもかかわらず，その四つの辺の長さがことごとく等しいというわけではないからです。

わたくしたちは，

甲ならば，乙なり

という定理に対して，その仮設と終結とを交換した，

乙ならば，甲なり

を，もとの定理の逆定理と呼ぶことを学びましたが，上にお話しした例にあっては，もとの定理はもちろん正しく，

その逆定理もまた正しいことが証明されました。

それならば，

甲ならば，乙なり

という定理が正しかったときに，その逆である，

乙ならば，甲なり

という逆定理も常《つね》に正しいと言えるでしょうか。

これが実は言えないのです。たとえば，四辺形ＡＢＣＤが正方形ならば，

その四つの内角はすべて直角である

という定理は確かに正しいのですが，その逆であるところの，

その四つの内角がすべて直角であれば，四辺形ＡＢＣＤは正方形である

という定理は必ずしも正しいとはいえません。

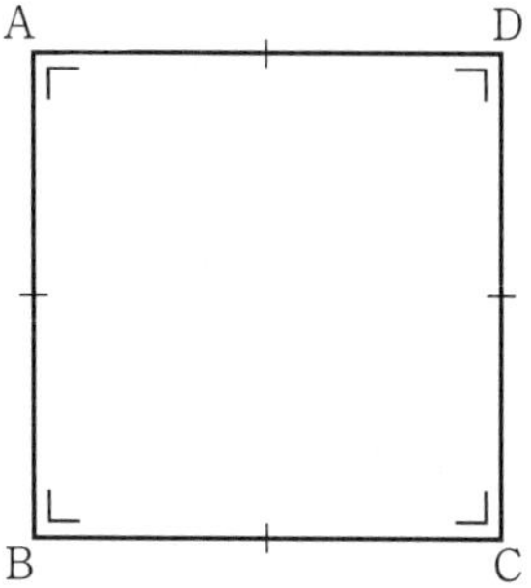

なぜかと申《もう》しますと，その四つの内角がすべて直角であるというだけでは，四辺形ＡＢＣＤは長方形でもあって，正方形とは限らないからです。

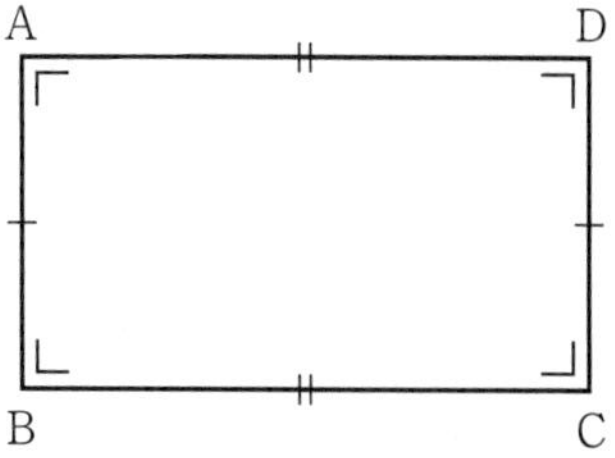

このように，

甲ならば，乙なり

という定理がよし正しか

ったとしても，その逆であるところの

乙ならば，甲なり

という定理は，正しいこともあれば，正しくないこともあるのです。従って，

ある定理が正しくても，その逆定理は必ずしも正しいとは限らない

ということを，はっきりおぼえておくことにしましょう。

2　三角形の合同

わたくしたちは，上の「定理と証明」のところで，二つの図形を重ね合わすということを，何度も行ないました。

このように，たがいにピッタリと重ね合わすことのできる二つの図形のことを，幾何学では，互いに**合同《ごうどう》な図形**と呼んでおります。

たとえば，二つの点ＡとＢがあったとしてみましょう。この場合，点Ａを，点Ｂにピッタリと重ね合わすことは，いつでも可能です。従って，

勝手《かって》な二つの点は，いつもたがいに合同である

ということが出来ます。

ではこんどは，長さの等しい二つの線分ＡＢとＰＱがあったとしてみましょう。

この場合にも，点Ａを点Ｐに，点Ｂを点Ｑに重ねて，これらの線分をピッタリと重ね合わすことはいつでも可能で

す。従って，

長さの等しい二つの勝手な線分は，いつも互いに合同である

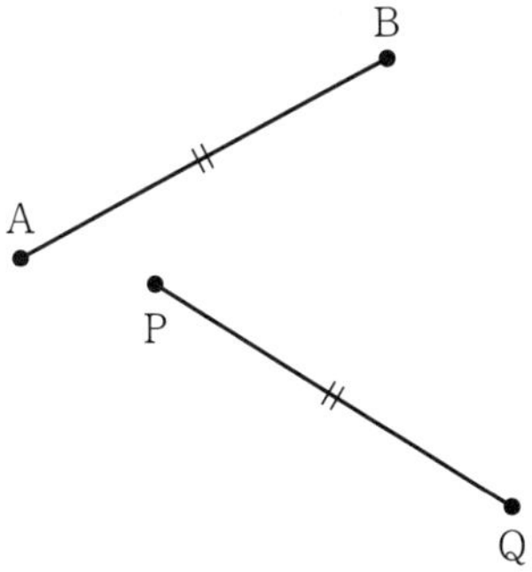

ということが出来ます。

それでは，こんどは，長さの等しくない二つの線分ＡＢとＸＹとがあったとしたらどうでしょう。

この場合には，点Ａを点Ｘに重ねることは出来ましょうが，そうしますと，点Ｂはどうしても点Ｙには重ねることは出来ません。従って，

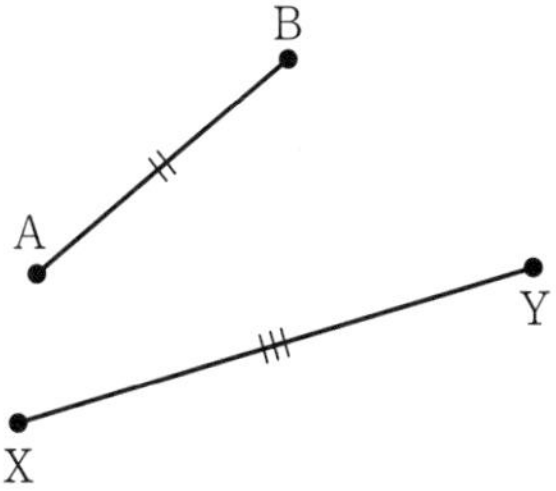

長さの等しくない二つの線分は，決して合同にはなり得ない

ということになります。

ではつぎに，円を考えてみましょう。

いま，半径の等しい二つの円ＡとＢがあったとしてみましょう。

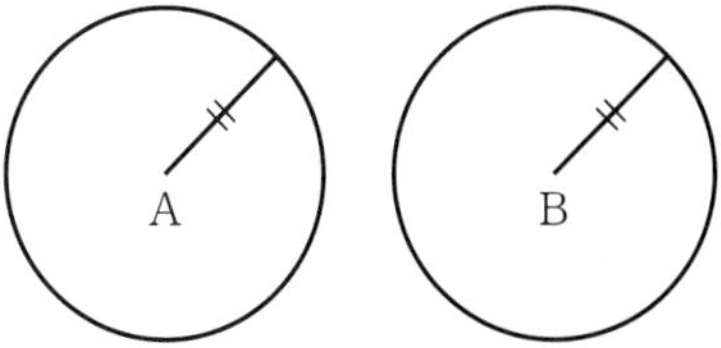

中心Ａを中心Ｂに重ねてみますと，これら二つの円の半径は等しいのですから，二つの円はピッタリ

と重なってしまいます。従って

半径の等しい二つの円は，つねに合同である

ということが出来ます。

反対に

半径の等しくない二つの円は，けっして合同になり得ない

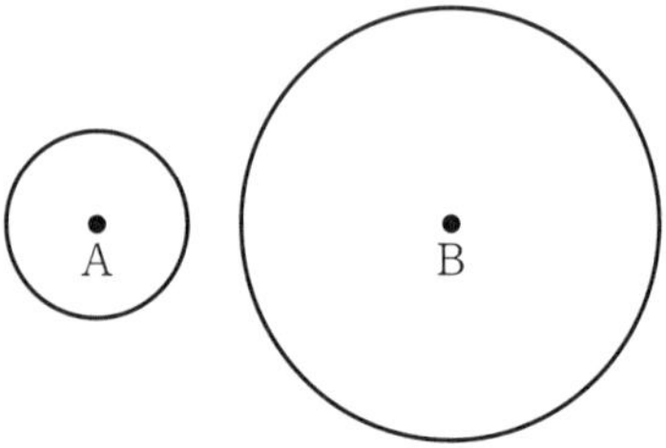

ということは，もう説明の必要はありますまい。

さて，ターレスは，二つの三角形が合同であるための条件を研究して，つぎの三つの重要な定理を発見し，これらに立派な証明をあたえました。それらを以下にお話ししてみましょう。

【三角形の合同に関する第一番目の定理】

二つの三角形において，一つの頂角と，それをはさむ二辺とがそれぞれ等しいならば，これら二つの三角形は合同である。

いま，二つの三角形を△ＡＢＣおよび△ＤＥＦとして，上の定理を記号で書き表《あら》わしてみますと，

△ＡＢＣと△ＤＥＦにおいて，

∠Ａ＝∠Ｄ，ＡＢ＝ＤＥ，ＡＣ＝ＤＦであれば，

△ＡＢＣと△ＤＥＦはたがいに合同である

となります。

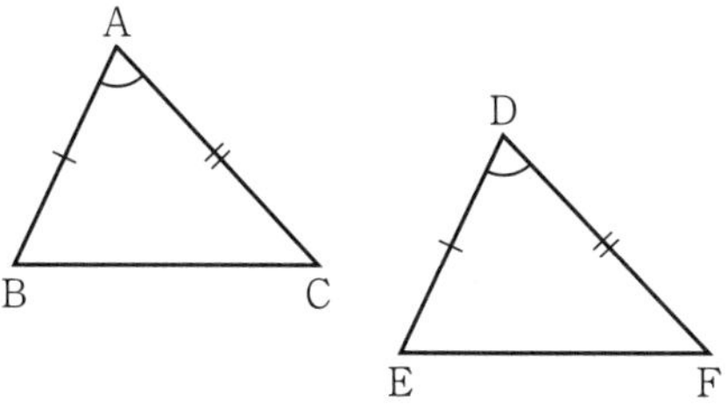

さて，この定理の証明ですが，それには，実際に，△ＡＢＣと△ＤＥＦとを重ね合わし得ることをしめせばよいわけです。

まず，∠Ａ＝∠Ｄなのですから，辺ＡＢと辺ＤＥ，辺ＡＣと辺ＤＦとが重なるように，∠Ａと∠Ｄとを重ねてみましょう。そうしますと，ＡＢ＝ＤＥなのですから，点Ｂと点Ｅはたがいに重なってしまいます。また，ＡＣ＝ＤＦなのですから，点Ｃと点Ｆともたがいに重なってしまいます。

従って，△ＡＢＣと△ＤＥＦとを，点Ａと点Ｄ，点Ｂと点Ｅ，点Ｃと点Ｆとが重なるように，つまりピッタリと重ねてしまうことが出来たわけです。

従って，△ＡＢＣと△ＤＥＦとが合同であることは証明されたわけです。

なお，幾何学では，二つの図形が合同であることをしめすのに，≡という記号を使います。従って，△ＡＢＣと△ＤＥＦとが合同であることは，

△ＡＢＣ≡△ＤＥＦ

で表わされます。

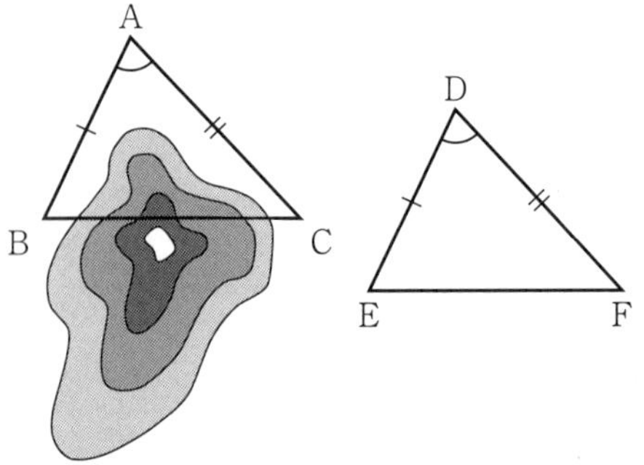

この定理を使いますと，たとえば山などがその間にあって直接測定することのできない二地点Ｂ，Ｃ間の距離を間接に測ることができます。

それにはまず，点Ｂ，点Ｃの両方までの距離を測り得るような点Ａを選びます。

そして，∠Ａ，辺ＡＢ，辺ＡＣの三つを直接に測定します。そのつぎに，同じく平な地面上に，∠Ａ＝∠Ｄ，ＡＢ＝ＤＥ，ＡＣ＝ＤＦとなるような三角形ＤＥＦを画《えが》きます。そうしますと，上に証明した定理によって

△ＡＢＣ≡△ＤＥＦ

です。従って

ＢＣ＝ＥＦ

です。

従って，直接に測定し得る二点Ｅ，Ｆ間の距離を測定することによって，直接には測定し得ない二点Ｂ，Ｃ間の距離を知ることができるわけです。

なお，

△ＡＢＣにおいて，

ＡＢ＝ＡＣであれば，

$\angle$Ｂ＝$\angle$Ｃ

であるという定理を証明するのに，前に，この三角形を，$\angle$Ａの二等分線ＡＭを折り目として，たがいに重ね合わすという方法をとりました。

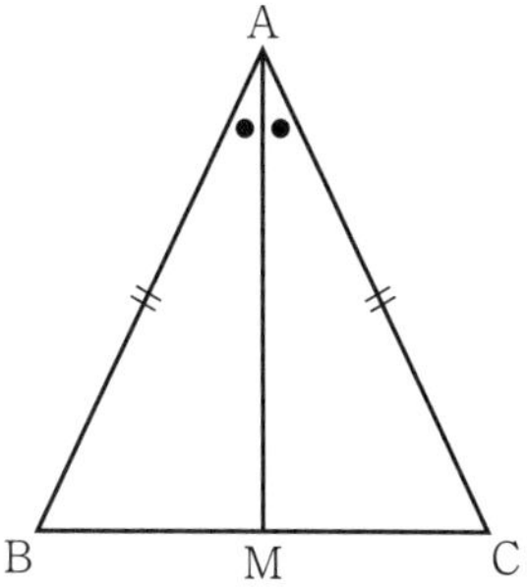

ところが，これは実は，△ＡＢＭと△ＡＣＭとが合同であることを証明したのに他ならないのです。なぜなら，

△ＡＢＭと△ＡＣＭとにおいて，

$\angle$ＢＡＭ＝$\angle$ＣＡＭ，ＡＢ＝ＡＣ，ＡＭは共通ですから，これら二つの三角形は，一角とそれをはさむ二辺がそれぞれ等しくなり，従って

△ＡＢＭ≡△ＡＣＭ

となるわけです。従って，これから

$\angle$Ｂ＝$\angle$Ｃ

が結論されるわけです。

【三角形の合同に関する第二番目の定理】

二つの三角形において，一つの辺と，その両端の内角とがそれぞれ等しいならば，これら二つの三角形は合同である。

いま，二つの三角形を△ＡＢＣおよび△ＤＥＦとして，

上の定理を記号で書き表わしてみますと，

△ＡＢＣと△ＤＥＦにおいて，

ＢＣ＝ＥＦ，∠Ｂ＝∠Ｅ，∠Ｃ＝∠Ｆであれば，

△ＡＢＣ≡△ＤＥＦ

である

となります。

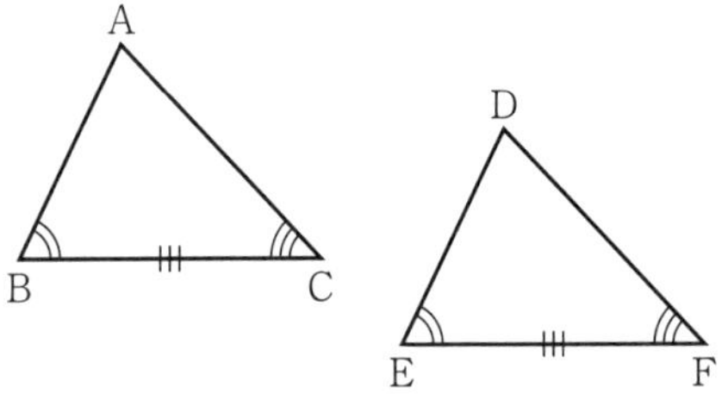

この定理の証明も，△ＡＢＣと△ＤＥＦとを実際に重ね合わし得ることをしめせばよいわけです。

まず，ＢＣ＝ＥＦなのですから，点Ｂと点Ｅ，点Ｃと点Ｆとが重なるように，辺ＢＣと辺ＥＦとを，頂点Ａと頂点Ｄとが同じ側に来るように重ねてみましょう。そうしますと，∠Ｂ＝∠Ｅなのですから，辺ＡＢと辺ＤＥとはたがいに重なってしまいます。また，∠Ｃ＝∠Ｆなのですから，辺ＡＣと辺ＤＦともたがいに重なってしまいます。従って頂点Ａと頂点Ｄもまた重なってしまいます。

従って，△ＡＢＣと△ＤＥＦとを，点Ａと点Ｄ，点Ｂと点Ｅ，点Ｃと点Ｆとが重なるように，つまりピッタリと重ねてしまうことができたわけです。

従って，△ＡＢＣと△ＤＥＦとが合同であることは証明されたわけです。

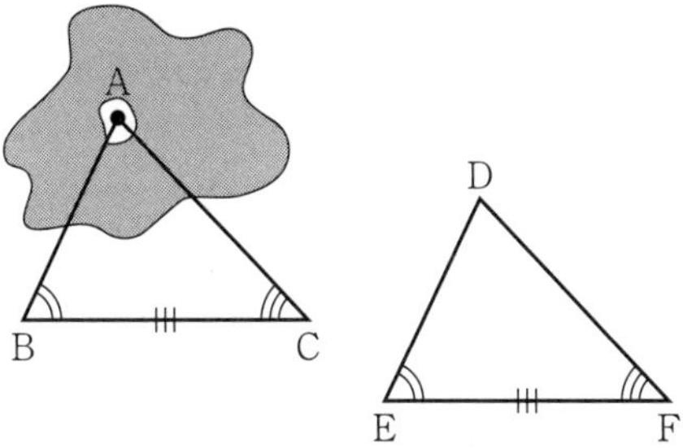

この定理を使いますと，たとえば沼のなかにある島上の一点Ａと岸の一点Ｂとの間の距離のように，直接測定することのできない距離を間接に測定することができます。

それにはまず，点Ｂとの距離を直接に測り得るような一点Ｃを岸に選びます。

そして，辺ＢＣ，∠Ｂ，∠Ｃの三つを直接に測定します。そのつぎに，同じく平な地面上に，

ＢＣ＝ＥＦ，∠Ｂ＝∠Ｅ，∠Ｃ＝∠Ｆとなるような三角形ＤＥＦを画きます。そうしますと，上に証明した定理によって

△ＡＢＣ≡△ＤＥＦ

です。従って

ＡＢ＝ＤＥ

です。

従って，直接に測定し得る二点Ｄ，Ｅ間の距離を測定す

ることによって，直接には測定し得ない二点Ａ，Ｂ間の距離を知ることができるわけです。

ターレスは，この方法によって，岸から，海上の舟《ふね》までの距離を測ったと言われております。

このようにターレスは，エジプトに発達した断片的《だんぺんてき》な知識を整理し系統立てて学問の形に組み立てた最初の人であると同時に，このようにして発展した学問の結果を，ふたたび実際的な問題に応用《おうよう》した最初の人でもあるわけです。

【三角形の合同に関する第三番目の定理】

二つの三角形において，三つの辺の長さがそれぞれ等しかったならば，これら二つの三角形はたがいに合同である。

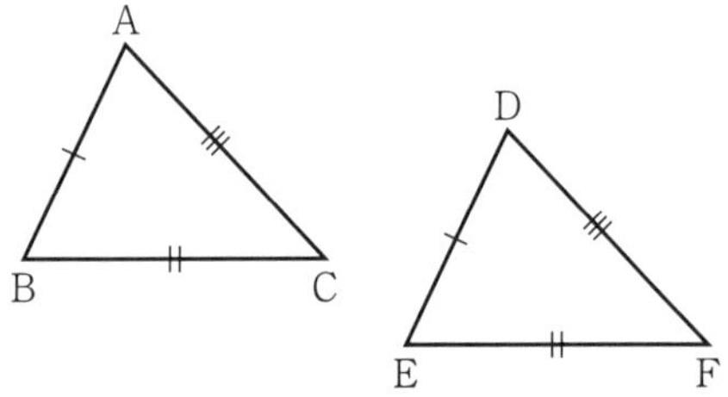

いま，二つの三角形を△ＡＢＣおよび△ＤＥＦとして，上の定理を記号で書き表わしてみますと，

△ＡＢＣと△ＤＥＦにおいて，

ＡＢ＝ＤＥ，ＢＣ＝ＥＦ，ＡＣ＝ＤＦであれば，

△ＡＢＣ≡△ＤＥＦ

である

となります。

　この定理の証明も，△ＡＢＣと△ＤＥＦとを実際に重ね合わし得ることをしめせばよいわけです。

　ところが，こんどの場合は，前の二つの場合とちがって，これら二つの三角形を直線重ね合わすことは，うまく出来ません。そこで何か一《ひと》工《く》夫《ふう》必要になって来ます。

　そこでまず，△ＡＢＣと△ＤＥＦとを，長さの等しい辺ＢＣと辺ＥＦとが重なり，頂点Ａと頂点Ｄとがその反対側に来るようにおいてみます。

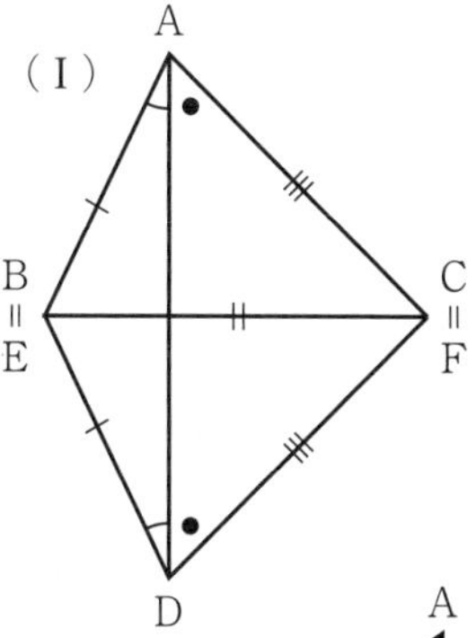

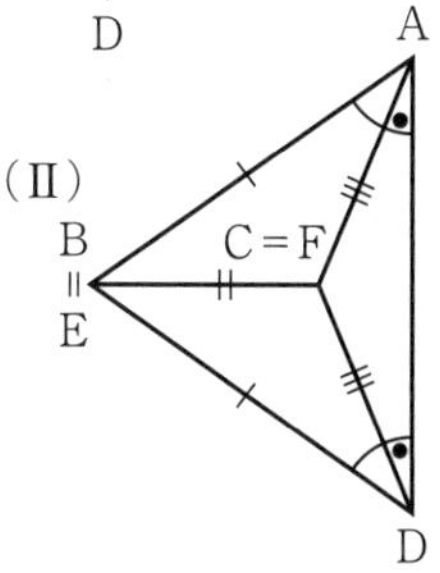

　そして，頂点Ａと頂点Ｄとを結んでみます。そうしますと，ＢＡ＝ＢＤですから△ＢＡＤは二等辺三角形です。従ってその両底角は相等しく，

$$\angle BAD = \angle BDA$$

となります。また，ＣＡ＝ＣＤですから，△ＣＡＤも二等辺三角形です。従ってその両底角は相等しく

$$\angle CAD = \angle CDA$$

となります。

　従って，右の図の（Ⅰ）の場合には，これら二つの式を加え合わせ，（Ⅱ）の場合には，これら二つの式をたがい

に引きますと，

∠ＢＡＣ＝∠ＢＤＣ，

すなわち

∠Ａ＝∠Ｄ

となります。

従って，△ＡＢＣと△ＤＥＦとは，

∠Ａ＝∠Ｄ，ＡＢ＝ＤＥ，ＡＣ＝ＤＦ

ですから，三角形の合同に関する第一番目の定理によって

△ＡＢＣ≡△ＤＥＦ

となります。これで，三角形の合同に関する第三番目の定理も完全に証明されました。

この定理の応用を一つお話ししてみましょう。

すなわち，わたくしたちは前に，

二等辺三角形の頂角の二等分線は，底辺の中点を通る

ということを証明しましたが，こんどは，その逆にあたるところの，

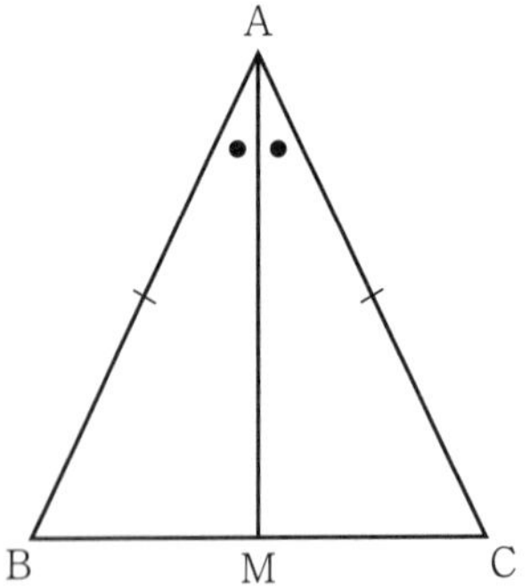

二等辺三角形の頂点と底辺の中点を結ぶ直線は，頂角を二等分する

ということを証明してみましょう。

いま，二等辺三角形をＡＢＣとして，上の定理を記号で表わしてみますと，

△ＡＢＣにおいて，

ＡＢ＝ＡＣ，ＭはＢＣの中点ならば，
ＡＭは∠Ａを二等分する
となります。

これを証明するのには，三角形の合同に関する第三番目の定理が非常に役に立ちます。

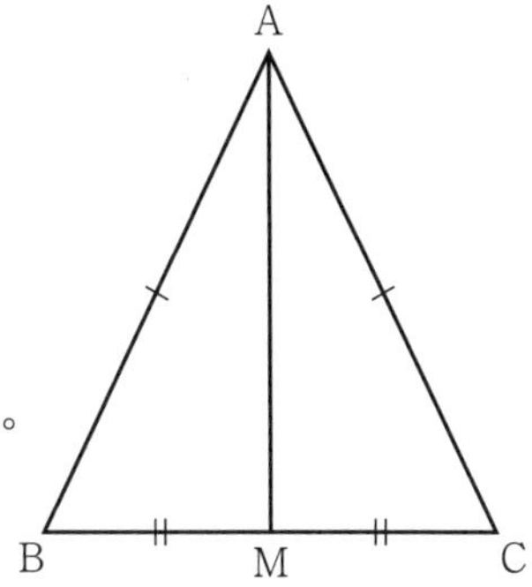

すなわち，△ＡＢＭと△ＡＣＭとにおいて，

ＡＢ＝ＡＣ，
ＢＭ＝ＣＭ，
ＡＭは共通

ですから，これら二つの三角形は合同になります。すなわち

△ＡＢＭ≡△ＡＣＭ

です。

従って

∠ＢＡＭ＝∠ＣＡＭ

すなわち，ＡＭは頂角Ａを二等分することがわかりました。

さて，ターレスは，このほかにもいろいろな定理を発見し，しかもそれに証明をあたえております。

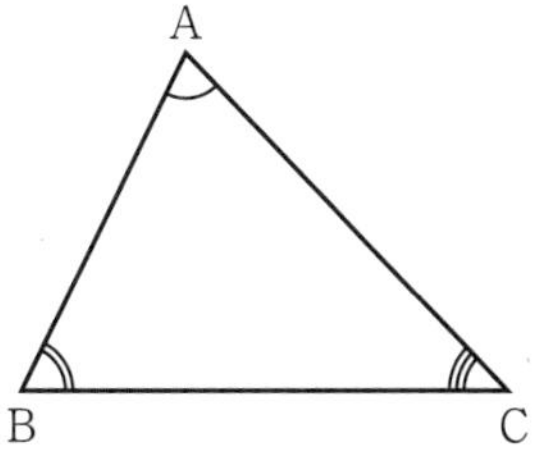

たとえば，かれは，

どんな三角形でも，その三つの内角を加えたものは二

直角になる

ということを知っていたと言われています。

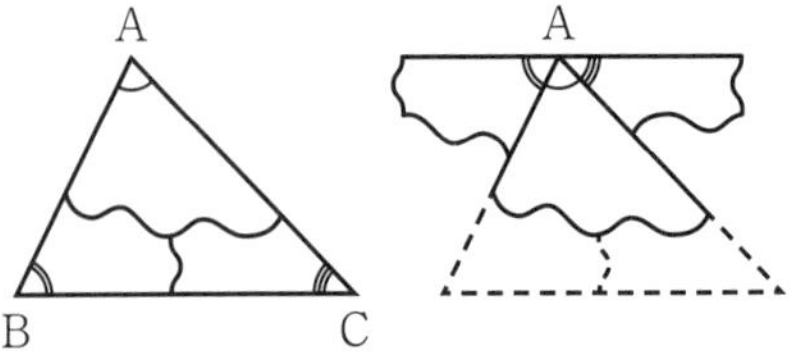

実際，上の左の図のように，紙を三角形の形に切り抜《ぬ》き，これを三つにちぎり，それらを右の図のように合わせますと，三つの内角の和は一直線，すなわち二直角になることを認められるでしょう。

またターレスは，

円周上の勝手な一点Pを，一つの直径ＡＢの両端に結ぶと，角ＡＰＢはいつでも直角になる

ことを知っていたと言われています。

これも，コンパスで円を画いておいて実験してごらんに

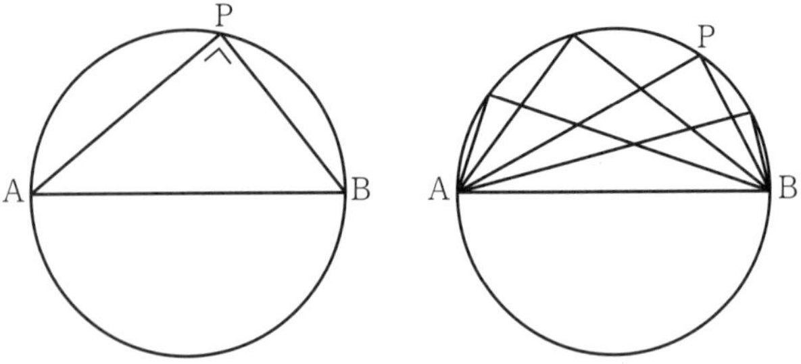

なれば，その正しいことはすぐおわかりでしょう。

しかし，これらの事柄の証明は，つぎの平行線《へいこうせん》のお話しがすんでから，考えることにいたしましょう。

第3章　平　行　線

——平面の上でどこまで延しても交わらない二直線

わたくしたちはいままで，おもに，平な一つの平面上《へいめんじょう》にある図形を考えて来ました。これからもしばらく，いつでも同じ平面上にある図形を考えていくことにしましょう。

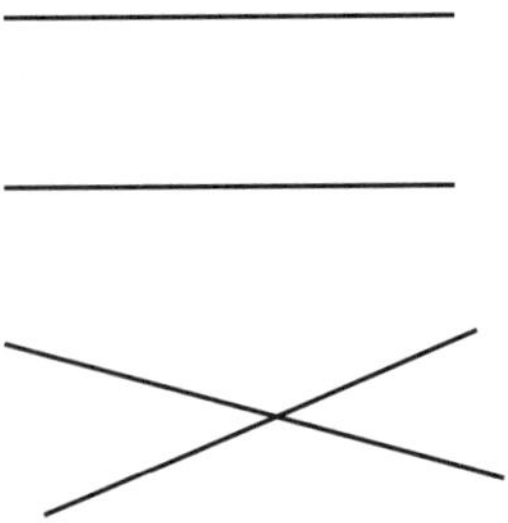

さて，同じ平面上にある二つの違った直線《ちょくせん》は，二つ以上の点を共有することは出来ません。なぜなら，もし二つの直線が二点を共有すれば，二点を通る直線はただ一本しかないということによって，これらの二直線は一致《いっち》してしまわなければならないからです。

従って，同じ平面上にある二つの直線は，もし点を共有するとすれば，それはただ一点です。このような場合，二直線がその点で交《まじ》わるということはもうみなさんご存《ぞん》じでしょう。

では，同じ平面上にある二つの直線が，一つも点を共有しない，すなわち交わらぬことがあるでしょうか，こんどはこの場合を調べてみましょう。

1　平　行　線

まず，一本の直線pと，それに垂直《すいちょく》な二本の直線l，mとを考えてください。

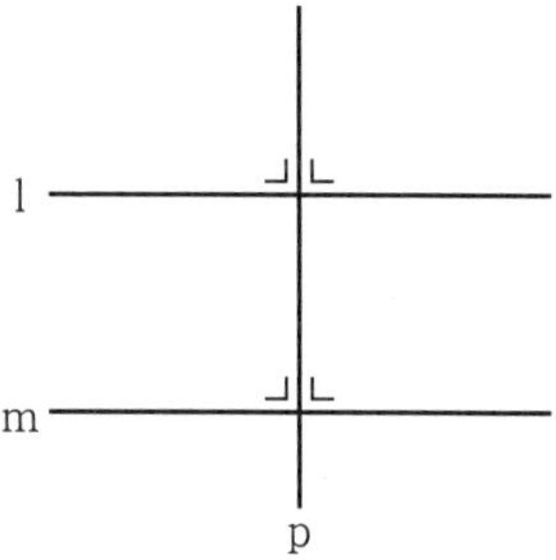

この場合，二本の直線lとmとは，どこまでのばしても交わることはありません。まずこれを証明《しょうめい》してみましょう。

いま，これらの直線lとmとが，これを右の方へどんどんのばしていったら，右の方で交わってしまったと仮定してみましょう。

ところが，直線lとmとは，いずれも直線pに垂直なのですから，これらを直線pを折《お》り目《め》として折りかえせば，その右半分は，左半分の上にピッタリと重なり合ってしまうはずです。

従って，もし二直線lとmとが，右の方へのばしていって交わるものなら，左の方へのばしていっても交わらなければなりません。

そうすると，右の方へのばしていっても，左の方へのばしていっても交わることになってしまいますから，これは，二つの直線が二点で交わることになってふつごうです。

従って，これらの二直線lとmとは，右の方へどんなにのばしていっても，けっして交わることはないわけです。

まったく同様の理由によって，これらの二直線 l と m とは，左の方へどんなにのばしていっても，けっして交わることはありません。

このように，二つの直線が，左右へどんなにのばしていってもたがいに交わらぬことがあるわけです。このように，どこまでのばしていってもたがいに交わらぬ同じ平面上の二直線のことを，わたくしたちは，**たがいに平行《へいこう》な直線**または**平行線**と呼んでいます。

この言葉づかいをしますと，上に証明した事柄は，

同じ直線に垂直な同一平面上の二直線はたがいに平行である

と言い直すことが出来ます。

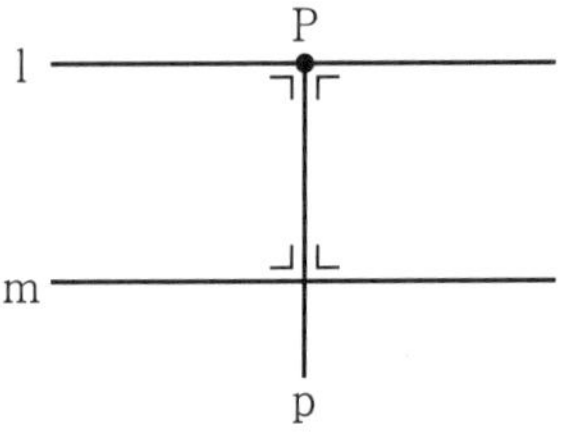

ですから，ある平面上に，一点 P と一直線 m とがえがかれているときに，この点 P を通って，直線 m に平行な直線を引くのには，まず点 P を通って直線 m に垂直な直線 p を引き，つぎに，点 P を通って直線 p に垂直な直線 l を引けばよいわけです。

それならば，点 P を通って，直線 m に平行な直線は，l というこの直線ただ一本でしょうか。そのほかにはないものでしょうか。いま試《こころ》みに，点 P を通って，直線 l とは違う直線を引いてみますと，このような直線は，どこまでものばしていけば，左か右かできっと直線 m と交わってしま

います。すなわち直線mと平行ではあり得ません。

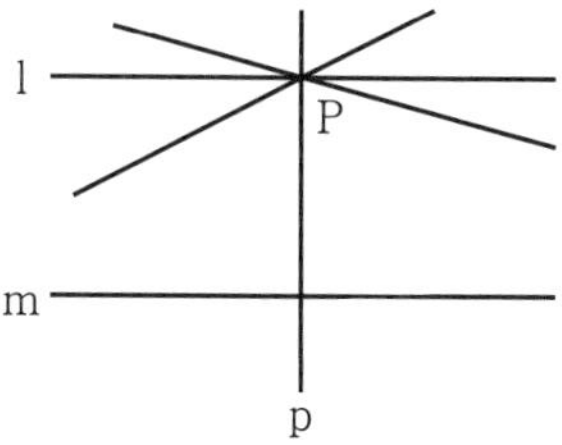

すなわち，直線外の一点を通って，これに平行な直線が少くとも一つあることは上の証明でわかっているのですが，さらに，このような直線は，この直線ただ一本にかぎると思われます。そこでわれわれは，

直線外の一点を通って，この直線に平行な直線は一つあって，しかも一つにかぎる

ということを認《みと》めて，先へすすむこととします。

このことを認めますと，これからいろいろのことが証明されます。

たとえば

同じ直線に平行な相異《あいこと》なる二直線は，また互いに平行である

ということが証明されます。つまり，直線lと直線mが平行，直線lと直線nとが平行であれば，直線mと直線nもまたたがいに平行であることが証明されます。

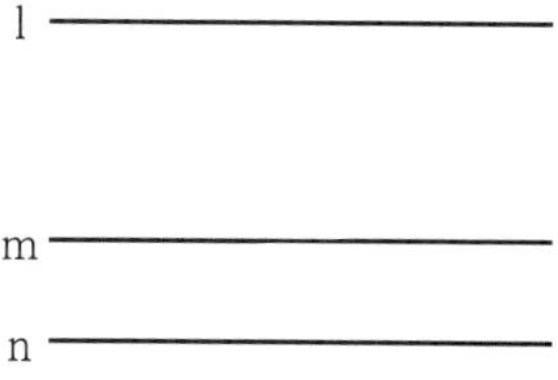

これを証明するために，いま，直線mと直線nとがたがいに平行ではない，すなわち一点Qで交わったと

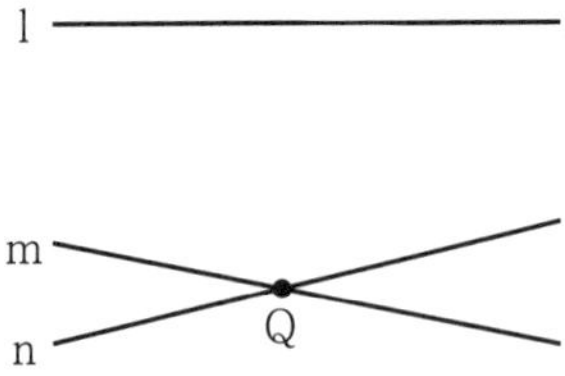

してみましょう。そうしますと，一点Qを通って，直線 l に平行な直線が m および n と二本引けたことになって，上に認めたことに反します。従って，直線 m と直線 n とは互いに平行でなければなりません。

また，

たがいに平行な二直線の一方に交わる直線は他方とも交わる

ということも証明されます。つまり，たがいに平行な二直線を l および m とするとき，直線 p が m と交われば，また l とも交わることも証明されます。

これを証明するために，直線 p は，直線 m とは点Qで交わるが，直線 l とは交わらない，すなわち，直線 p と直線 l とは平行であったと仮定してみましょう。そうしますと，

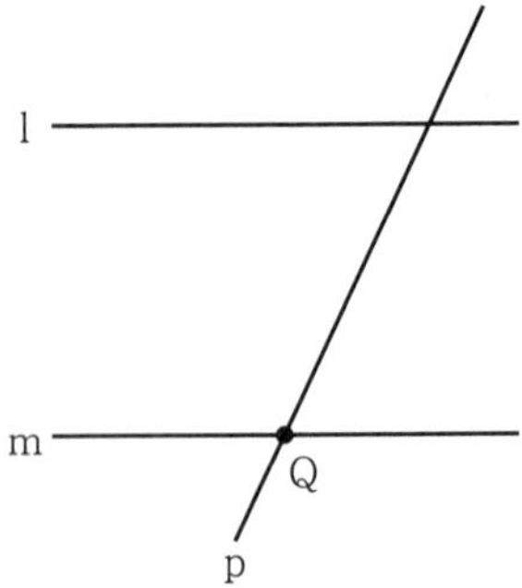

直線 m も直線 p も直線 l に平行であるということになりますから，一点Qを通って，直線 l に平行な直線が二本引けたことになって，前に認めたことに反します。従って，平行な二直線の一方に交わる直線は，また他方とも交わることが証明さ

れました。

さらに，一番始めに証明したことの逆にあたる，

平行な二直線の一方に垂直な直線は，他方にも垂直である

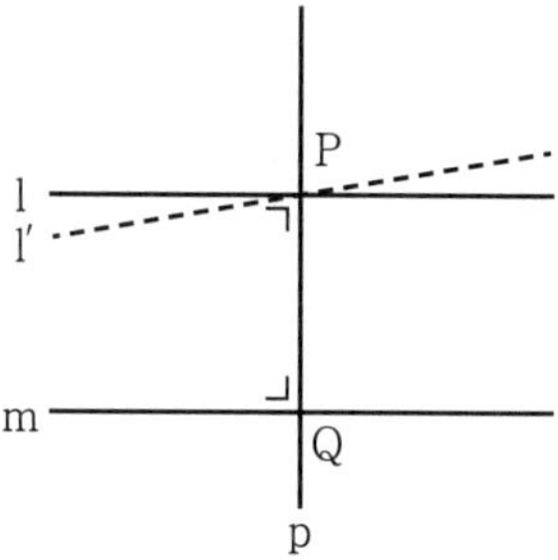

ということが証明されます。つまり，直線lと直線mとが平行であるとき，もし直線pと直線mとが垂直であれば，直線pと直線lとも垂直であることが証明されます。

直線pと直線mとは点Qで垂直に交わっているとすれば，直線pと直線lとは，とにかく一点Pで交わります。

いま，点Pを通って，直線pに垂線《すいせん》l′を引きますと，直線l′と直線mとは平行になります。また仮定によって直線lと直線mとも平行であります。ところが，点Pを通って直線mに平行な直線はただ一つしかないのですから，直線l′と直線lとは一致しなければなりません。従って，直線pは直線lと垂直であることは証明されました。

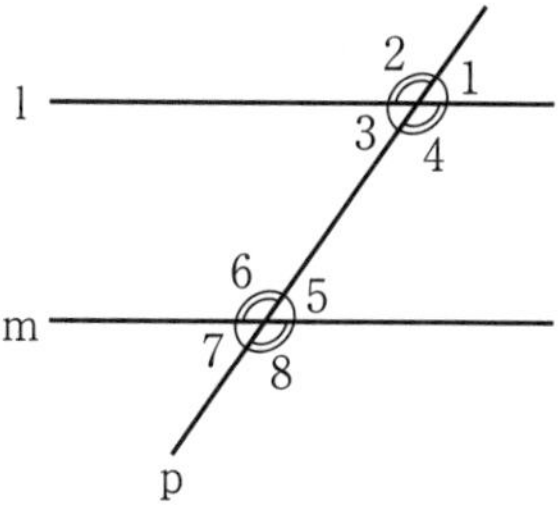

さて，二つの直線lとmに第三の直線pが交わりますと，右図の示すように，1，2，3，4，5，6，7，8という八つの角が出来ます。

このような場合に,

角1と5
角2と6
角3と7
角4と8 ｝をたがいに**同位角《どういかく》**,

角3と5
角4と6 ｝をたがいに**錯角《さっかく》**

と呼びます。

しかし角1と3，角2と4，角5と7，角6と8はたがいに対頂角で等しいわけですから,

二直線に第三の直線が交わっているとき，同位角が等しければ錯角が等しく，錯角が等しければ同位角も等しい

ことは，明らかでしょう。

さて,

二直線に第三の直線が交わっているとき，その一組の錯角（または同位角）が等しければ，最初の二直線は平行である

という定理が成り立ちます。これを証明してみましょう。

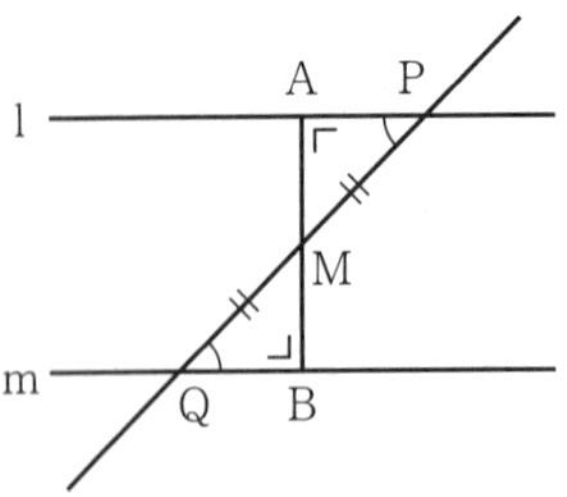

二つの直線をlおよびmとし，これに第三の直線がそれぞれPおよびQで交わり，そこに出来る一組の錯角が，図のように等しかったとしてみましょう。

いま，線分ＰＱの中点M

から，直線 l に垂線ＭＡを下して，それを反対方向に延《えん》長《ちょう》したものが直線ｍと交わる点をＢとします。

そうしますと，

△ＡＭＰと△ＢＭＱとにおいて，

ＭＰ＝ＭＱ，

∠ＡＭＰ＝∠ＢＭＱ（対頂角）

∠ＡＰＭ＝∠ＢＱＭ（仮定）

ですから，これら二つの三角形ＡＭＰとＢＭＱとはたがいに合同になります。すなわち

△ＡＭＰ≡△ＢＭＱ

となります。

従って

∠ＭＡＰ＝∠ＭＢＱ

ですが，∠ＭＡＰは作図法《さくずほう》によって直角です。従って∠ＭＢＱもまた直角でなければなりません。

従って，直線 l とｍとは，両方とも直線ＡＢに垂直になります。従って直線 l とｍとはたがいに平行でなければなりません。これで上の定理は完全に証明されました。

この定理が証明されますと，その逆にあたる，

平行な二直線に第三の直線が交わっていれば，そこに出来る錯角（または同位角）は相等しい

を証明することができます。

実際，たがいに平行な二直線 l とｍに第三の直線ｐがそれぞれ点ＰおよびＱで交わっているとしてみましょう。いま点Ｐを通って，ちょうど錯角(又は同位角）が等しくな

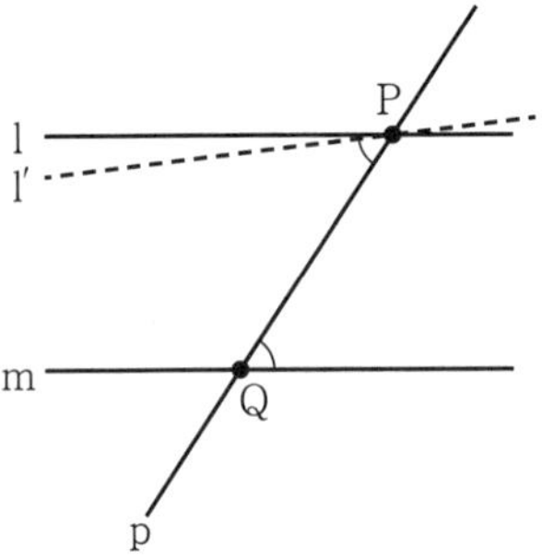

るように直線l′を引いてみますと，前に証明した定理によって，直線l′と直線mとはたがいに平行になります。また仮定によって，直線lと直線mとも平行であります。ところが，点Pを通って直線mに平行な直線はただ一本しかないのですから，直線lとl′とはぜひとも一致しなければなりません。

従って，平行な二直線lとmに第三の直線pが交わって作る錯角（または同位角）は相等《あいひと》しいことが証明されました。

ターレスが，その影の長さから，大きな立木の高さを測る方法を考え出したということを，前にお話ししましたが，その原理《げんり》は実は上の定理なのです。

いま，立木をＡＢ，その影をＢＣ，棒《ぼう》をＤＥ，その影をＥＦとすれば，立木も棒も平な地面に垂直ですから，これらはたがいに平行です。また，ＡＣとＤＦは，いずれも太陽の光線《こうせん》ですから，これらも平行と考えてさしつかえありません。

さて，ターレスは，棒の長さＤＥと，その影の長さＥＦとが等しくなったときに立木の影の長さを測ったのでした。従って，△ＥＦＤはＥＦ＝ＥＤであるような二等辺三角形

です。従ってその両底角は相等しく，

∠ＥＦＤ＝∠ＥＤＦ

です。

ところが，ＡＣとＤＦは互いに平行ですから，それらに第三の直線ＢＣＥＦが交わって作る同位角は相等しく，従って

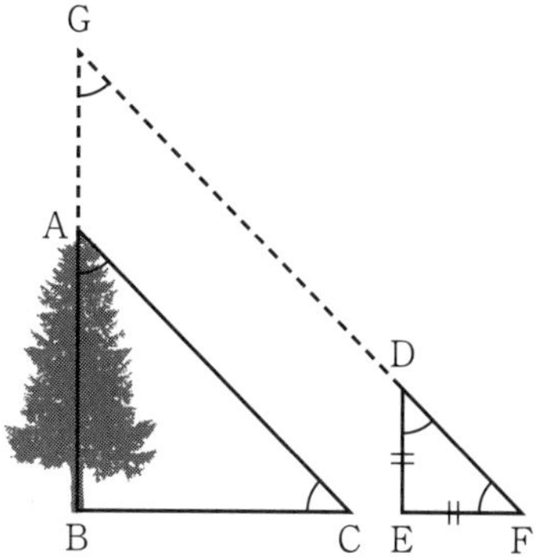

∠ＢＣＡ＝∠ＥＦＤ

です。

他方，ＢＡの延長とＦＤの延長との交点をＧとしますと，

∠ＥＤＦ＝∠ＢＧＦ＝∠ＢＡＣ

ですから，上の三式から，

∠ＢＣＡ＝∠ＢＡＣ

となります。従って三角形ＢＣＡは二等辺三角形でなければなりません。すなわち

ＢＣ＝ＢＡ

です。

従って，立木の影の長さＢＣから，その立木の高さＢＡがわかるというわけなのです。

2　三角形の内角の和

　ターレスはまた，

三角形の内角の和は二直角に等しい

ことを知っていたことも前にお話しいたしました。

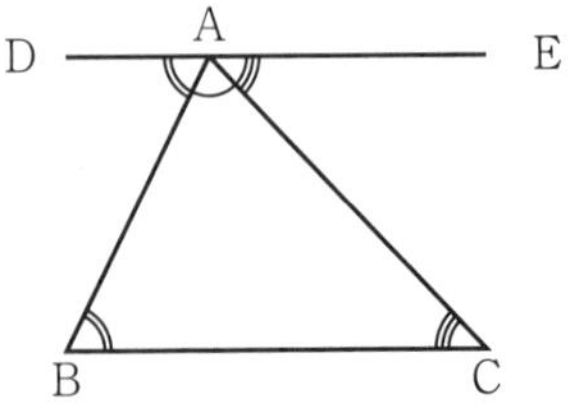

　平行線の性質をよく知っておりますと，この定理の証明も，なかなかうまく出来ます。

　事実，三角形ＡＢＣの頂点Ａを通って底辺ＢＣに平行な直線ＤＥをひきますと，平行二直線に第三の直線が交わって作る錯角は相等しいという定理によって

$$\angle A=\angle BAC,$$
$$\angle B=\angle DAB,$$
$$\angle C=\angle EAC$$

ですから，これらの三式を加え合わしますと

$$\begin{aligned}&\angle A+\angle B+\angle C\\&=\angle BAC+\angle DAB+\angle EAC\\&=\angle DAE\\&=2\angle R\end{aligned}$$

すなわち

$$\angle A+\angle B+\angle C=2\angle R$$

となります。

　なかなかうまい証明の方法でしょう。しかし，つぎのよ

うな方法もあります。

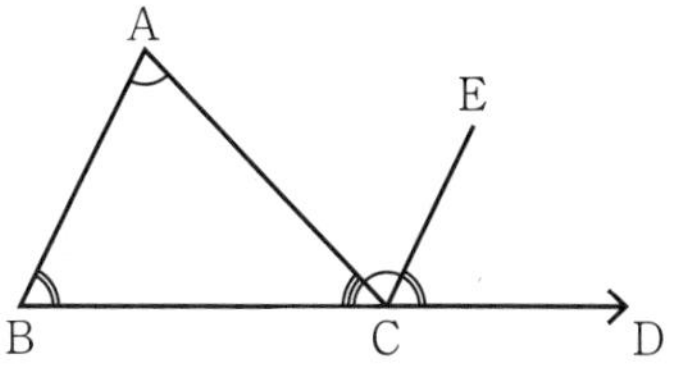

まず，三角形ＡＢＣの辺ＢＣを延長して，これをＢＣＤとしましょう。そうしますと，ここに，ＡＣＤという角が出来ますが，これを，頂点Ｃにおける**外角《がいかく》**と呼びます。

さて，点Ｃを通って，辺ＡＢに平行な直線ＣＥを引きますと，錯角は相等しいという定理によって

$$\angle A = \angle ACE,$$

また同位角は相等しいという定理によって

$$\angle B = \angle ECD$$

です。従って

$$\begin{aligned} &\angle A + \angle B + \angle C \\ &= \angle ACE + \angle ECD + \angle BCA \\ &= 2\angle R \end{aligned}$$

となって，定理は証明されます。

ところが，その証明法によりますと，

$$\begin{aligned} &\angle A + \angle B \\ &= \angle ACE + \angle ECD \\ &= \angle ACD \end{aligned}$$

であることもわかります。すなわち，

三角形の二つの内角の和は，第三の頂点における外角に等しい

という事柄が，上の定理の系として得られることがわかり

ます。

私は前に，ターレスは

円周上の勝手な一点を，その直径の両端に結んだときに出来る角はいつでも直角である

ということを知っていたと申し上げましたが，この定理の証明は，上の事柄を使ってうまく行なうことが出来ます。

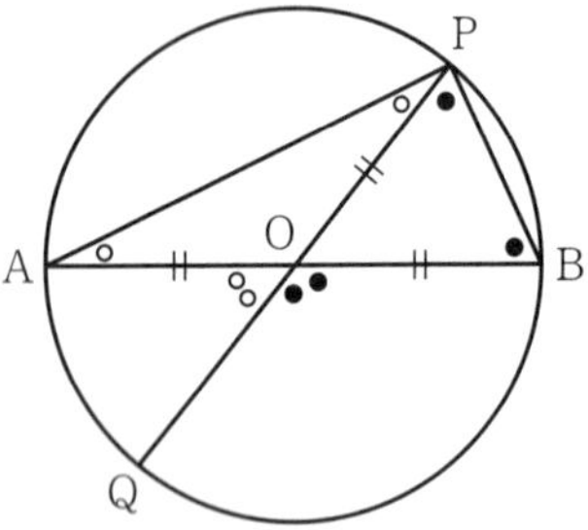

いま，円Ｏの周上の勝手な点をＰ，円Ｏの一つの直径をＡＢとし，ＰをＯに結ぶ半径を延長してＰＯＱとしておきましょう。

そうしますと，ＯＡとＯＰはいずれも円の半径ですから，その長さは等しく，従って三角形ＯＡＰは二等辺三角形です。従ってその両底角は相等しく

$$\angle OAP = \angle OPA$$

です。

ところが，上の系によって，

$$\angle OAP + \angle OPA = \angle AOQ$$

ですから，これら二つの式から

$$\angle OPA = \frac{\angle AOQ}{2}$$

であることがわかります。

全く同じように考えて

$$\angle \mathrm{OPB}=\frac{\angle \mathrm{BOQ}}{2}$$

であることもわかりますから，これら二つの式を加え合わせますと

$$\angle \mathrm{OPA}+\angle \mathrm{OPB}=\frac{\angle \mathrm{AOQ}+\angle \mathrm{BOQ}}{2},$$

すなわち

$$\angle \mathrm{APB}=\frac{\angle \mathrm{AOB}}{2}=\angle \mathrm{R}$$

であることがわかりました。

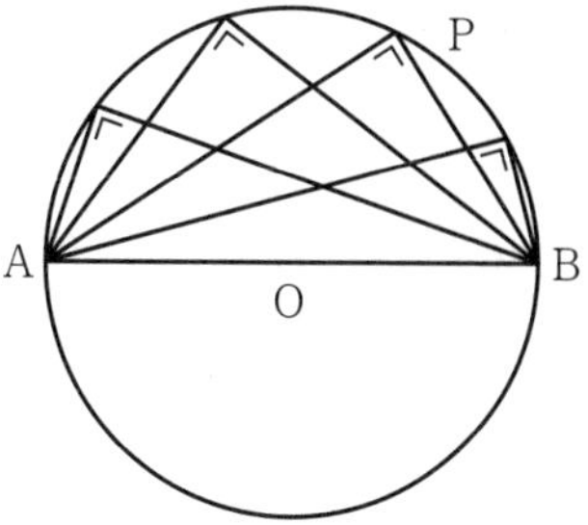

この定理は，一つの円の直径ＡＢを固定しておけば，点Ｐを円周上のどこへとっても，∠ＡＰＢは直角で一定であることを主張しています。

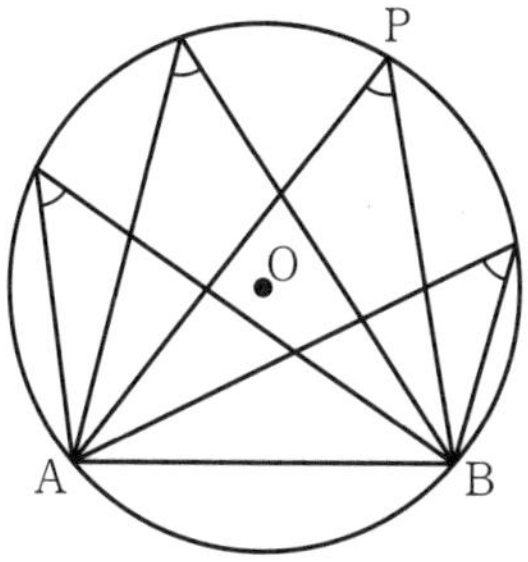

それならば，直径でなくても，要《よう》するに一つの弦ＡＢを固定しておいたばあいにも，点Ｐを円周上のどこへとっても，∠ＡＰＢはやはり一定になるでしょうか。

このように，幾《き》何《か》学《がく》では，一つ新らしいことが見つかると，それをさらに一般に

した場合にはどうなるだろうかということをよく考えます。このように，特殊《とくしゅ》な場合から一般の場合へ及ぼしていく，拡張《かくちょう》の精神《せいしん》は，科学の研究において大切なものです。

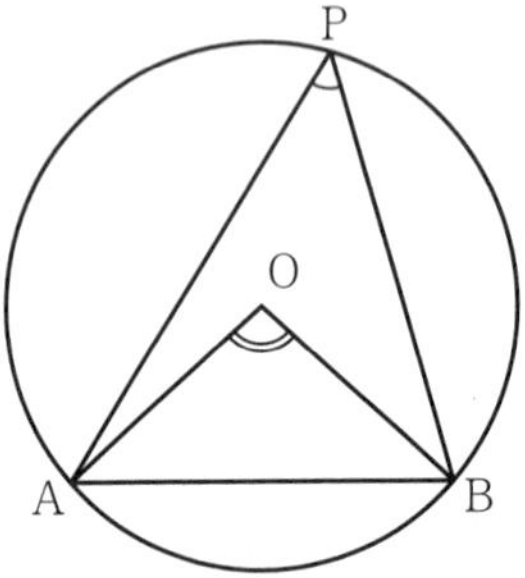

さて，Ｏを中心とする円の弦ＡＢがある場合，角ＡＯＢのことを，弦ＡＢに対する**中心角**と呼びます。また，この円周上に勝手な点Ｐをとった場合に，角ＡＰＢのことを，弦ＡＢの上に立つ**円周角**と呼びます。

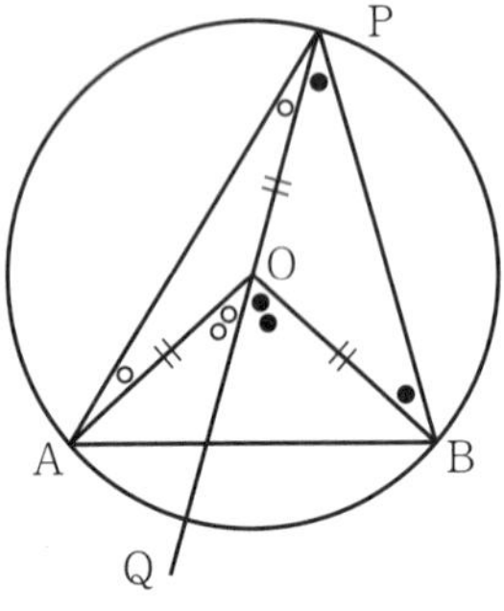

いま点Ｐを中心Ｏに結んで，これを延長してＰＯＱとしましょう。

そしてまず，ＯＱが中心角ＡＯＢ内を貫《つらぬ》いている場合から調べてみましょう。

ＯＡとＯＰはいずれも円の半径ですから，その長さは相等しく，従って三角形ＯＡＰは二等辺三角形です。従ってその両底角は相等しく，

$$\angle OAP = \angle OPA$$

となります。ところが

$$\angle OAP + \angle OPA = \angle AOQ$$

ですから，上の二つの式から

$$\angle \mathrm{OPA} = \frac{\angle \mathrm{AOQ}}{2}$$

であることがわかります。

全く同じようにして

$$\angle \mathrm{OPB} = \frac{\angle \mathrm{BOQ}}{2}$$

であることがわかりますから，これら二つの式を加えますと，

$$\angle \mathrm{OPA} + \angle \mathrm{OPB} = \frac{\angle \mathrm{AOQ} + \angle \mathrm{BOQ}}{2},$$

すなわち

$$\angle \mathrm{APB} = \frac{\angle \mathrm{AOB}}{2}$$

となります。

しかしこれは，ＯＱが中心角ＡＯＢのなかを貫いているときの話です。

それならＯＱが中心角ＡＯＢの辺ＯＡまたはＯＢのいずれかと一致している場合はどうでしょう。たとえばＯＱがＯＢと一致しているとしてみますと，右のような図が得られますが，この場合にも

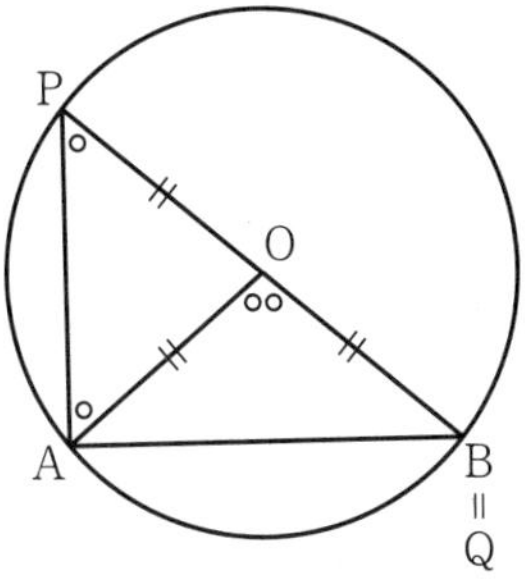

$$\angle APB=\frac{\angle AOB}{2}$$

となることは，もう説明するまでもないと思います。

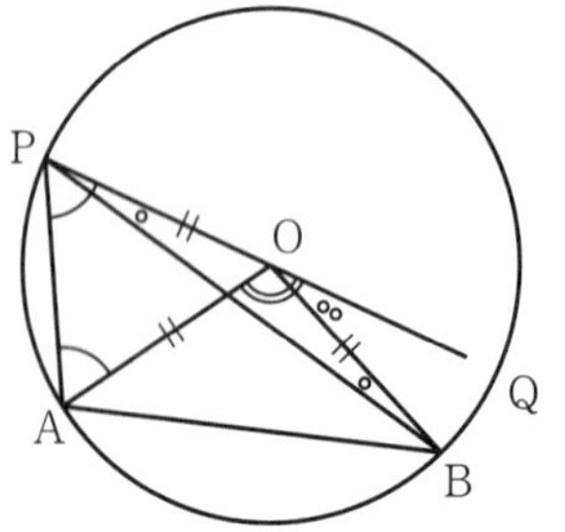

では最後に，ＯＱが角ＡＯＢの外へ出てしまっている場合はどうでしょう。

この場合にも，

$$\angle OPA=\frac{\angle AOQ}{2},$$

$$\angle OPB=\frac{\angle BOQ}{2}$$

となることはもうおわかりでしょう。

従って，上の第一式から第二式を引けば，

$$\angle APB=\frac{\angle AOB}{2}$$

が得られます。

以上三つの場合がありましたが，いずれの場合とも，結論は

$$\angle APB=\frac{\angle AOB}{2}$$

となりました。

従って，これから

一つの円において，ある弦の上に立つ円周角は，その弦の上に立つ中心角の半分である

ということがわかったわけです。

ところが，弦さえ一定であれば，その中心角は一定なわけです。従って，その半分である円周角は，円周上の点をどこへとっても一定なわけです。従って，

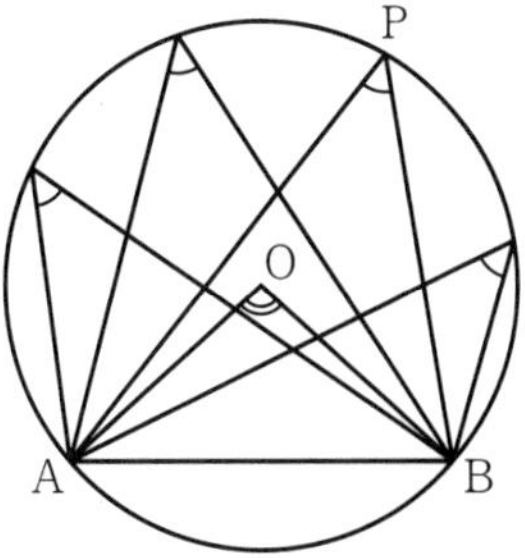

一つの円において，一定の弦の上に立つ円周角はつねに相等しい

ということが言えます。

円の中心をO，一定の弦をＡＢ，円周上の勝手な点をＰとすれば，円周角ＡＰＢはつねに一定というのが上の定理ですが，その一定の値《あたい》とは，中心角ＡＯＢの半分であるわけです。

従って，もし弦ＡＢが直径ですと，中心角ＡＯＢは平角となり，従って円周角ＡＰＢはその半分の直角となるわけです。

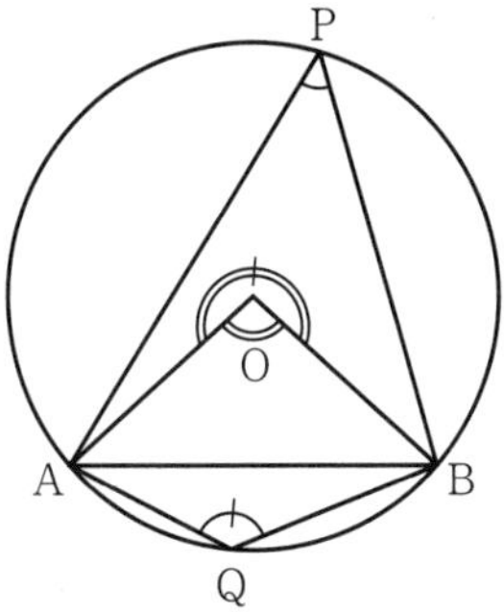

さて，上に，点Ｐを円周上の勝手な点と申しましたが，これは実は，弦ＡＢに対して，中心Oと同じ側にある円周上の一点です。

もし，弦ＡＢに対して中心と反対側の円周上に一点Ｑをとりますと，やはり

$$\angle AQB=\frac{\angle AOB}{2}$$

とはなりますが，前に申した∠ＡＯＢと，ここでいう∠ＡＯＢとは，同じものではなく，二つの半径ＯＡとＯＢの作る二様《によう》の角を指しているわけで，その和はちょうど４直角です。

従ってこれらの二式を加え合わせてみますと，

$$\angle APB+\angle AQB=\frac{4\angle R}{2}=2\angle R$$

が得られます。

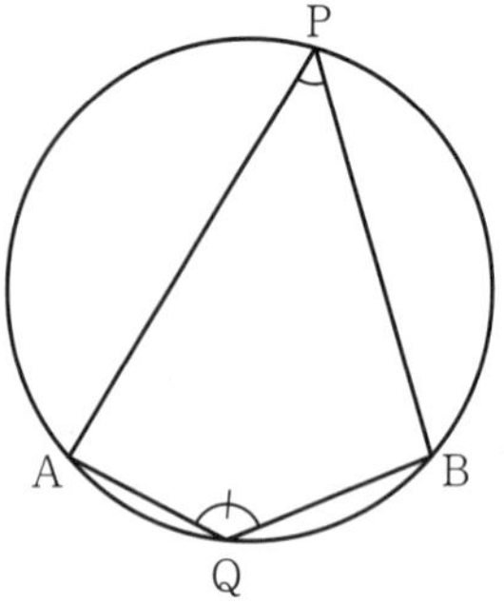

さて，四角形ＰＡＱＢは，その四つの頂点が同一の円周上にある四角形です。このような四角形は，円に**内接《ないせつ》する**四角形であると言われます。

従って上の事柄は，

円に内接する四角形においては，その相対《あいたい》する内角の和は２直角である

と言い直すことも出来ます。

いま，この四角形の辺ＡＱを延長してＡＱＲとしますと，ここに，頂点Ｑにおける外角が出来ますが，この角のことをわれわれは，内角Ｐの**内対角**と呼びます。

ところが，上に証明した定理によりますと

内角Ｐ＋内角Ｑ＝２∠Ｒ

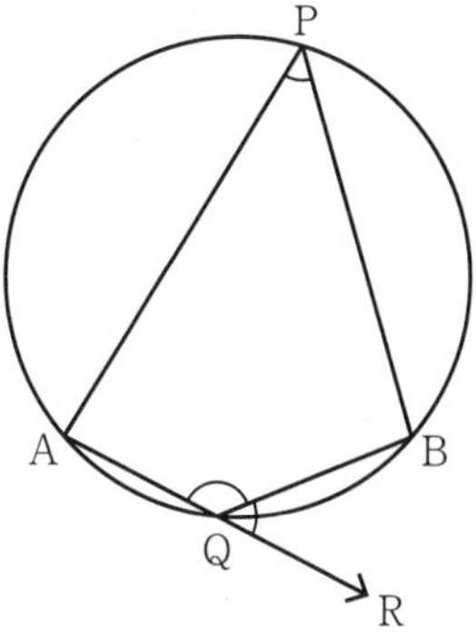

です。他方

内角Q＋外角Q＝2∠R

であることは明らかです。

従って上の二式から

内角P＝外角Q

であることがわかります。従って

円に内接する四角形にあっては，その内角はそれに対する内対角に等しい

という系が得られました。

この系を用いますと，

二円の交点《こうてん》AおよびBを通って引いた直線が，それぞれ円と交わる点をP，QおよびR，Sとすれば，PRとQSは平行である

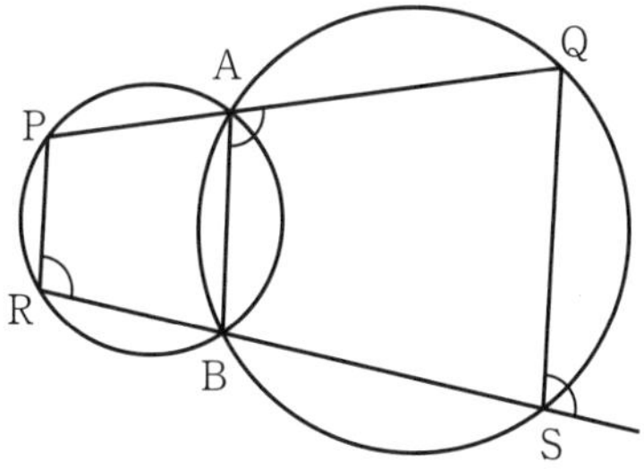

ことが証明されますが，この証明は，右の図をみながら，みなさん，ひとつ考えてみてください。

さて，ここに四角形の話が出て来ましたから，ついでに，一般の四角形の内角の和という問題を考えてみましょう。

次ページの図が示しておりますように，四角形という図形は，適当に対角線を一本引きますと，これを二つの三角形に分けることが出来ます。ところが，四角形の内角の和は，ちょうどこれら二つの三角形のすべての内角の和になっています。ところが三角形の内角の和は2直角なのですから，これら二つの三角形のすべての内角の和は4直角になります。従って

勝手な四角形の内角の和は常に４直角である

ということがわかりました。

下の四角形の図で，ＡＢＣＤには凹《くぼ》んだところがありません。ところが，ＰＱＲＳの方には凹んだところがあります。

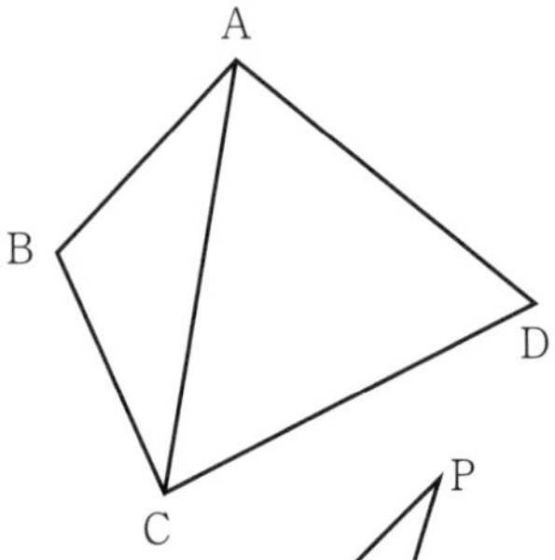

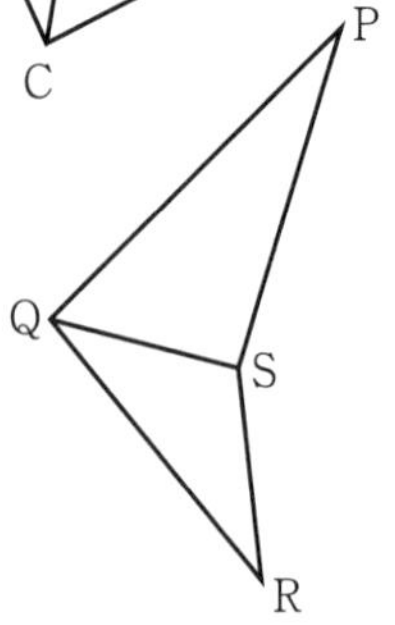

ＡＢＣＤのような四角形をわれわれは**凸《とつ》四角形**，ＰＱＲＳのような四角形を**凹《おう》四角形**と呼ぶことにしましょう。

凸にしろ，凹にしろ，要するに四角形の内角の和は4直角になることがわかったのですが，それならば，五角形の内角の和はいくらになるだろう，というのは，当然そのつぎに起こる疑問《ぎもん》でしょう。

右の図が示しておりますように，五角形にも凸なもの，凹なものといろいろあります。しかし適当に対角線を引きますと，これを三つの三角形に分けられる，ということは，右の図からも明らかでしょう。

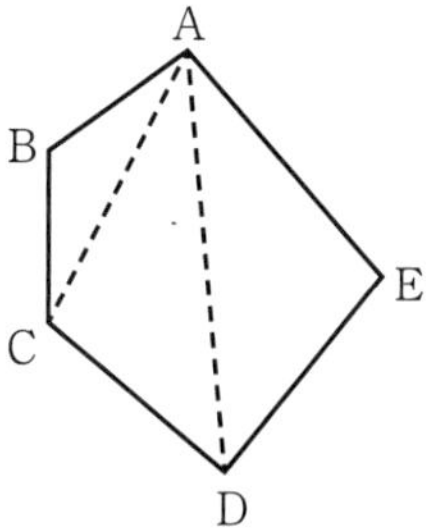

ところが，五角形の内角の和は，これら三つの三角形の内角の和になっています。従ってその大きさは，2直角の3倍すなわち6直角です。

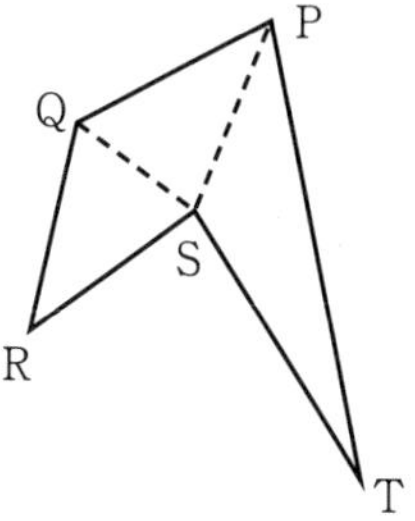

さて，ここで，いままでの結果を表にしてみますと，

3角形の内角の和は2直角，
4角形の内角の和は4直角，
5角形の内角の和は6直角

となります。

これから，6角形，7角形，8角形，……の内角の和が想像されないでしょうか。想像をたくましくして上の表をつづけてみますと，

3角形の内角の和は2直角，
4角形の内角の和は4直角，
5角形の内角の和は6直角，
6角形の内角の和は8直角，
7角形の内角の和は10直角，
8角形の内角の和は12直角，

……………………,

……………………

という具合《ぐあい》につづきそうです。

それなら

n 角形の内角の和は？　という問題を考えてみましょう。ただしここに n というのは，3または3より大きな勝手な正の整数《せいすう》を代表するものとします。

われわれは，四角形は二つの三角形に，五角形は三つの三角形にわけられることを知っています。さらに，六角形は四つの，七角形は五つの，八角形は六つの三角形に分けられることも容易《ようい》にわかります。

これから，n 角形は $(n-2)$ 個の三角形に分けられることがわかって来ます。ところが，n 角形の内角の和は，これら $(n-2)$ 個の三角形の内角の和に等しいのです。従って，n 角形の内角の和は，2直角の $(n-2)$ 倍，すなわち，$2\times(n-2)$ 直角であることが判ります。すなわち，

n 角形の内角の和は $2\times(n-2)$ 直角である

という定理が得られました。事実この定理で，$n=3$，4，5，6，7，8，……としてみますと，いままでわれわれの知っていた特別な場合がすべて出て来ます。

なお上の定理は，凸 n 角形に対しては，つぎのようにしても証明することが出来ます。

すなわち，凸 n 角形ＡＢＣＤＥ……の内部に一点Ｏをとって，この点Ｏと多角形《たかくけい》ＡＢＣＤＥ……の頂点とをすべて結びます。そうしますと，n 角形の辺の数は n 個ですから，

ここに，n個の三角形ＯＡＢ，ＯＢＣ，ＯＣＤ，ＯＤＥ，……が出来ます。

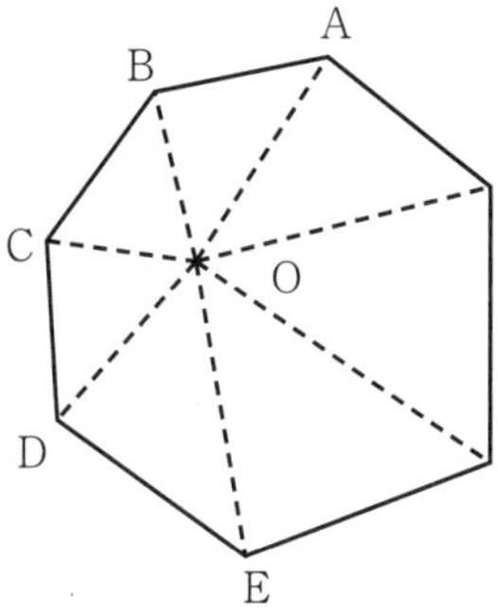

ところが，このn角形の内角の和は，これらn個の三角形の内角の和から，点Ｏの周《まわ》りの角の和，すなわち４直角を引いたものに等しくなっています。従って，このn角形の内角の和は，２直角のn倍から４直角を引いたものに等しいわけです。すなわち

$(2\times n-4)$直角

に等しいわけです。この答が，実は前の答と同じであることは，もう説明の必要はありますまい。

3　平行四辺形

上に，四角形の話が出て来ましたが，わたくしたちは，四角形の性質をもっと詳《くわ》しく調べてみましょう。四角形にもいろいろのものがありますが，わたくしたちはまず，平行四辺形と呼ばれるものから調べていきましょう。

一つの四辺形があるとき，もしそのむかい合った二組の辺がたがいに平行であったならば，このような四辺形のことを**平行四辺形**と呼びます。

たとえば，四辺形ＡＢＣＤにおいて，ＡＢとＤＣが平行，ＡＤとＢＣが平行であれば，ＡＢＣＤは平行四辺形です。

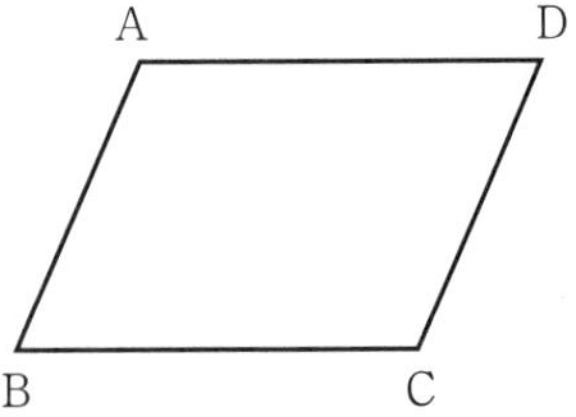

この平行四辺形にはいろいろの性質がありますが，それを順にお話ししてみましょう。

まず平行四辺形には，

平行四辺形の隣《とな》り合っている内角の和は２直角に等しい

という性質があります。

これを証明するために，ＡＢＣＤを平行四辺形として，

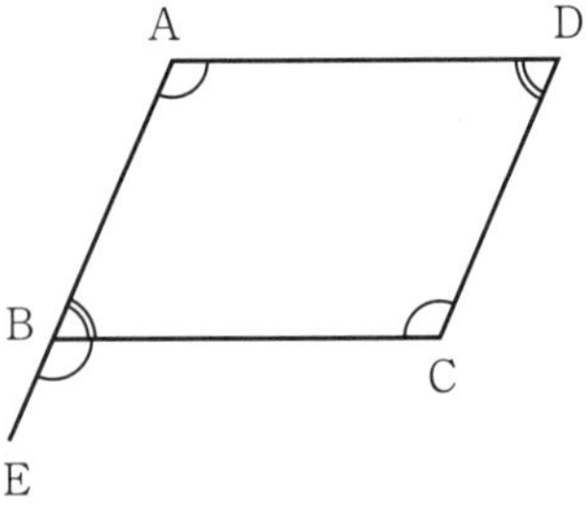

辺ＡＢをその方向に延長してＡＢＥとします。

そうしますと，ＡＤとＢＣとは平行ですから，同位角は相等しいという定理によって

$$\angle \mathrm{A} = \angle \mathrm{EBC}$$

です。

ところが，あきらかに

$$\angle \mathrm{EBC} + \angle \mathrm{B} = 2\angle \mathrm{R}$$

です。従って

$$\angle \mathrm{A} + \angle \mathrm{B} = 2\angle \mathrm{R}$$

となります。全く同様に

$$\angle \mathrm{B} + \angle \mathrm{C} = 2\angle \mathrm{R}$$

であることが証明されます。

上の証明において，辺ＡＢを延長したＢＥは一つの補助《ほじょ》

線《せん》です。

この定理が証明されれば，これを使って

平行四辺形のむかい合った内角は相等しい

を証明することが出来ます。

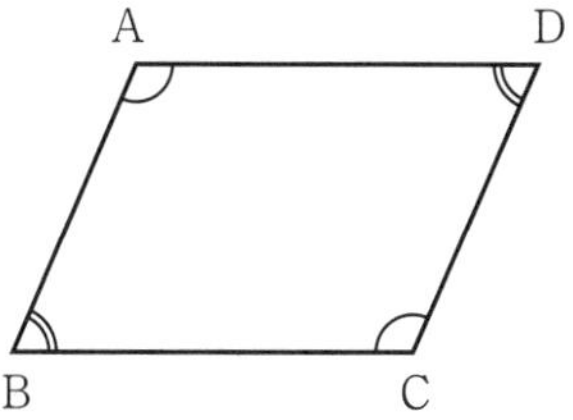

ＡＢＣＤを平行四辺形とすれば

$$\angle A + \angle B = 2\angle R,$$
$$\angle B + \angle C = 2\angle R$$

であることを，われわれは知っています。従って，これらからただちに

$$\angle A = \angle C$$

であることがわかります。まったく同様にして

$$\angle B = \angle D$$

であることも，すぐおわかりでしょう。

これで，平行四辺形に関する二つの定理が得られましたが，これらの定理は，その逆もまた成り立ちます。

まず，

平行四辺形のとなり合っている内角の和は２直角に等しい

の逆：

となり合っている内角の和が２直角に等しい四辺形は平行四辺形である

から考えてみましょう。

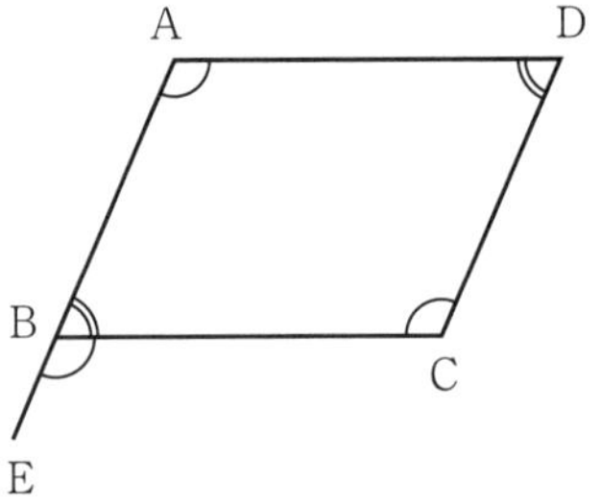

いま，四辺形ＡＢＣＤにおいて，

$$\angle A + \angle B = 2\angle R,$$
$$\angle B + \angle C = 2\angle R$$

であったとしてみましょう。

いま，辺ＡＢを延長してＡＢＥとしますと，

$$\angle B + \angle EBC = 2\angle R$$

です。

従って上の三式から，

$$\angle A = \angle EBC,$$
$$\angle C = \angle EBC$$

が得られます。ところがこの第一式はＡＤとＢＣが平行であることを，第二式はＡＢとＤＣが平行であることをしめしています。従って，これで，ＡＢＣＤが平行四辺形であることは証明されました。

次に，

平行四辺形のむかい合っている内角は相等しい

の逆：

むかい合っている内角が相等しいような四辺形は平行四辺形である

を考えてみましょう。いま，四辺形ＡＢＣＤにおいて，

$$\angle A = \angle C,$$
$$\angle B = \angle D$$

であったとしてみましょう。

ところが，他方，四辺形の内角の和は４直角ですから，

$$\angle A+\angle B+\angle C+\angle D=4\angle R$$

です。従って上の三式から，

$$\angle A+\angle B=2\angle R,$$

$$\angle B+\angle C=2\angle R$$

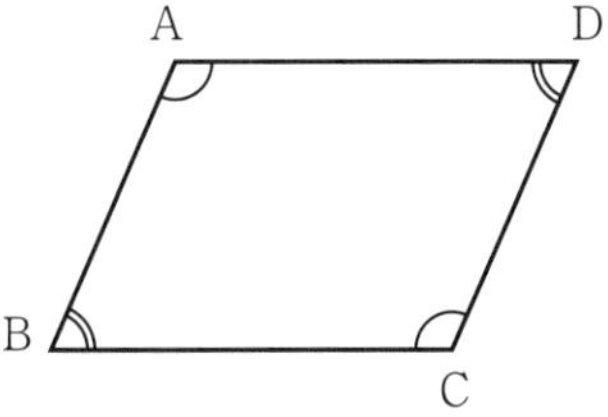

となります。従って，ＡＢＣＤは平行四辺形であることがわかりました。

以上は，いずれも，平行四辺形の内角に関する定理でしたが，こんどは，平行四辺形の辺に関する定理を考えてみましょう。まず

平行四辺形のむかい合っている辺の長さはそれぞれ相等しい

という定理があります。これを証明してみましょう。

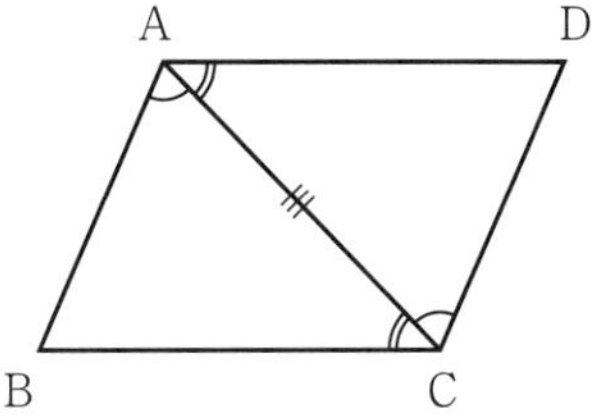

ＡＢＣＤを平行四辺形として，その一つの対角線ＡＣを引いてみます。

そうしますと，ＡＢとＤＣは平行ですから，錯角は相等しいという定理によって

$$\angle BAC=\angle DCA$$

となります。またＡＤとＢＣとはたがいに平行ですから，

やはり錯角は相等しいという定理によって，

$$\angle BCA = \angle DAC$$

となります。

従って，△ＡＢＣと△ＣＤＡとにおいて，辺ＡＣは共通で，その両端の角はたがいに相等しい，ということになります。従って，△ＡＢＣと△ＣＤＡとはたがいに合同，すなわち

$$\triangle ABC \equiv \triangle CDA$$

となります。

これから

$$AB = CD,$$
$$BC = AD$$

であることはあきらかです。

では，この定理の逆：

四辺形のむかい合っている辺の長さがそれぞれ相等しいならば，この四辺形は平行四辺形である

は，はたして正しいでしょうか。これを調べてみましょう。

いま，四辺形ＡＢＣＤにおいて，

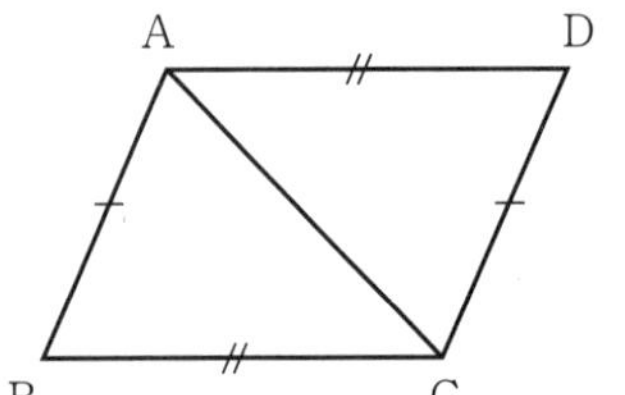

$$AB = CD,$$
$$BC = AD$$

であったとしてみましょう。

そうしますと，△ＡＢＣと△ＣＤＡとにおいて，

ＡＢ＝ＣＤ，ＢＣ＝ＡＤ

で，かつ

ＡＣは共通

ですから，三辺が等しく，従って両三角形は合同になります。すなわち

△ＡＢＣ≡△ＣＤＡ

ですから，これから，

∠ＢＡＣ＝∠ＤＣＡ，

∠ＢＣＡ＝∠ＤＡＣ

が得られます。

ところが，この第一式は，辺ＡＢと辺ＣＤが平行であることを，この第二式は辺ＢＣと辺ＡＤが平行であることをしめしていますから，これから，四辺形ＡＢＣＤは平行四辺形であることが結論されます。

すなわち，上の定理の逆の正しいことがわかりました。第１章の３で，たがいにむかい合った辺の長さが等しい四辺形を平行四辺形と呼んだわけは，ここにあるのです。

もう一つ，この定理によく似た定理に，

四辺形の，むかい合っている一組の辺が平行でかつ長さが等しかったならば，この四辺形は平行四辺形である

というのがあります。これを証明してみましょう。

いま，この四辺形をＡＢＣＤとし，ＡＢとＣＤがたがいに平行で，かつ長さが等しいとし，補助線として対角線ＡＣを引いてみましょう。

そうしますと，ＡＢとＣＤは平行ですから，錯角は相等

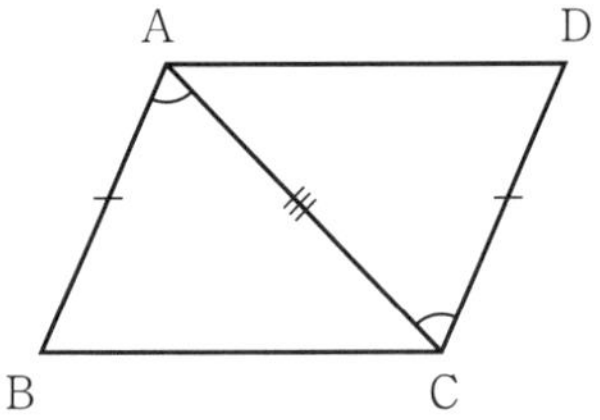

しいという定理によって，

∠ＢＡＣ＝∠ＤＣＡ

となります。ところが，

ＡＢ＝ＣＤ

で，

ＡＣは共通

です。従って，三角形ＡＢＣと三角形ＣＤＡとは，その一つの内角ＡおよびＣが相等しく，それをはさむ二辺がそれぞれ等しくなります。従ってこれらは合同，

△ＡＢＣ≡△ＣＤＡ

です。従って

∠ＡＣＢ＝∠ＣＡＤ

となりますから，辺ＢＣと辺ＡＤも平行となり，これで四辺形ＡＢＣＤが平行四辺形であることは証明されました。

ではつぎに，平行四辺形の対角線の性質に移《うつ》りましょう。対角線についてはつぎの定理が成り立ちます。

平行四辺形の対角線は，たがいに他を二等分《とうぶん》する

これを証明するために，ＡＢＣＤを平行四辺形とし，Ｏを対角線の交点としてみましょう。

いままでの定理によれば

ＡＢ＝ＣＤ

であることはわかっています。

また，ＡＢとＣＤはたがいに平行なのですから，錯角は等しいという定理によって

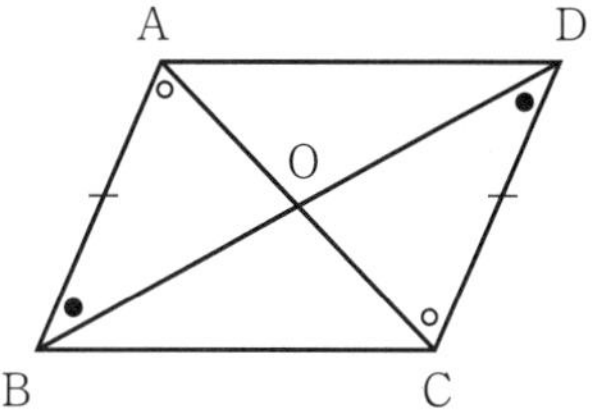

∠ＢＡＯ＝∠ＤＣＯ，

∠ＡＢＯ＝∠ＣＤＯ

となります。

従って，三角形ＡＢＯと三角形ＣＤＯとは，一辺とその両端の内角とがそれぞれ相等しくなります。従って

△ＡＢＯ≡△ＣＤＯ

です。これから，

ＡＯ＝ＣＯ，ＢＯ＝ＤＯ

が得られますから，これで，平行四辺形の対角線はたがいに他を二等分することが証明されました。

では，この定理の逆：

その対角線がたがいに他を二等分するような四辺形は，平行四辺形である

は，はたして成り立つでしょうか。つぎにこれを調べてみましょう。

ＡＢＣＤをこの四辺形とし，Ｏを対角線ＡＣとＢＤの交点とすれば，仮定によって

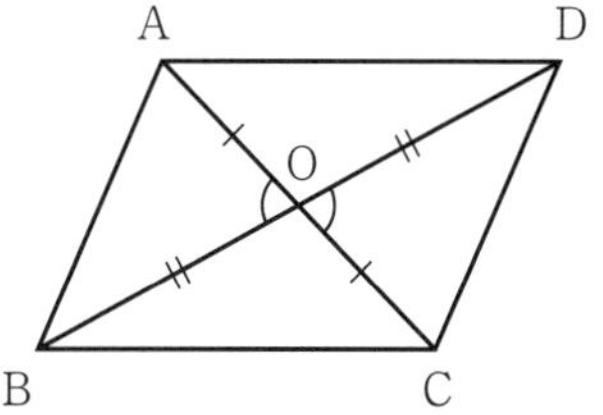

ＡＯ＝ＯＣ，

ＢＯ＝ＯＤ

です。しかも対頂角は相等しいという定理によって

∠ＡＯＢ＝∠ＣＯＤ

です。従って，三角形ＡＯ

Ｂと三角形ＣＯＤとは，一角とそれをはさむ二辺がそれぞれ相等しいこととなって，たがいに合同になります。すなわち

$$\triangle AOB \equiv \triangle COD$$

ですから，これから

$$\angle OAB = \angle OCD,$$
$$AB = CD$$

となります。従って，ＡＢとＣＤとはたがいに平行で，かつ長さが等しいことになります。従って四辺形ＡＢＣＤは平行四辺形であることになります。

さてこれで，平行四辺形の性質は大体《だいたい》わかりましたから，こんどは長方形のことを調べてみましょう。

長方形というのは，一つの内角が直角であるような平行四辺形のことでした。従ってＡＢＣＤを長方形としますと，ＡＢＣＤは平行四辺形であって，かつ

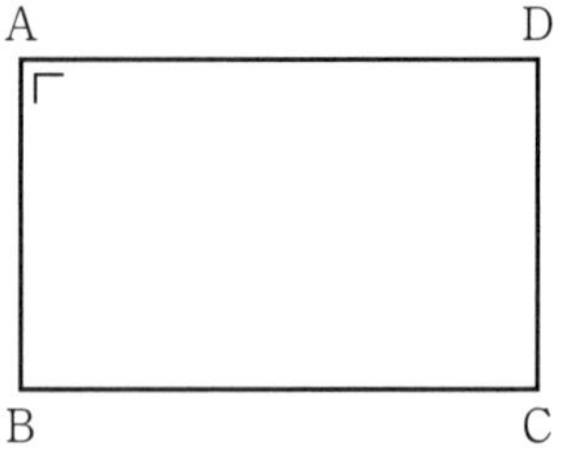

$$\angle A = \angle R$$

です。ところが，ＡＢＣＤが平行四辺形であることから，

$$\angle A + \angle B = 2\angle R,$$
$$\angle A = \angle C,$$
$$\angle A + \angle D = 2\angle R$$

ですから，これらの式から

$$\angle A = \angle B = \angle C = \angle D = \angle R$$

であることがわかります。従って

長方形の内角はすべて直角である

という定理が得られます。この逆であるところの，

すべての内角が直角である四辺形は，長方形である

は，はたして正しいでしょうか。これを調べてみましょう。

四辺形ＡＢＣＤにおいて，

$$\angle A = \angle B = \angle C = \angle D = \angle R$$

であるというなら，いままでに調べた定理から，この四辺形が平行四辺形であることはすぐわかります。しかもその一角は直角ですから，この四辺形はとうぜん長方形です。

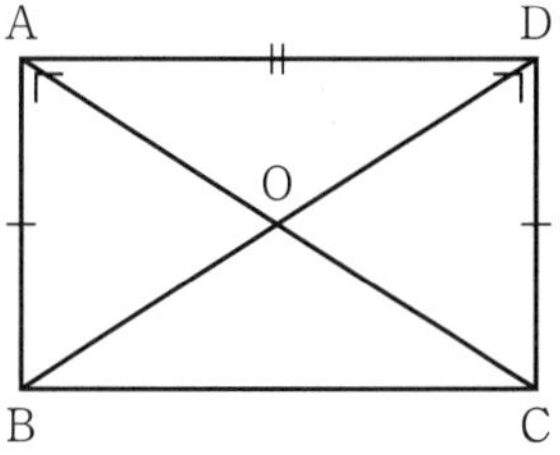

長方形にはまたつぎの特《とく》徴《ちょう》があります。

長方形の対角線の長さは相等しい。

ＡＢＣＤを長方形としますと，これはともかく平行四辺形ですから

$$AB = DC$$

です。また，

$$\angle B = \angle C \quad (= \angle R)$$

で，

ＢＣは共通

です。

従って三角形ＡＢＣと三角形ＤＣＢとは，一角とそれをはさむ二辺が等しく，従ってたがいに合同です。従って

ＡＣ＝ＤＢ

となります。

従って，対角線の交点をＯとしますと，

ＯＡ＝ＯＢ＝ＯＣ＝ＯＤ

です。

では，この定理の逆：

対角線の長さの等しい平行四辺形は長方形である

は，はたして正しいかどうかを調べてみましょう。

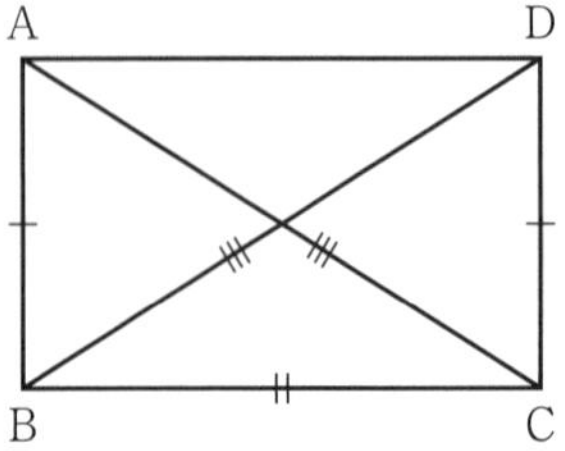

ＡＢＣＤを

ＡＣ＝ＤＢ

であるような平行四辺形としますと，もちろん

ＡＢ＝ＤＣ

で，かつ

ＢＣは共通

ですから，三角形ＡＢＣと三角形ＤＣＢとは合同になります。

従って

$\angle B = \angle C$

です。ところが，

$\angle B + \angle C = 2\angle R$

ですから，この二式から

$$\angle B = \angle C = \angle R$$

が得られます。従ってＡＢＣＤは長方形であることがわかります。

さて，長方形はその四つの角がぜんぶ等しい（従って直角に等しい）四辺形でした。しかし，その辺は，たがいにむかい合っているものどうしは等しくても，全部が等しいというわけではありません。

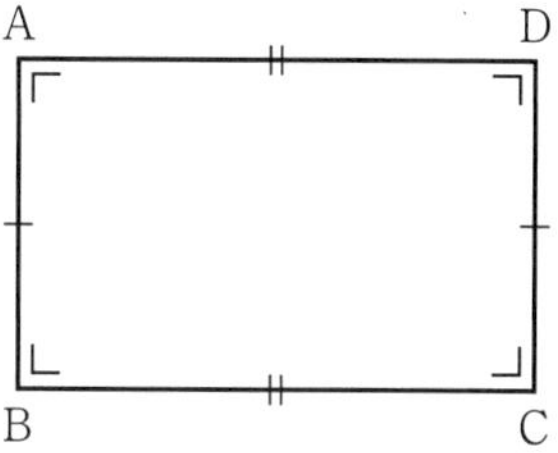

長方形において，もしその辺がぜんぶ等しくなったら，これを**正方形**と呼びます。すなわち正方形とは，その内角がぜんぶ等しく，その辺の長さがぜんぶ等しいような四辺形です。

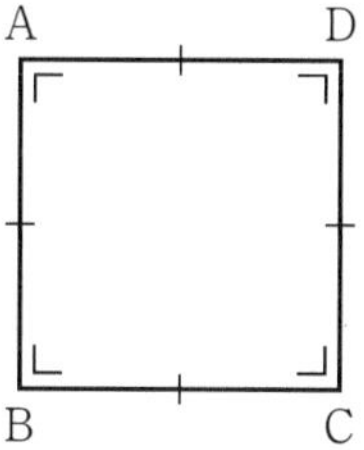

さてこんどは，菱形《ひしがた》の話にうつりましょう。

菱形というのは，その隣《とな》りどうしの一組の辺の長さが等しいような平行四辺形のことです。

いま，ＡＢＣＤを

$$AB = BC$$

であるような平行四辺形，すなわち菱形としてみましょう。

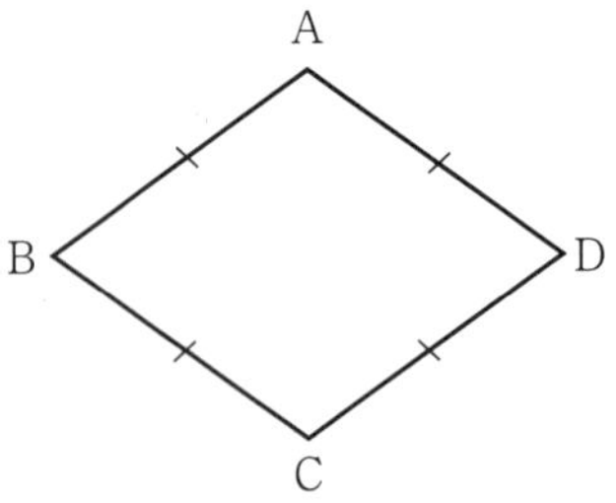

ＡＢＣＤはとにかく平行四辺形ですから，そのむかい合っている辺の長さは等しく，

ＡＢ＝ＣＤ，ＢＣ＝ＡＤ

です。従って，結局

ＡＢ＝ＢＣ＝ＣＤ＝ＡＤ

となります。従って

菱形はその四つの辺の長さは相等しい

ことがわかりました。

それではその逆：

四つの辺の長さの相等しい四辺形は菱形である

は，はたして正しいでしょうか。

四辺形ＡＢＣＤにおいて，

ＡＢ＝ＢＣ＝ＣＤ＝ＤＡ

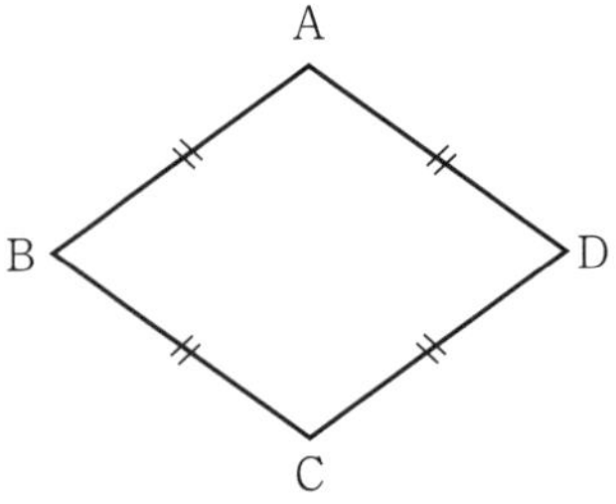

であったとしますと，いままでに調べた定理によって，ＡＢＣＤが平行四辺形であることは明らかです。従ってＡＢＣＤが菱形であることも明らかです。第１章の３で，四つの辺の長さの等しい四角形を菱形と呼んだのは，この定理を使ったのです。

菱形には次の特徴があります。

菱形の対角線はたがいに他を垂直に二等分する。

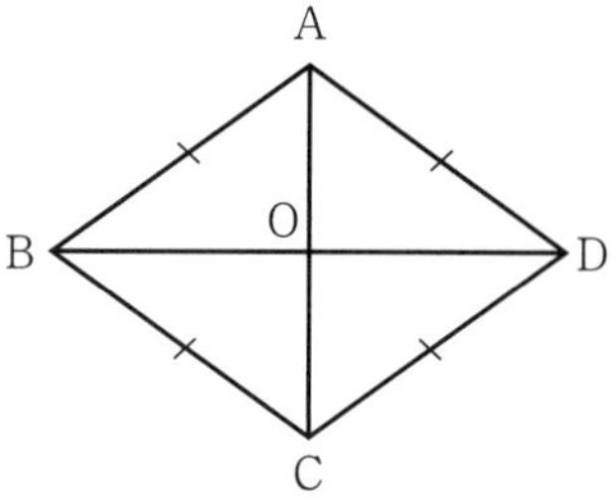

ＡＢＣＤを菱形としますと，これはともかく平行四辺形ですから，その対角線はたがいに他を二等分します。すなわち，ＡＣ，ＢＤの交点をＯとしますと，

ＯＡ＝ＯＣ，ＯＢ＝ＯＤ

です。ところが，三角形ＡＢＣは二等辺三角形ですから，頂点Ｂと底辺ＡＣの中点Ｏを結ぶ直線ＢＯはＡＣに垂直です。これで，菱形の対角線はたがいに他を垂直に二等分することは証明されました。

では，この定理の逆：

その対角線がたがいに他を垂直に二等分する四辺形は菱形である

が正しいかどうかを調べてみましょう。

ＡＢＣＤを，その対角線がたがいに他を垂直に二等分するような，すなわち

ＯＡ＝ＯＣ，

ＯＢ＝ＯＤ

で，かつ

ＡＣとＢＤは垂直

であるような四辺形としますと，これはもちろん平行四辺

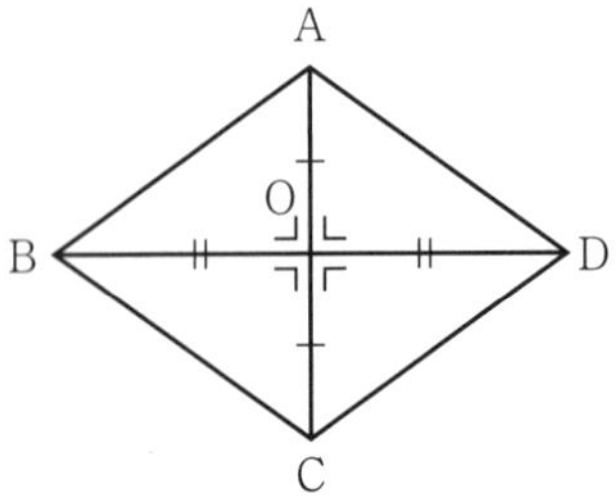

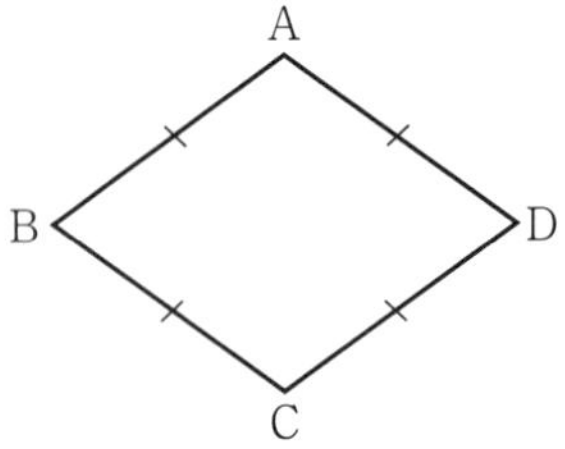

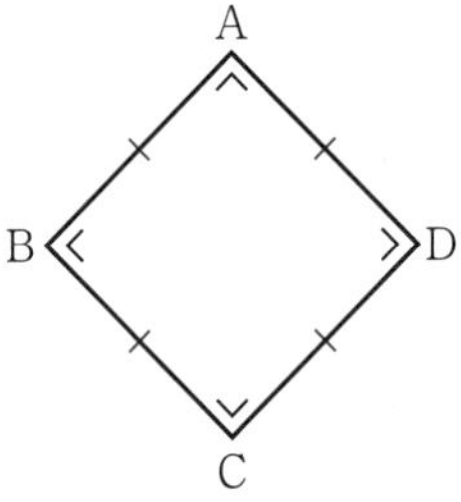

形です。ところが

△ABO≡△CBO

は，容易に証明されますから，これから

AB＝BC

となり，ABCDは菱形であることがわかります。

さて，菱形はその四つの辺がせんぶ等しい四辺形でした。しかし，その内角は，たがいにむかい合っているものどうしは等しくても，ぜんぶが等しい（従って直角に等しい）というわけではありません。

しかし，たがいに隣り合っている角がもし等しくなれば，その内角はすべて等しく（従って直角に等しく）なり，菱形は正方形となります。この関係を図にしめしますと，次ページの通りです。

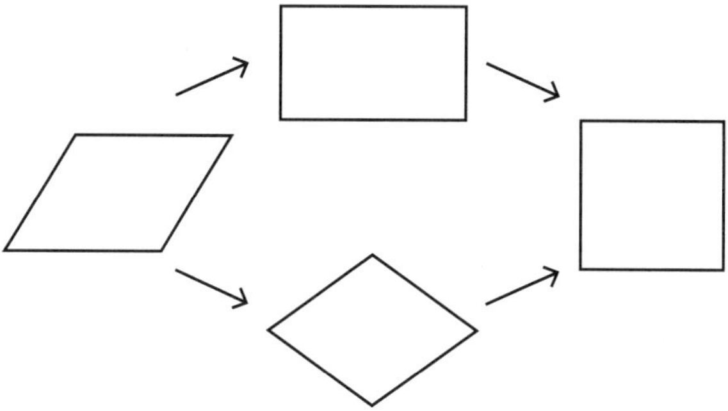

4　面　積

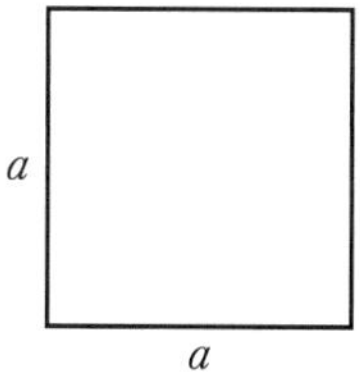

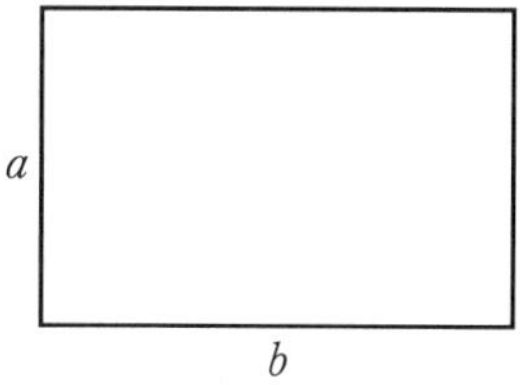

わたくしたちは前に，一辺の長さがaである正方形の面《めん》積《せき》は

$$S=a\times a=a^2$$

であり，二辺の長さがそれぞれaおよびbである長方形の面積は

$$S=a\times b$$

であることを学びました。

そこでこんどは，上に問題になった平行四辺形の面積のことを調べてみましょう。

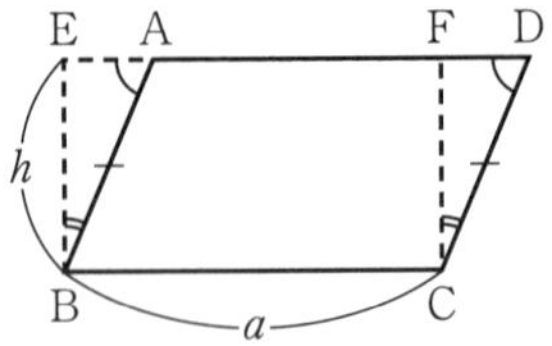

いま，左図のＡＢＣＤを平行四辺形として，頂点ＢおよびＣから，それぞれ辺ＡＤ（およびその延長）に垂線ＢＥおよびＣＦを下してみます。そうしますと，△ＡＢＥと△ＤＣＦとにおいて，

ＡＢ＝ＤＣ，

∠Ａ＝∠Ｄ，

∠Ｅ＝∠Ｆ（＝∠Ｒ）

です。従ってまた

∠Ｂ＝∠Ｃ

です。ですからこれら二つの三角形は合同，すなわち

△ＡＢＥ≡△ＤＣＦ

となります。従って

（平行四辺形ＡＢＣＤの面積）

＝（長方形ＥＢＣＦの面積）

となります。

ところが，

ＢＥ＝h，ＢＣ＝a

とおきますと，長方形ＥＢＣＦの面積は

$h \times a$

です。従って，

（平行四辺形ＡＢＣＤの面積）＝$h \times a$

という公式が得られます。ただしここに，hはある一組《ひとくみ》の平行辺の間の垂線距離，aはその平行辺の長さです。

しかし，もし平行四辺形が右のように細《ほそ》長い場合には上の論法《ろんぽう》はききません。このような場合には，三角形ＡＣＤを左へ平行にずらして三角形ＰＢＡの位置へもってきたと思えば，

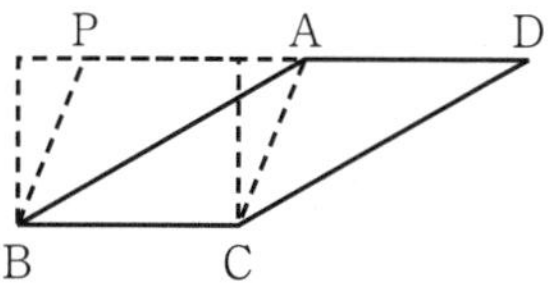

（平行四辺形ＡＢＣＤの面積）

＝（平行四辺形ＰＢＣＡの面積）

となりますから，この方法をくりかえして，これを前の場合に直すことが出来ます。

上の定理を使いますと，いろいろな図形の面積が求められます。まず三角形の面積から考えてみましょう。

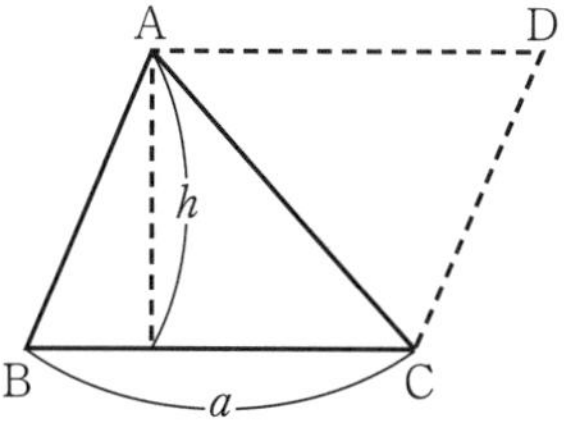

三角形ＡＢＣがあったならば，頂点Ａから辺ＢＣに平行線を，頂点Ｃから辺ＡＢに平行線を引いてその交点をＤとすれば，四辺形ＡＢＣＤは平行四辺形です。従って，ＡからＢＣに下した垂線の長さを h，辺ＢＣの長さを a とすれば

（平行四辺形ＡＢＣＤの面積）$= h \times a$

ですが，

$\triangle ABC \equiv \triangle CDA$

ですから，△ＡＢＣの面積は平行四辺形ＡＢＣＤの面積の半分です。従って

$$(\text{三角形ＡＢＣの面積})=\frac{h\times a}{2}$$

です。この公式はみなさん，もうご存じでしょう。

この公式からすぐわかりますことは，三角形ＡＢＣの面積は，Ａから底辺ＢＣに下した垂線の長さと，底辺ＢＣの長さとで定まるのであるから，底辺ＢＣさえ固定しておけば，頂点Ａを底辺ＢＣに平行にどんなに動かしても，三角形の面積は変わらないということです。これはなかなか大切なことです。

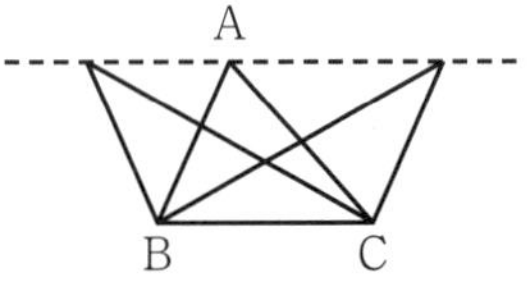

さて，平行四辺形のように，むかい合っている二組の辺が平行ではなく，むかい合っている一組の辺だけが平行であるような四辺形のことを，わたくしたちは**台形**《だいけい》と呼んでいます。そしてそのたがいに平行な辺の一方を**上底**《じょうてい》，他方を**下底**《かてい》，上底と下底の間の垂線距離を，**高さ**と呼んでいます。

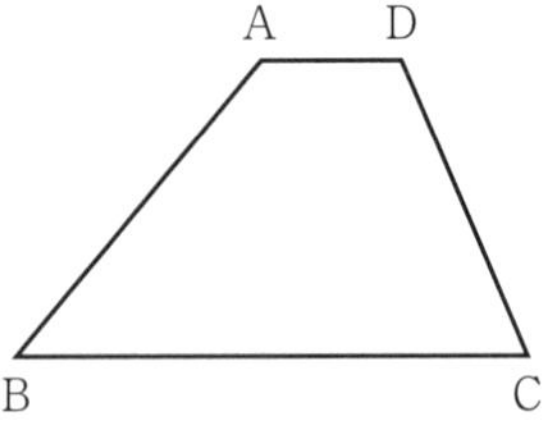

いま，上底の長さがa，下底の長さがb，高さがhである台形の面積を求めてみましょう。

台形ＡＢＣＤをさかさまにして次ページの図のようにくっつけますと，ＡＥとＢＦはたがいに平行になります。それは，たとえば∠ＣＤＥは∠ＢＣＤにほかならないので，

むろん相等しいのですから，

$\angle ADC+\angle CDE$
$=\angle ADC+\angle BCD$
$=2\angle R$

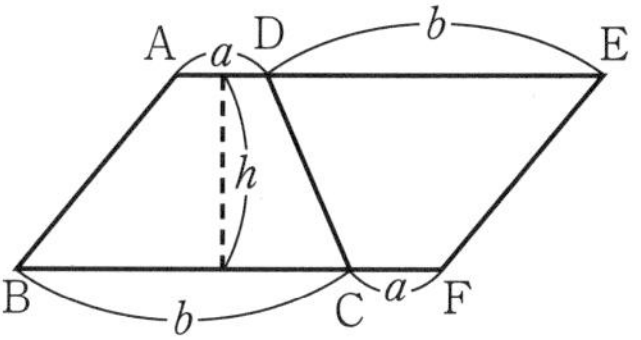

なので，ＡＤＥ（ＡＥ）は一直線となります。ＢＣＦ（ＢＦ）についても同様です。そこでＡＥとＢＦはたがいに平行で，その長さはいずれも $a+b$ ということになります。従って四辺形ＡＢＦＥは平行四辺形です。従ってその面積は

$$h\times(a+b)$$

ですが，わたくしたちの考えている台形の面積はその半分です。従って

$$(\text{台形ABCDの面積})=\frac{h\times(a+b)}{2}$$

という公式が得られます。

この公式は台形を右のように，△ＣＡＤと△ＡＢＣにわけて，これらの三角形の面積

$$\frac{h\times a}{2},\ \frac{h\times b}{2}$$

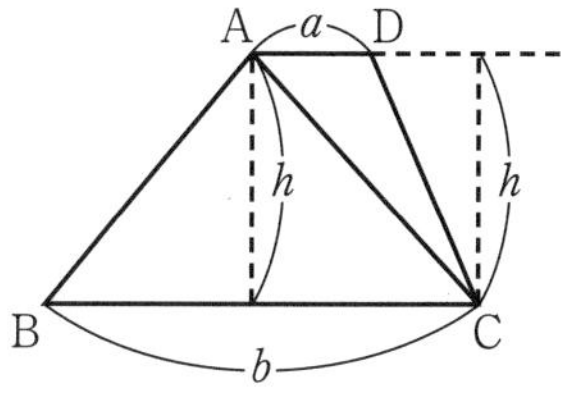

を加えても得られます。

第4章　ピタゴラスの考えたこと

さてわたくしたちは，エジプトに起った実用的《じつようてき》な学問が，ギリシアにわたって，ターレスなどの力によって，つぎつぎと理論的《りろんてき》な学問に仕上げられていったことをお話ししてきました。

このターレスにつづいて，理論的な学問を組み立てるのに手柄《てがら》のあった人は，ピタゴラスです。

ピタゴラスは，ギリシアのサモス島に生まれ，学問を志してターレスの生地，小アジアのミレトスへ来て勉強にはげみました。そして，当時の学問をほとんどすべて学びとった後，さらにエジプトおよびバビロニアにまで旅行をして，その見聞をひろめ，立派な学者になって，故郷《こきょう》サモス島に帰り，ここに学校をひらきました。

しかし，この学校はうまくいきませんでしたので，その後イタリア南部のクロトンへ移って学校を開きました。この学校はさいわい大いに盛《さか》んになり，ピタゴラスとそのお弟子さんたちは，ここで立派な研究を残しました。そのいくつかを下にお話ししてみましょう。

1　ピタゴラスの定理

ピタゴラスとその一派の人たちが発見し，証明《しょうめい》した定《てい》理《り》のうちで一番有名なのは，何といってもピタゴラスの定理でしょう。

ピタゴラスの定理というのは

直角三角形の直角を挟《はさ》む二辺の二乗《じじょう》の和は斜辺《しゃへん》の平方《へいほう》に等《ひと》しい

というのでした。すなわち，三角形ＡＢＣで

$$\angle \mathrm{C}=\angle \mathrm{R},\quad \mathrm{BC}=a,$$
$$\mathrm{CA}=b,\quad \mathrm{AB}=c$$

とすれば，

$$a^2+b^2=c^2$$

というのでした。

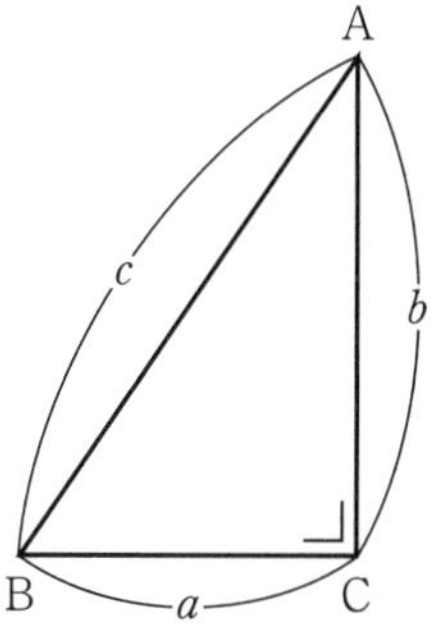

これを証明するために，直角三角形ＡＢＣとまったく合同なものを四つ考えて，これらを下図のように配置《はいち》してみます。

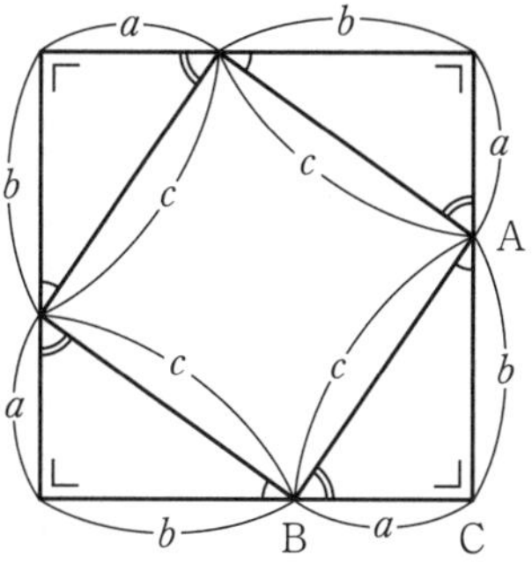

そうしますと，外側に出来た四角形は，その各辺の長さがすべて $a+b$ であって等しく，その各内角もすべて直角であって等しいわけです。従ってこれは正方形です。

他方，内側に出来た四角形も，その各辺の長さはすべて c であって等しいわけです。また，

$$\angle \mathrm{A}+\angle \mathrm{B}+\angle \mathrm{C}=2\angle \mathrm{R}$$

であって，

$$\angle \mathrm{C} = \angle \mathrm{R}$$

ですから

$$\angle \mathrm{A} + \angle \mathrm{B} = \angle \mathrm{R}$$

です。従って，この四角形の内角もまたすべて直角であって等しいわけです。従ってこれも正方形です。

従って，この外側の正方形の面積は，内側の正方形の面積

$$c^2$$

に，四つの直角三角形の面積

$$\frac{a \times b}{2} \times 4 = a \times b \times 2$$

を加えたもの

$$c^2 + a \times b \times 2$$

に等しくなります。

ところが他方，この外側の正方形の面積は，これを左の図のように区《く》切《ぎ》りますと，あきらかに

$$a^2 + b^2 + a \times b \times 2$$

です。

従ってこれと上の式とを見《み》較《くら》べますと，

$$a^2 + b^2 = c^2$$

であることがわかります。

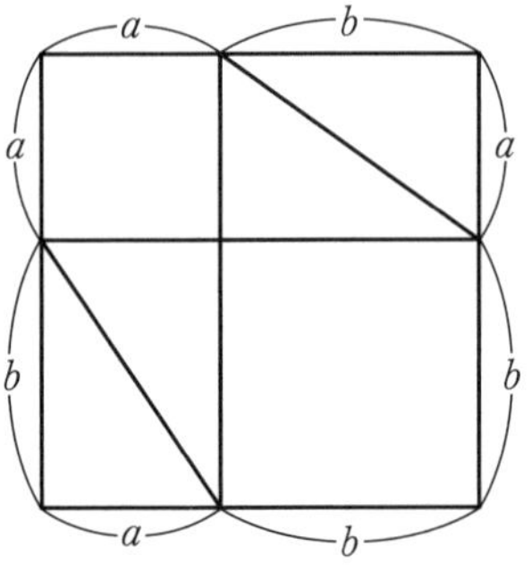

ピタゴラスの定理に対す

るピタゴラスとその一派の人々の証明法は，現在残っていないのですが，それは上のようなものであったろうと想像されています。

さて，ピタゴラスの定理の証明は，このほかにも，数十種類のものが考えられていますが，ここでは，一番本格的であると思われるユークリッドの証明を，ひとつ，のべてみましょう。

ユークリッドという人は，ターレス，ピタゴラス等によって発展《はってん》せしめられた幾何学《きかがく》の種々の結果を，まとめて「原本《げんぽん》」と呼ばれている教科書を著《あらわ》しました。この「原本」は，それ以来，二千年有余《ゆうよ》も標準的《ひょうじゅんてき》な教科書として愛用されてきました。ある人は，聖書《せいしょ》のつぎによく読まれたのはこの「原本」であろうと言っています。現《げん》にイギリスでは，いまだにこの「原本」とほとんど変わらない書物が教科書として採用されているそうです。

このように，私がいままでお話ししてきたような幾何学は，ユークリッドの名と切り離《はな》して考えることは出来なくなっています。こういうわけで，私がいままでお話しして来たような幾何学のことを，“ユークリッド幾何学”と呼んでいます。

ユークリッドはこのように有名な学者でありますが，その生涯《しょうがい》については，紀元前《きげんぜん》300年位の人であるという以外，ほとんど何もわかっていません。

さて，ピタゴラスの定理のユークリッドの考えた証明というのは，つぎの通りです。

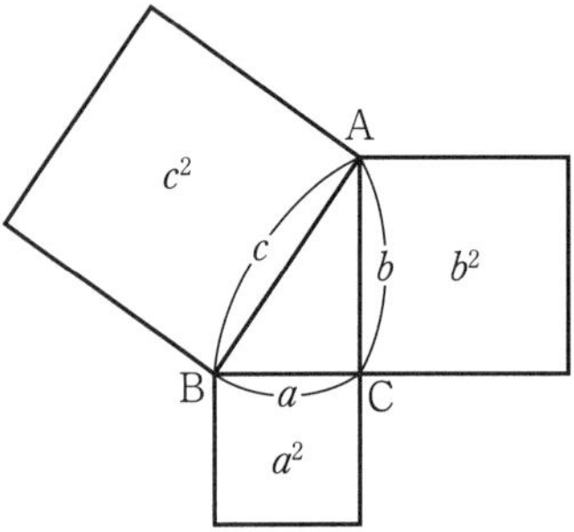

ピタゴラスの定理は，直角三角形の直角をはさむ二辺の長さをa，b，斜辺の長さをcとすれば

$$a^2+b^2=c^2$$

である，というのでしたが，ここに現われるa^2，b^2，c^2は，一辺の長さがそれぞれa，b，cである正方形の面積に等しいのですから，ピタゴラスの定理はまたつぎのように言い直すことが出来ます。すなわち，

直角三角形の，直角をはさむ二辺の上に画《えが》いた正方形の面積の和は，斜辺の上に画いた正方形の面積に等しい。

そこで，∠Ｃ＝∠Ｒであるような直角三角形ＡＢＣの辺ＢＣ，ＡＣ，ＡＢのうえにそれぞれ正方形を画いて，それ

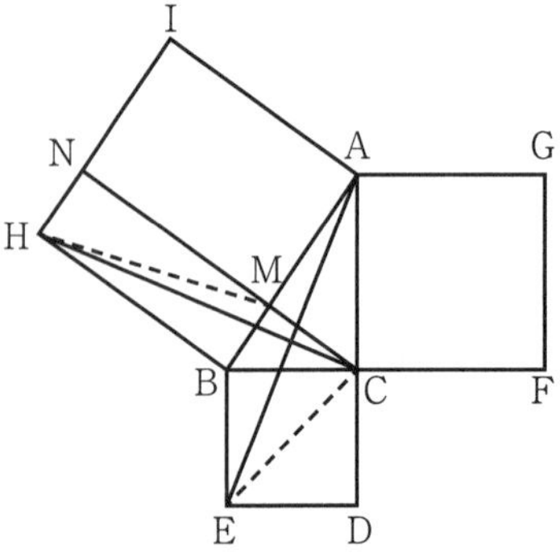

を左下図のように，ＢＣＤＥ，ＡＣＦＧ，ＡＢＨＩとしてみます。そして，直角の頂点《ちょうてん》Ｃから斜辺ＡＢに垂線《すいせん》を引いて，これがＡＢと交わる点をＭ，ＨＩと交わる点をＮとしておきます。

そうしますと，△Ａ

ＢＥと△ＨＢＣとにおいて，∠ＡＢＥと∠ＨＢＣとは，いずれも直角に∠ＡＢＣを加えたものであるから，たがいに等しくなります。すなわち

∠ＡＢＥ＝∠ＨＢＣ．

また，

ＡＢ＝ＨＢ，ＢＥ＝ＢＣ．

ですから，これらの三角形は，一つの内角とそれをはさむ二辺とがそれぞれ等しいわけです。従って合同です。すなわち

△ＡＢＥ≡△ＨＢＣ

従ってその面積ももちろん等しくなります。

ところが，△ＡＢＥと△ＣＢＥとは，底辺《ていへん》ＢＥが共通で，ＡをＢＥに平行《へいこう》にＣまで移動したものと考えられますから，その面積は等しくなります。ところがさらに，△ＣＢＥの面積は，正方形ＢＣＤＥの面積の半分です。従って

$$(\triangle \mathrm{ABE}\text{の面積})=\frac{(\text{正方形}\mathrm{BCDE}\text{の面積})}{2}$$

となります。

また，△ＨＢＣと△ＨＢＭとは，底辺ＨＢが共通で，頂点Ｃを底辺に平行にＭまで移動したものと考えられますから，その面積は等しくなります。ところが，△ＨＢＭの面積は，長方形ＨＢＭＮの面積の半分です。従って結局，

$$(\triangle \mathrm{HBC}\text{の面積})=\frac{(\text{長方形}\mathrm{HBMN}\text{の面積})}{2}$$

となります。

従って上の二つの式から，

（正方形ＢＣＤＥの面積）＝（長方形ＨＢＭＮの面積）

となります。

まったく同様の証明法によって，

（正方形ＡＣＦＧの面積）＝（長方形ＡＭＮＩの面積）

であることが証明されます。

従って，上の二つの式を加え合わせますと，

（正方形ＢＣＤＥの面積）＋（正方形ＡＣＦＧの面積）

＝（正方形ＡＢＨＩの面積）

が得られます。これでピタゴラスの定理

$$a^2+b^2=c^2$$

は証明されたわけです。

これで，いわゆるピタゴラスの定理は証明されましたが，その逆であるところの，

三角形の三辺の長さ $\boldsymbol{a}$，$\boldsymbol{b}$，$\boldsymbol{c}$ のあいだに

$$\boldsymbol{a^2+b^2=c^2}$$

という関係があれば，長さ $\boldsymbol{c}$ をもった辺に対する角は直角である

はどうでしょう。これは，エジプトとバビロニアの縄張《なわば》り師《し》たちが経験的に知っていたことですが，私たちは，いままでに学んだ知識を使ってその証明を考えてみましょう。

まず，ここに与えられている三角形とは別に，一つの角が直角で，それをはさむ二辺の長さがそれぞれ a および b という長さをもった直角三角形を考えてみます。そしてこの直角三角形の斜辺を c' としてみますと，上に証明した

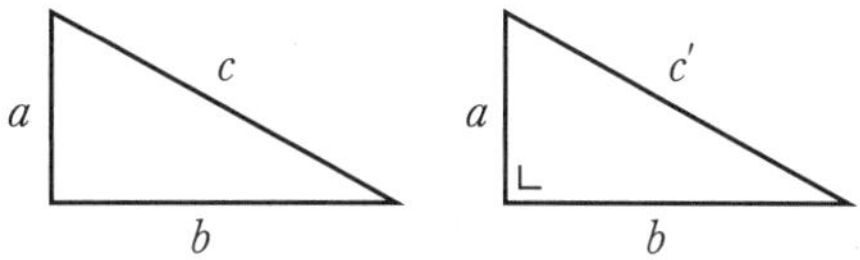

ピタゴラスの定理によって

$$a^2+b^2=c'^2$$

となります。

従って仮定の式と上の式をみくらべて

$$c^2=c'^2,$$

すなわち

$$c=c'$$

ということになります。

従って，あたえられた三角形と，われわれがここに想像した直角三角形とは，三辺がそれぞれ等しく，従って合同であるということになります。

従って，あたえられた三角形もまた直角三角形であることが証明されました。

2　平面を同じ形，同じ大きさの正多角形ですきまなくうめる問題

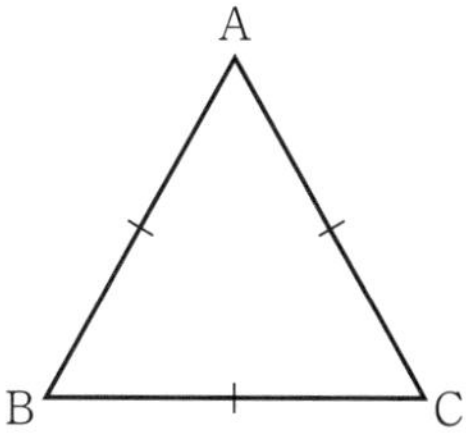

三角形は，もしその三辺の長さがことごとく等しければ，その内角もことごとく等しくなります。また，その三つの内角がことごとく等しければ，その三辺もことごと

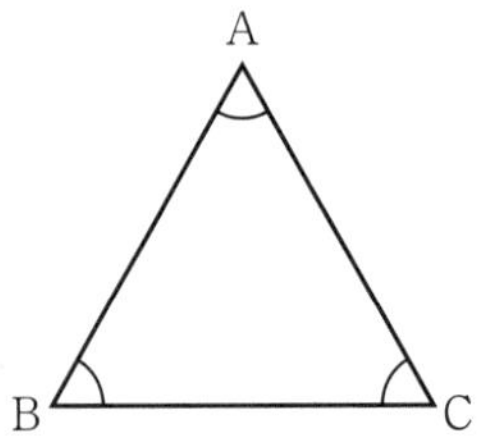

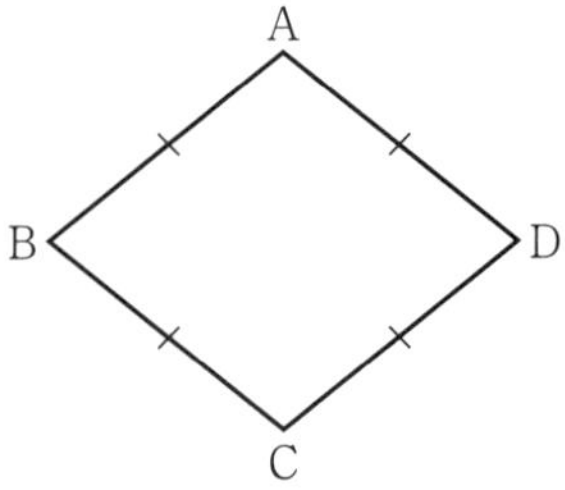

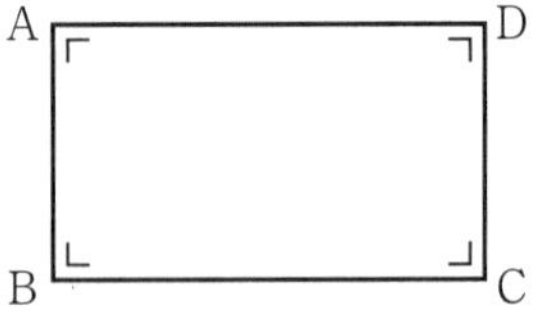

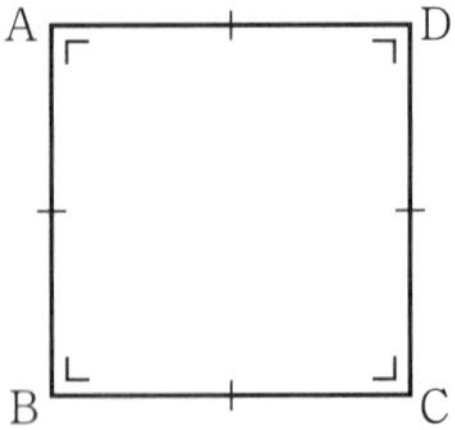

とく等しくなります。

このような三角形を正三角形と呼ぶのでした。

ところが，四角形にあっては，その四つの辺がすべて等しくても，その四つの内角がすべて等しいとは言えません。このような四角形は菱形《ひしがた》と呼ばれるのでした。

また四角形の四つの角がすべて等しくなっても，その四つの辺がすべて等しいとは言えません。そのような四角形は長方形と呼ばれるのでした。

しかし，菱形の一つの内角が直角になるか，長方形の隣《とな》りどうしの辺の長さが等しくなるかすれば，ここに，四つの辺の長さがすべて等しく，四つの角の大きさがすべて等しい四角形が得られるのでした。そしてこのような四角形は正方形と呼ばれるのでした。

正三角形，正方形のように，すべての辺の長さが等しく，すべての角の大きさが等しいような図形を，わたくし達は**正《せい》多《た》角《かく》形《けい》**と呼ぶことにします。

正三角形，正四角形はもはやよく知っておりますが，正五角形，正六角形，正七角形，正八角形，……の図を画いてみますと，つぎの通りです。

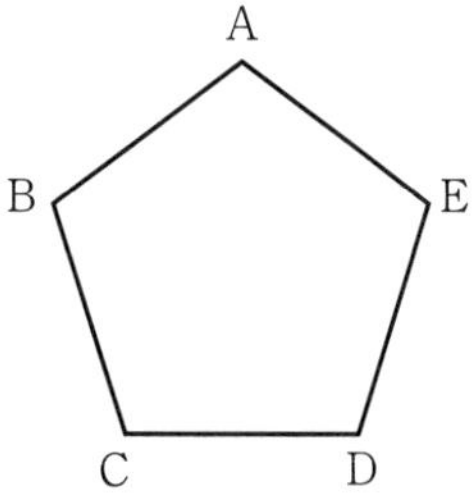

（正五角形）

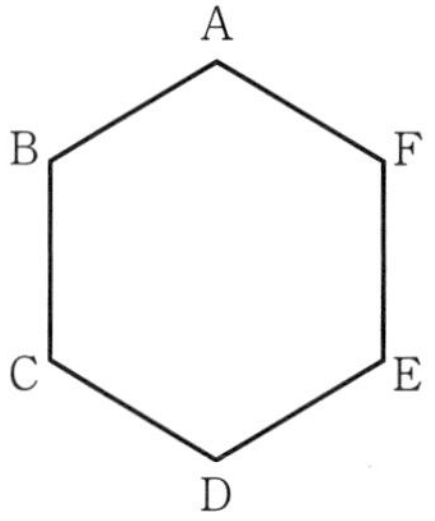

（正六角形）

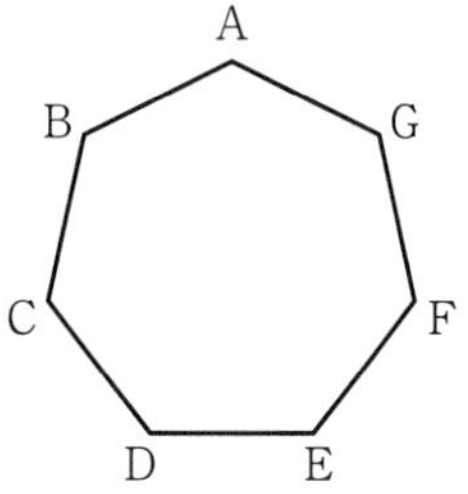

（正七角形）

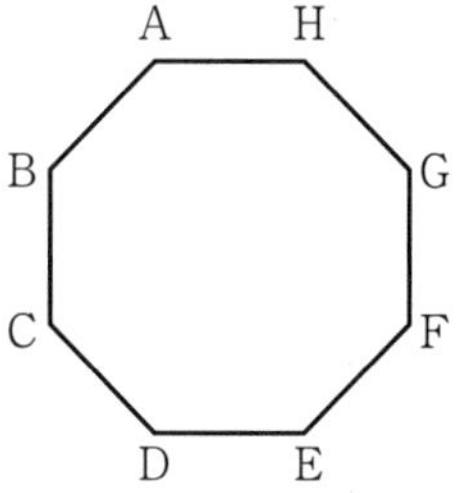

（正八角形）

さてここで，正三角形の一つの内角は何度であるかを考えてみましょう。三角形の内角の和は2直角，すなわち

180°ですから，正三角形の一つの内角は

$$180^\circ \div 3 = 60^\circ$$

です。

ではつぎに，正四角形の一つの内角を考えてみましょう。四角形の内角の和は４直角，すなわち360°ですから，正四角形の一つの内角は

$$360^\circ \div 4 = 90^\circ$$

です。

この調子で，正 n 角形の一つの内角の大きさを，考えてみましょう。

正 n 角形の内角の和は，

$$2 \times (n-2) \angle \mathrm{R},$$

すなわち

$$180^\circ \times (n-2)$$

です。従って，正 n 角形の一つの内角の大きさは，

$$\frac{180^\circ \times (n-2)}{n}$$

です。

実際ここで n を３，４，５，６，７，８，……としてみますと，正 n 角形の内角の大きさをあたえるつぎの表が得られます。

正多角形	一内角の大きさ
正3角形	60°
正4角形	90°
正5角形	108°
正6角形	120°
正7角形	$128^\circ\frac{4}{7}$
正8角形	135°
正9角形	140°
正10角形	144°
…………	…………
…………	…………

この表をみればすぐ気のつくことですが，正多角形の一つの内角の大きさは，辺の数が増《ま》すにつれて増していきます。これは証明できないものでしょうか。

正 n 角形の一つの内角は

$$\frac{180^\circ\times(n-2)}{n}$$

ですが，これは

$$180^\circ \times \left(1-\frac{2}{n}\right)$$

とも書き直せます。

ここに，

$$\frac{2}{n}$$

は，n が増すにつれて減少《げんしょう》していきます。従って

$$1-\frac{2}{n}$$

の値は，n が増すにつれて増加《ぞうか》していきます。しかし1をこさないことはわかります。

従って，**正 n 角形の一つの内角の大きさは，n が増加するにつれて増加していくが，決して180°に達することはない**ことがわかります。

さてピタゴラスは，つぎのような面白い問題を考えました。

すなわち，

> **平面を，同じ形，同じ大きさの正多角形で，すき間なくうめつくしたい。どんな正多角形を用いればよいか**

というのです。

この問題を調べてみましょう。

まず同じ大きさの正三角形をとりあげてみます。平面をすきまなく埋《うず》めたいというのですから，一点の周りにこれらの正三角形をおいていってみましょう。

一点の周りの角は360°です。そして正三角形の一つの

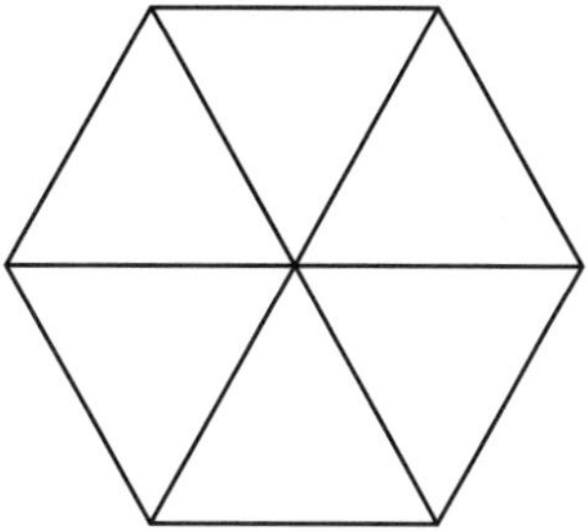

内角は60°です。従って，一点の周りには，（360°÷60°＝）6 個の正三角形をすきまなくおき得ることになります。そして右図が得られます。

これは第 1 章の 4 でお話ししたように，バビロニアの人たちのよく知っていた図形です。

上図からもわかりますように，同じ大きさの正三角形をおいていくのですから，隣り合った辺と辺はピッタリと合い，他の頂点には二つずつの正三角形が集まっていることになります。

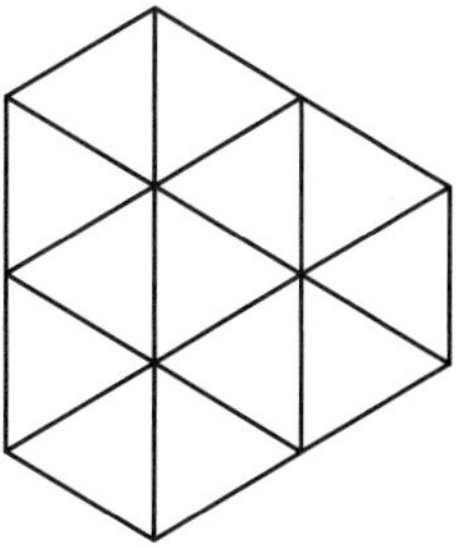

従ってここへさらに四つずつの正三角形をおくという工《ぐ》合《あい》にしていけば，これをつづけて，平面を，同じ大きさの正三角形でうめつくし得ることがわかります。

では，こんどは，同じ大きさの正四角形をとりあげて，これらを一点の周りにおいていってみましょう。

一点の周りの角は360°で，正四角形の一つの内角は90°です。従って一点の周りには，（360°÷90°＝）4 個の正四角形をすきまなくおき得ることになります。そしてつぎの図が得られます。

この図からも判りますように，同じ大きさの正四角形をおいていくのですから，隣り合った辺と辺とはピッタリと合い，他の頂点には二つずつの正四角形が集まっていることになります。

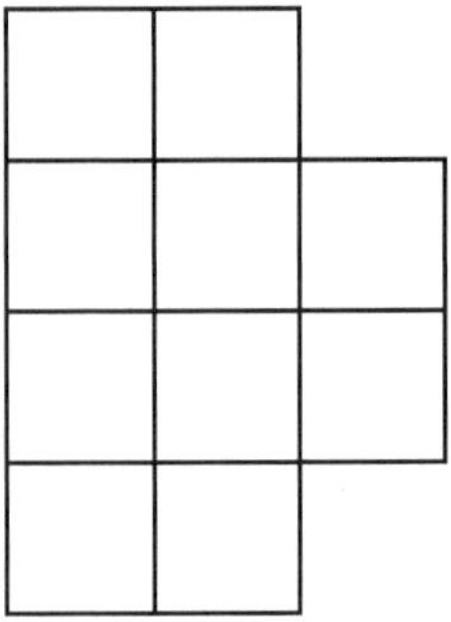

従って，ここへさらに二つずつの正四角形をおくという工合にしていけば，これをつづけて，平面を，同じ大きさの正四角形でうめつくし得ることがわかります。

では，こんどは，同じ大きさの正五角形をとりあげて，これらを一点の周りにおいていってみましょう。

一点の周りの角は360°で，正五角形の一つの内角は108°です。従って一点の周りには，

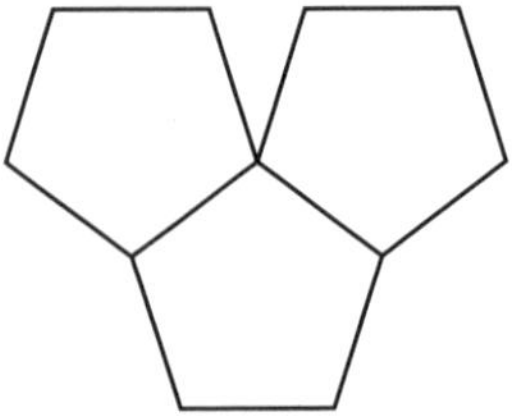

$360^\circ \div 108^\circ = 3$，余《あま》り$36^\circ$

からわかりますように，三つの正五角形をおくことが出来ますが，そこには36°だけすきまが出来てしまいます。従って，正五角形を使ったのでは，平面を

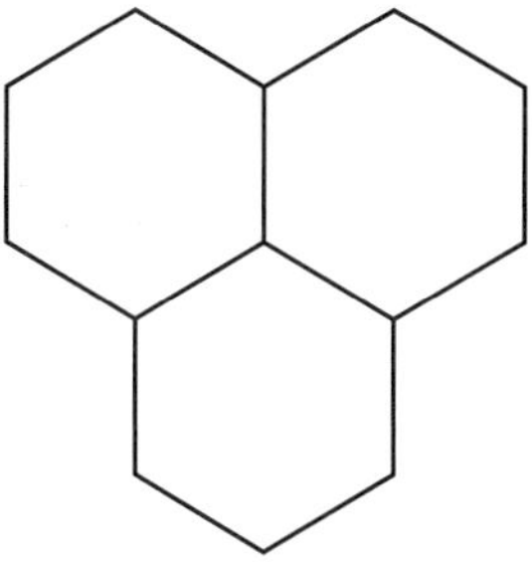

すきまなくうめつくすことは出来ないことがわかります。

では，こんどは，同じ大きさの正六角形をとりあげて，これらを一点の周りにおいていってみましょう。

一点の周りの角は360°で，正六角形の一つの内角は120°です。従って一点の周りには，（360°÷120＝）3個の正六角形をすきまなくおき得ることになります。そして右上に示すような図が得られます。

この図からもわかりますように，同じ大きさの正六角形をおいていくのですから，となり合った辺と辺とはピッタリと合い，他の頂点には二つずつの正六角形が集まっていることになります。

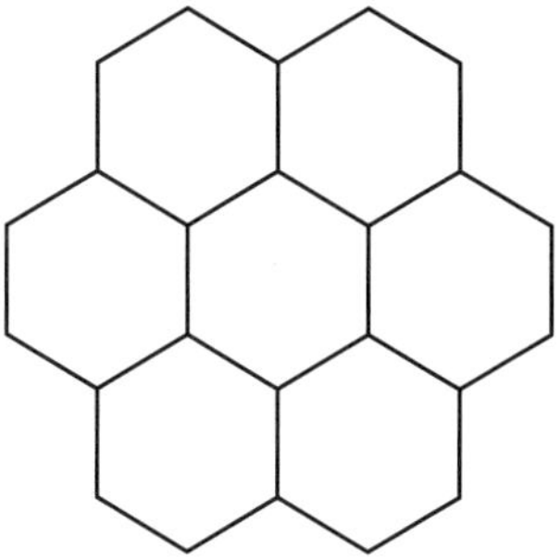

従ってここへ更《さら》に一つずつの正六角形をおいていくという工合にしていけば，これを続けて，平面を，同じ大きさの正六角形で，すきまなくうめつくし得ることがわかります。

ではつぎに，同じ大きさの正七角形をとりあげて，これらを一点の周りにおくことを試《こころ》みてみましょう。

ところが，一点の周りの角は360°で，正七角形の一つの内角は$128^\circ\frac{4}{7}$です。従って

$$360^\circ \div 128^\circ\frac{4}{7} = 2,\ \text{余り}\ 102^\circ\frac{6}{7}$$

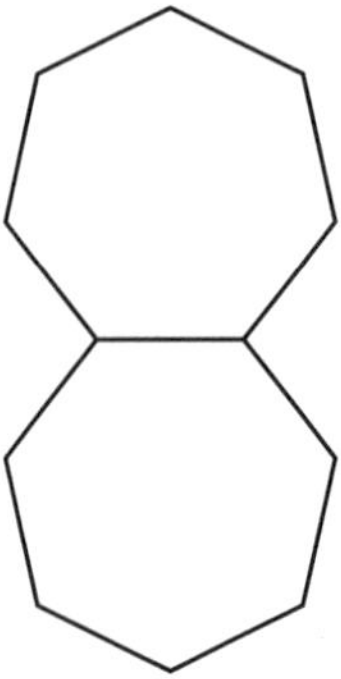

からわかりますように，一点の周りには二つの正七角形しかおくことが出来ず，そこには$102^\circ\frac{6}{7}$もすきまが出来てしまいます。従って正七角形を用いて，平面をすきまなくうめつくすことは出来ないことがわかります。

さて，正多角形の辺の数が増していけば，その一つの内角の大きさもまた増していくことをわれわれは知っております。

ところが，正七角形ですら，もう一点の周りには二つしかおき得ないのです。従って，それより辺の数の多い，正八角形，正九角形，正十角形，……になりますと，その一つの内角がますます大きくなるのですから，やはり一点の周りには二つしかおけません。

しかも，正多角形の内角は，どんなに大きくなっていっても，180°に達することはないのです。従って，一点の周りに二つの正多角形をおいた場合には，どうしてもそこにすきまが出来ているわけです。従って，正七角形よりも辺の数の多い正八角形，正九角形，正十角形，……を用いたのでは，平面をすき間なくうめつくすことは出来ないこ

とがわかります。

以上をまとめて結局，

同じ大きさの正多角形を用いて平面をすきまなくうめつくし得るのは，正三角形，正四角形，正六角形のいずれかを用いたときに限る

ことがわかりました。

3　正多面体

さて，平面の上で，**多角形**というのは，いくつかの線分《せんぶん》が，その端と端とを共有しながら，平面の一部を囲《かこ》んでいる図形のことです。そしてこの場合，線分の端は頂点，線分自身は辺と呼ばれるのでした。

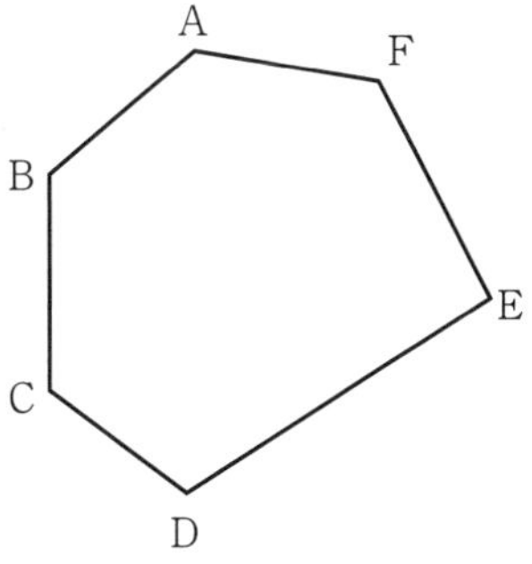

また，多角形内の勝手な二点を結ぶ線分が，いつでも全部多角形内に含まれていたら，この多角形は凸《とつ》多角形と呼ばれるのでした。

そしてさらに，もし多角形のすべての辺の長さが等しく，すべての内角が等しかったならば，この多角形は正多角形と呼ばれるのでした。

正多角形には，正三角形から始まって，正四角形，正五角形，正六角形，等々，どんな辺数のものもあることは上にみた通りです。

さて，以上のお話しを空間へ拡張《かくちょう》することを考えてみましょう。

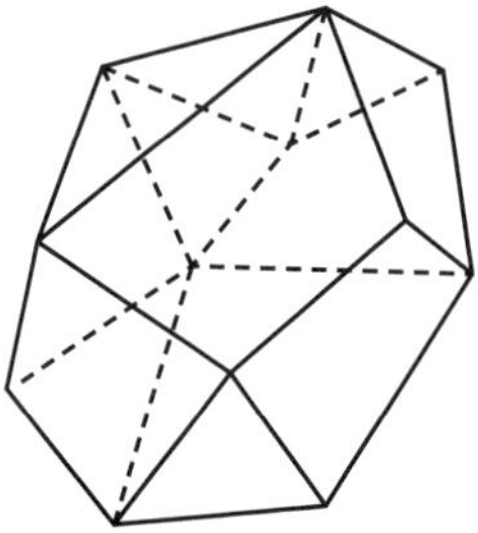

空間で，いくつかの多角形が，その頂点と頂点を，辺と辺とを共有しながら空間の一部分を囲んでいたら，この図形を**多面体**と呼びます。そしてこの場合，多角形の頂点を**頂点**，辺を**稜**《りょう》，多角形自身を**面**《めん》と呼びます。

また，多面体内の勝手な二点を結ぶ線分が，いつでも全部多面体内に含まれていたら，この多面体は，**凸多面体**と呼ばれます。

そしてさらに，もし多面体のすべての面が同じ形，同じ大きさの正多角形であり，しかもこれらが，各頂点に同数ずつ同じ角をなして集まっており，その上凹《へこ》んだところがなければ，この多面体は**正多面体**と呼ばれます。

さて，正多角形には，正三角形，正四角形，正五角形，……等々，どんな辺数のものでもあり得ました。

それならば，正多面体にも，正四面体，正五面体，正六面体，……等々と，どんな面数のものでもあるでしょうか。これを調べてみましょう。

そのために，まず同じ形，同じ大きさの正三角形をとりあげて，これを使ってどんな正多面体が出来るかを調べてみましょう。

多面体の頂点には，必ず三つ以上の面が集まっています。

従って，まず同じ大きさの正三角形を三つとりあげてみましょう。

正三角形の一つの内角は60°ですから，これらを三つ集めても

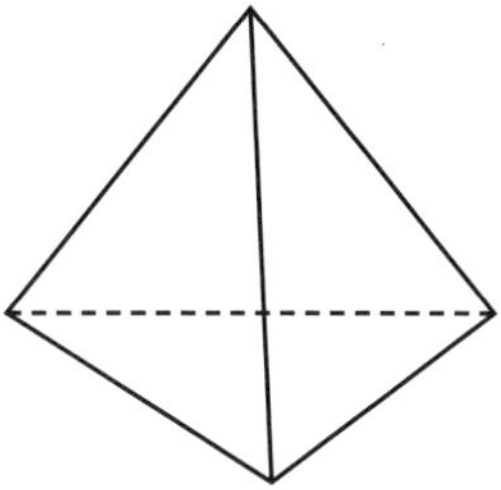

$$60^\circ \times 3 = 180^\circ$$

で，まだ360°には達しませんから，これらを，たがいに等しい角をなすように集めることが出来ます。

そうしますと，上図からわかりますように，もう一つ同じ大きさの正三角形を下の方へつけ加えることが出来て，ここに正四面体が出来上ります。

では，こんどは，同じ大きさの正三角形を四つとりあげてみましょう。

正三角形の一つの内角の大きさは60°ですから，これらを四つ集めても

$$60^\circ \times 4 = 240^\circ$$

で，まだ360°には達しません。従って，これらを，たがいに等しい角をなすように一点の周りに集めることが出来て，右図が出来ます。

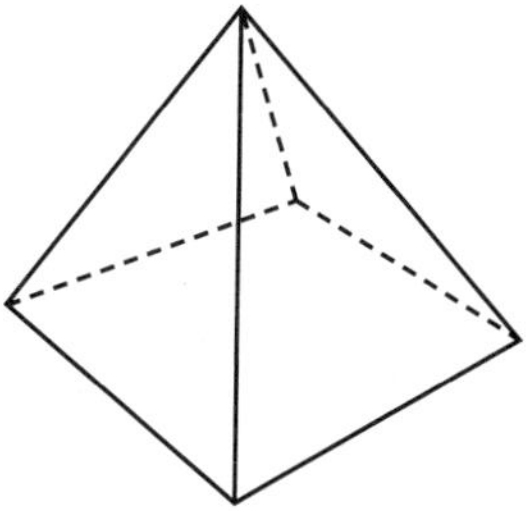

そうしますと，次ページの図からもわかりますように，これと全然同じ形のものを下へつけ

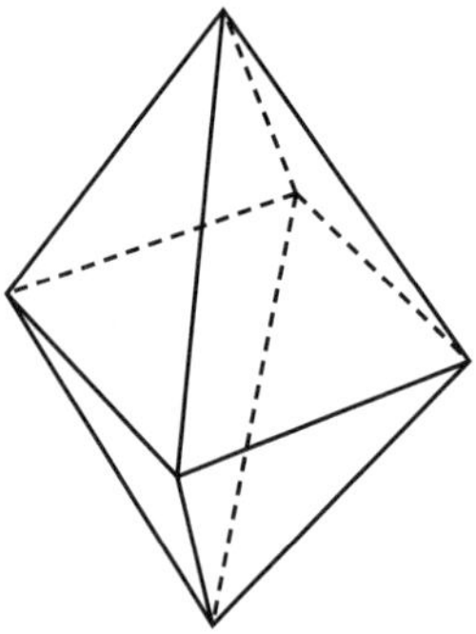

加えることによって，ここに正八面体が出来上ります。

では，つぎに，同じ大きさの正三角形を五つとりあげてみましょう。

正三角形の一つの内角の大きさは60°ですから，これらを五つ集めても

$$60^\circ \times 5 = 300^\circ$$

で，まだ360°には達しません。従って，これらをたがいに等しい角をなすように一点の周りに集めることが出来て，左のような図が出来ます。

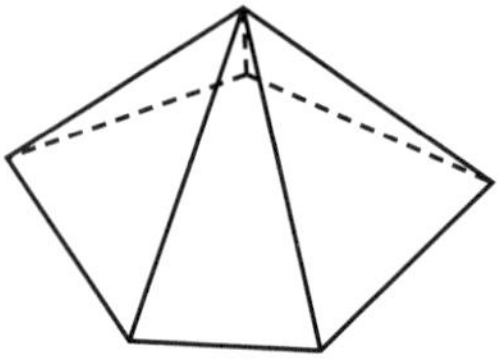

そうしますと，この図からもわかりますように，他の頂点のところへ，更に三つずつの正三角形を次々とつけ加えていくことによって，左のように，ここに正二十面体が出来上ります。

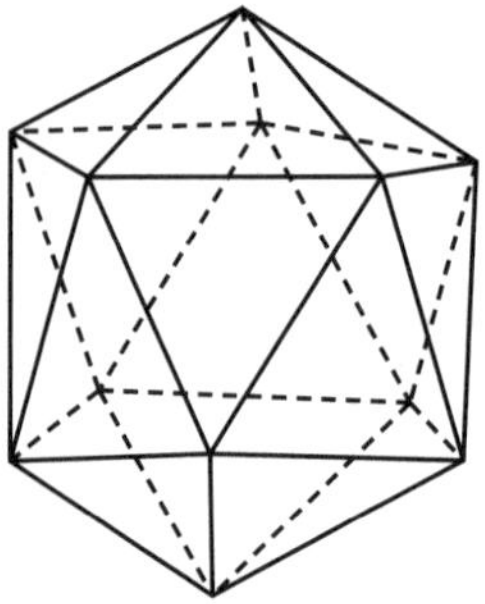

では，こんどは，同じ大きさの正三角形を六つとりあげてみましょう。

正三角形の一つの内角は60°ですから，これらを一点の周り

に六つ集めますと

$$60^\circ \times 6 = 360^\circ$$

となってしまいます。つまり，六つの正三角形は一平面上に来てしまいますから，これでは立体を囲むことはできません。

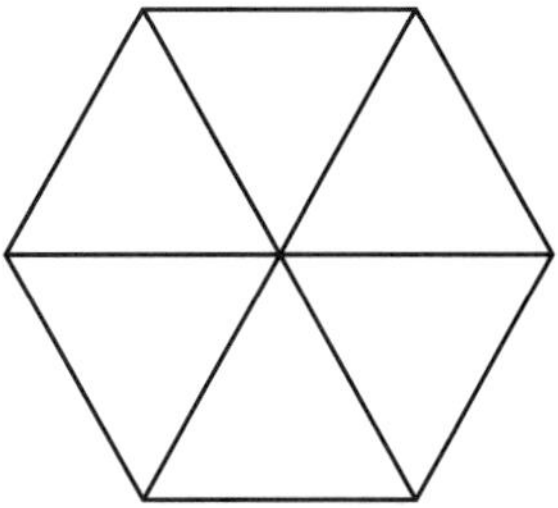

同じ形の正三角形を一点の周りに六つ以上集めますと，その和《わ》は必ず360°をこしてしまいますから，こんどは凹《へこ》んだところが出来てしまいます。

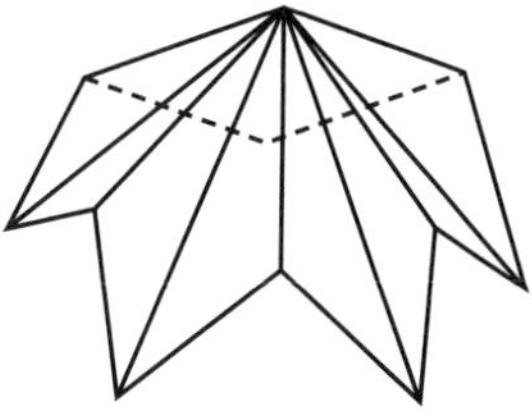

ですから，

同じ大きさの正三角形を用いて作り得る正多面体は，以上の正四面体，正八面体，正二十面体の三種類しかない

ことがわかりました。

では，こんどは，同じ大きさの正四角形を三つとりあげてみましょう。

正四角形の一つの内角は90°ですから，これらを三つ集めても

$$90^\circ \times 3 = 270^\circ$$

で，まだ360°には達しませんから，これらを，たがいに等しい角をなすように集めることが出来ます。

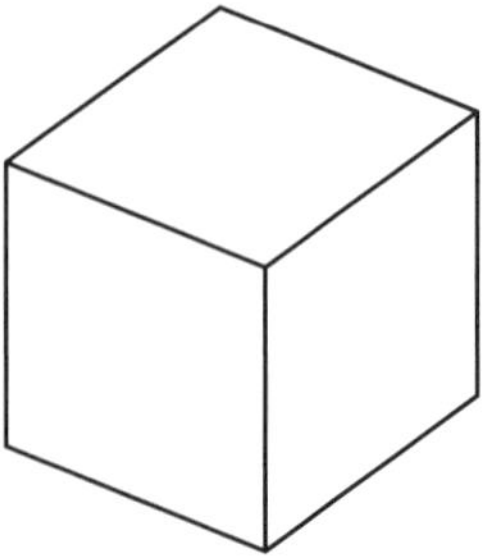

そうしますと，左の図からわかりますように，もう一つこれと同じものを反対側につけ加えることによって，正六面体が出来上がります。

では，こんどは，同じ大きさの正四角形を四つとりあげてみましょう。

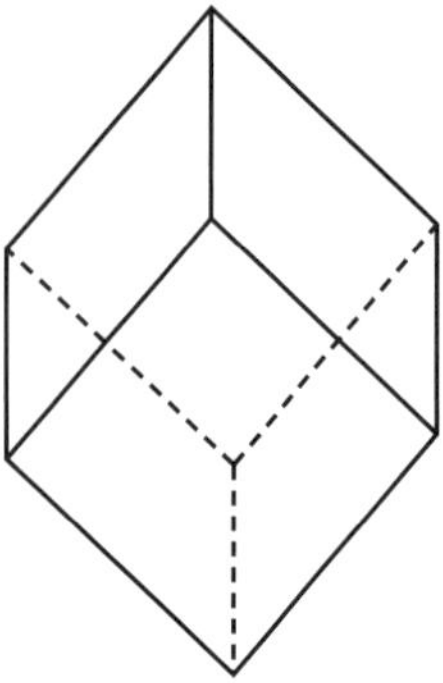

正四角形の一つの内角の大きさは90°ですから，これらを四つ集めますと

$$90^\circ \times 4 = 360^\circ$$

となってしまいます。

つまり，四つの正四角形は一平面上にきてしまいますから，これでは立体《りったい》を囲むことは出来ません。

また，同じ形の正四角形を，一点の周りに四つ以上集めたのでは，正多面体の出来ないことも明らかです。

ですから，

同じ大きさの正四角形を用いて作り得る正多面体は，正六面体一つに限る

ことがわかりました。

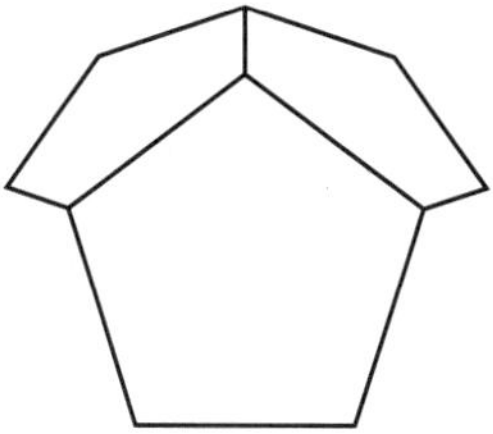

では，こんどは，同じ大きさの正五角形を三つとりあげてみましょう。

正五角形の一つの内角の大きさは108°ですから，これらを三つ集めても，

$$108^\circ \times 3 = 324^\circ$$

で，まだ360°には達しませんから，これらを，たがいに等しい角をなすように集めることが出来ます。

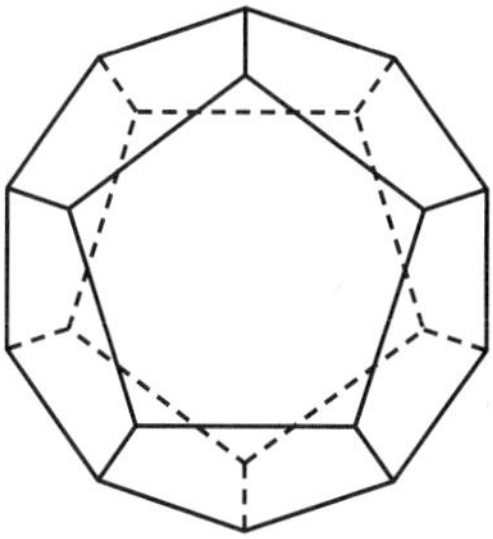

そうしますと，右の図からわかりますように，他の頂点のところへもう一つずつ同じ大きさの正五角形を順《じゅん》次《じ》につけていくことによって，ここに正十二面体を作り上げることが出来ます。

つぎに同じ大きさの四つの正五角形をとりあげてみましょう。

正五角形の一つの内角の大きさは108°ですから，これら四つを集めますと

$$108^\circ \times 4 = 432^\circ$$

となって，360°をこしてしまいます。

従って，一点の周りに，同じ形の正五角形を四つ，またはそれ以上集めたのでは，正多面体は作れないわけです。

そうすると結局，

正五角形を用いて作り得る正多面体は，正十二面体一種類に限る

ことがわかったわけです。

では，つぎに，同じ大きさの正六角形を三つとりあげてみましょう。

正六角形の一つの内角の大きさは120°ですから，これらを三つ集めますと

$$120^\circ \times 3 = 360^\circ$$

で，もう360°になってしまいます。

つまり，三つの正六角形は一平面上にきてしまいますから，これでは立体を囲むことは出来ません。

一点の周りに，四つ以上の正六角形を集めたのでは，正多面体の出来ないことも，もちろんです。

また，正多角形の一つの内角は，その辺の数が増せば増すほど大きくなっていくのですから，正七角形，正八角形，……等を用いたのでは，正多面体の作れないことも明らかです。

従って結局，以上をまとめて，

正多面体には，正四面体，正八面体，正二十面体，正六面体，正十二面体の五種類しかない。

ことがわかりました。

これも，ピタゴラスとその一派の人々が考えたことなのです。

わたくしは，図形のふしぎという題で，エジプトの縄張り師や，ギリシアのターレス，ピタゴラス等が，苦心《くしん》の末に探し出した，図形のいろいろの性質をお話ししてきました。

このようにして始まった図形の学問――幾何学は，その後も，ユークリッド，アルキメデス，などの学者の手によってうけつがれ，それから二千年余もたった今日では，昔の人たちの想像もおよばない立派なものに仕上げられています。そして，現在の数学はもちろん，天文学，物理学等にとっても，なくてはならぬものになっています。

このように，わたくしがこの本でお話ししたのは，幾何学のほんの最初の部分だけです。もし，図形のふしぎを調べる幾何学を面白いと思われた方は，さらに進んだ書物で，私のお話しできなかったその後の発展を，勉強してくださることをお願いして，このお話しを終りたいと思います。

本書は『数の生い立ち』（1957年12月　岩崎書店）と『図形のふしぎ』（1951年11月　中央公論社）を合本にしたものです。

底本中、明らかな誤植と思われる箇所は訂正し、一部の漢字はひらがなやカタカナに変更しました。また、適宜ルビを整理しました。今日の人権意識に照らして不適切な語句や表現については、著作権継承者の了承を得て一部変更しました。

中公文庫

数《かず》の生《お》い立《た》ち・図形《ずけい》のふしぎ

2023年10月25日　初版発行

著　者　矢《や》野《の》健《けん》太《た》郎《ろう》

発行者　安 部 順 一

発行所　中央公論新社
〒100-8152　東京都千代田区大手町1-7-1
電話　販売 03-5299-1730　編集 03-5299-1890
URL https://www.chuko.co.jp/

DTP　ハンズ・ミケ
印　刷　三晃印刷
製　本　小泉製本

Published by CHUOKORON-SHINSHA, INC.
Printed in Japan　ISBN978-4-12-207435-4 C1141